精密光学元件先进测量与评价

程灏波　著

科学出版社

北　京

内 容 简 介

本书结合光学测量技术的最新发展，针对目前光学领域中先进光学测量技术进行了详细的探讨，主要涉及技术起源与发展、原理、优缺点、具体的测量设备，以及相关的测量方法和精度。

全书分为 6 章，第 1 章归纳了光学元件质量表述和评价方式，阐述了光学干涉测量技术的基本知识与原理；第 2～5 章分别介绍了子孔径拼接轮廓测量、接触式轮廓测量、结构光轮廓测量和亚表面损伤检测；第 6 章介绍了其他相关的光学测量方法。

本书可作为高等院校光学工程等专业高年级本科生和研究生的教材，也可供相关领域的科研人员和工程人员参考。

图书在版编目 (CIP) 数据

精密光学元件先进测量与评价/程灏波著. —北京：科学出版社，2014

ISBN 978-7-03-041717-6

Ⅰ. ①精… Ⅱ. ①程… Ⅲ. ①精密光学元件－测量②精密光学元件－评价 Ⅳ. ①TH74

中国版本图书馆 CIP 数据核字(2014)第 193731 号

责任编辑：王 哲 / 责任校对：胡小洁

责任印制：肖 兴 / 封面设计：迷底书装

科 学 出 版 社 出版

北京东黄城根北街 16 号

邮政编码：100717

http://www.sciencep.com

北京凌奇印刷有限责任公司 印刷

科学出版社发行 各地新华书店经销

*

2015 年 6 月第 一 版 开本：720×1 000 1/16

2015 年 6 月第一次印刷 印张：18

字数：360 000

POD定价： 85.00元

(如有印装质量问题，我社负责调换)

前　　言

现代科学技术的不断发展直接推动着信息、光电子、航空航天等领域尖端科学仪器与系统的创新，进而促进系统中光学元件的多元化和精密化。对于高质量光学元件的检测与评价，不仅要符合传统成像光学系统的精密像质要求，还要体现出其应用于高功率密度条件下的运行特点，评价指标涉及表内和表面，包括均方根、峰谷值、粗糙度、亚表面损伤和波前的空间周期性划分；其检测参数除了普通形式的顶点曲率和二次曲面系数，针对离轴元件还包括离轴量和离轴角测量，对于复杂形状的自由型面元件也要充分考虑梯度和梯度变化率。近年来，在现代光电仪器中广泛应用的精密光学元件已经成为决定系统性能的关键元件之一，其测量评价结果直接影响着元件制造策略和系统装调环节。

本书内容结合作者科研团队多年来在精密光学检测评价领域的研究成果和学术积累，对精密光学元件先进测量与评价原理、方法和技术进行阐述，参考了大量的文献并融入了新的学术见解。本书以精密光学元件先进测量与评价为中心，全面地介绍了光学测量与评价的基础理论和测量原理，进而详细阐述测量方法和技术特点，同时融入了面形评价技术与方法。全书不仅注重基本概念和基本原理的描述，同时注重理论与应用的紧密结合，深入浅出地讲述近年来光学测量技术上的最新科研成果和相关领域发展态势。全书共分 6 章，第 1 章归纳了光学元件质量表述和评价方式，阐述了光学干涉测量技术涉及的基本知识与原理；第 2 章介绍了子孔径拼接轮廓测量；第 3 章描述了接触式轮廓测量；第 4 章对结构光轮廓测量方法进行了详尽的描述；第 5 章介绍了亚表面损伤检测；第 6 章介绍了其他相关的光学测量方法，例如，移相干涉测量技术、动态干涉测量技术、剪切干涉、点衍射干涉、白光干涉测量技术、外差干涉测量技术、补偿法检测非球面和计算全息法检测非球面。

在本书撰写过程中，香港城市大学的 Yuen 教授提出了宝贵的学术见解，从而完善了关联的制造工艺技术；本书的研究内容得到国家自然科学基金的资助，作者的研究生做了大量的资料整理工作，在此一并表示衷心的感谢！本书适用于航空航天、天文和信息技术等领域从事光学制造检测工作的工程技术人员和科研人员，以及高等院校相关专业的学生。

由于作者水平有限，诚恳希望读者对本书的不足之处提出意见、建议和指正。

程灏波

2014年10月于北京

目　　录

第 1 章　绪　　论

1.1　概　　述

随着科技的不断进步，现代光学系统越来越复杂，传统的光学零件（平面镜和球面镜）已经很难满足需求，或者会使系统变得复杂。由于非球面光学元件具有矫正像差、改善像质、扩大视场的优点，同时还能够使光学系统简化、重量减轻，所以在现代光学系统中得到了越来越广泛的应用，成为决定装备性能的关键元件。在天体观察、高能激光武器、激光核聚变和空间望远镜等诸多领域中，广泛使用大口径非球面镜，可以起到球面无法替代的作用。

现代大型望远镜已经成为国家综合国力和科技进步水平的标志之一。根据瑞利（Rayleigh）判据，望远镜的角分辨率 $\beta = 1.22\lambda / D$，因此传统光学系统角分辨率受波长和系统孔径的限制。而对于特定的工作波段，若要提高系统的角分辨率，其根本途径则是增大望远镜的口径。空间光学、侦察卫星上的光学有效载荷要求0.4～4m口径的大型高性能光学系统；地基空间目标监测需要1～4m以上大型望远系统，才能满足高分辨率的要求。自20世纪80年代以来，世界各国在研制望远镜、空间相机和激光发射系统时，都尽可能地增大主镜的口径。例如，具有大型天文望远镜实例的美国Keck I和Keck II望远镜，其中主镜为双曲面，由36个六边形的子镜组成，每个子镜的直径达到1.83m；美国国家航空航天局（National Aeronautics and Space Administration，NASA）在1990年成功发射了著名的哈勃空间望远镜（Hubble Space Telescope，HST），其主镜口径为2.4m；NASA在2012年发射的James Webb天文望远镜（James Webb Space Telescope，JWST），其主反射镜的口径达到6.5m，由18块1.32m大小的六边形子镜拼接而成，主镜分割成18块六角形的镜片，每个镜面的抛光误差不得超过10nm（图1.1(a)）；美国与澳大利亚合作研发了直径为24.5m的“大麦哲伦望远镜”（The Giant Magellan Telescope，GMT）项目，由7块口径为8.4m的子镜拼接而成（图1.1 (b)）；而预计2018年投入使用的“The European Extremely Large Telescope，E-ELT”，主镜直径将达到42m，它由五块镜子组成，建成后既可以用于普通可视观测，也可以用于红外线观测。由上述可知，大型非球面光学元件在空间光学中占有极大的比重。而在口径相同的情况下，通常大口径光学系统的相对口径要求比较大，以期降低系统复杂性，减轻系统重量，从而缩减成本，同时还可以提高成像质量和增加系统的亮度。人们预测，21世纪大型反射式望远镜主镜的相对口径将大致分布在1∶1.5和1∶1内，这对光学检测能力提出了更高的要求。

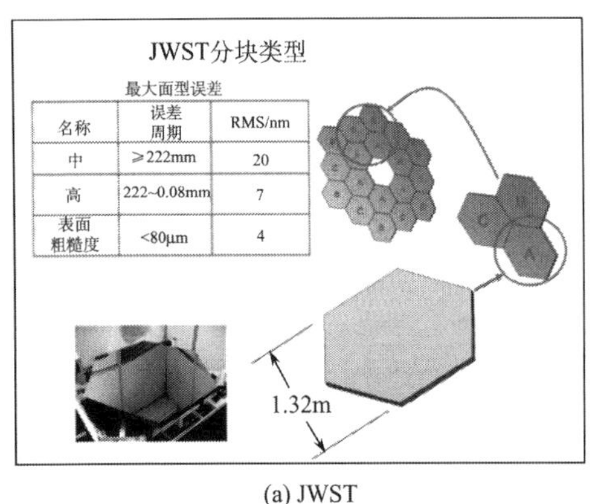

(a) JWST

(b) GMT主镜示意图

图 1.1 大型望远镜

惯性约束聚变（Inertial Confinement Fusion，ICF）工程是一个国家能源发展进步的标志。美国作为惯性约束聚变领域研究工作的代表，研制了当今世界上最大的高功率固体激光器——“国家点火装置”（National Ignition Facility，NIF），该装置的光学系统需要7000多件的大口径光学元件（口径大于400mm×400mm）。我国的神光 III 原型装置也大约需要500件各类大口径光学零件，其中最大光学零件几何尺寸达到330mm×610mm。

上述光学系统对大型光学元件的需求，尤其是大口径非球面镜的需求迅速增加。然而长期以来，非球面的检测一直是制约其广泛应用的难题，尤其是大口径、大相对口径非球面光学零件全口径面形测量问题。虽然 Shack-Hartmann 传感器测量法可以获得相对较高精度的面形信息，但是丢失了中高频面形信息。以英国 Taylor Hobson 公司制造的 Form Talysurf PGI 系列为代表的轮廓测量系统可实现非球面面形的测量，然而其目前只适用于中小口径（最大为200mm 口径）的非球面测量。由于干涉检测具有高分辨、高精度、重复性好等优点，所以成为目前检测高精度光学面形的主要手段。而普通商用移相式干涉仪可以方便地以曲率中心检验球面，但是以曲率中心检验非球面度比较大的非球面光学元件时，返回波前中的角误差可能非常大，以致一些光线不能回到干涉仪孔径内，即使所有的光线都进入干涉仪孔径内，参考波前和非球面表面之间大的斜率差也将导致高的条纹密度。由采样定理可知，当干涉条纹的空间频率大于探测器的分辨率时，将出现频谱混叠现象，不能准确地探测条纹，甚至不能采样数据。例如，口径 D=400mm、相对口径 A=1∶1.4的抛物面镜，按照近似公式 $\delta = DA^3 / 4096$ 估算，得到的非球面度为35.6μm，超出了普通商用标准干涉仪的垂直测量范围。辅以补偿器的干涉测量方法是检测非球面光学元件的主流方法，可以完成大相对口径非球面镜的检测。遗憾的是，在检测过程中，补偿器本身也会引入制造、检测和装调误差等问题。

1.2 光学元件质量评价

1.2.1 表面质量评价

1. 非球面表达方式

对于轴对称非球面，用它的子午截线方程表示曲面方程。在实际应用中，经常用三种形式的方程式来表达。设光轴为 X 轴，即非球面的对称轴，坐标原点取在顶点。

第一种非球面子午截线方程式为

$$y^2 = a_1 x + a_2 x^2 + a_3 x^3 + a_4 x^4 + \cdots \tag{1.1}$$

式中，$a_1, a_2, a_3, a_4, \cdots$ 为方程系数。如果非球面是二次曲面，则式(1.1)为

$$y^2 = 2R_0 x + (e^2 - 1)x^2 \tag{1.2}$$

这是二次曲面的通用方程式。式中，R_0 为曲面近轴曲率半径；e^2 为曲面偏心率的平方。

第二种非球面子午截线方程式为

$$x = A_1 y^2 + A_2 y^4 + A_3 y^6 + A_4 y^8 + \cdots \tag{1.3}$$

式中，第一项系数和非球面近轴曲率半径有关，即 $A_1 = 0.5R_0$。

第三种方程式为

$$x = \frac{cy^2}{1 + \sqrt{1 - (K+1)c^2 y^2}} + B_1 y^4 + B_2 y^6 + B_3 y^8 + \cdots \tag{1.4}$$

式中，c 为近轴曲率半径，$c = 1/R_0$；K 为二次曲面偏心率函数，$K = -e^2$；$B_1, B_2, B_3, \cdots$ 为系数。

在光学设计和工程运用中，式(1.1)、式(1.3)和式(1.4)往往互相交叉使用，它们之间存在一定的系数关系。

在实际使用中，二次曲面应用最为广泛。通常取式(1.4)右边的第一项表示二次曲面。通过转换可得到二次曲面求 x 的另一个有用的表达式为

$$x = \frac{R_0 - \sqrt{R_0^2 - (1-e^2)y^2}}{1 - e^2} \tag{1.5}$$

当 K 或 e^2 取不同的值时，代表着不同的曲面，如图 1.2 所示。

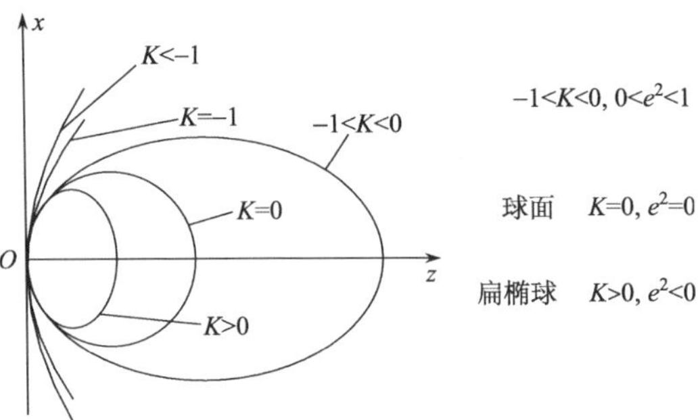

图 1.2　二次曲面

离轴非球面是同轴非球面母镜的一部分。如图1.3所示，虚线为同轴非球面母镜，矩形为要求的离轴非球面。通常仍用同轴非球面镜方程来表示离轴非球面，为表示离轴非球面偏离母镜的程度，用S（离轴非球面的几何中心到光轴的距离）表示离轴量的大小。

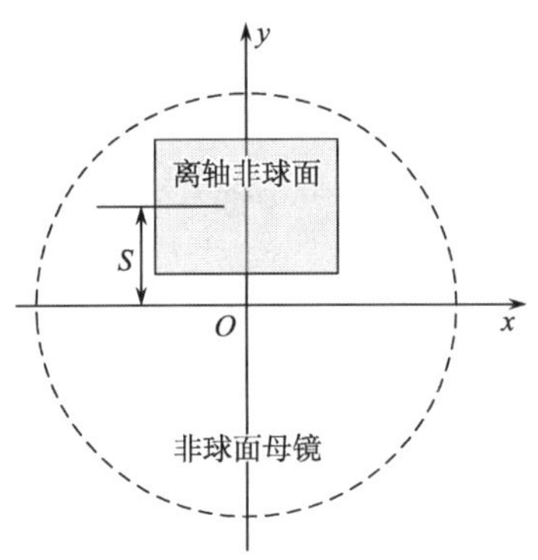

图 1.3　离轴非球面示意图

2. 表面质量评价标准

传统光学元件加工面形质量的评价指标主要是反射（或透射波前）的峰谷值或均方根值，这些指标所包含的元件表面误差信息是相当有限的。现代精密光学系统（如短波长紫外光学系统、惯性约束聚变激光驱动器系统等）对光学元件的质量评价提出了新的要求，即要求对波前误差的频谱分布进行评价和控制，从而引入粗糙度功率谱密度（Power Spectral Density，PSD），其意义在于：当光学元件表面粗糙度误差是表面散射现象的主要贡献源时，基于标量衍射理论和傅里叶线性系统理论，可以通过计算表面粗糙度的PSD函数来获得表面的散射函数（Bidirectional Reflectance Distribution Function，BRDF）。因此，粗糙度PSD指标特别适用于光滑光学表面的质量评价，它给出了元件表面粗糙度各个空间频率误差对表面散射特性影响的精确量度。

美国劳伦斯-利弗莫尔国家实验室（Lawrence Livermore National Laboratory，LLNL）在“国家点火装置”的研制过程中，根据光学元件的口径、自适应光学校正技术和空间滤波器的设计原则，按照空间频段的不同将光学元件的制造误差具体分为三段：空间波长 Λ>33mm，称为面形偏差；空间波长 0.12mm<Λ<33mm，称为波纹差；空间波长 Λ<0.12mm，称为粗糙度。

Barakat 和 Harvey 等认为各个空间频段的波前误差从以下几个方面降低了系统的性能：①低频分量扰动（主要是面形误差）对应着光束的小角度散射。将系统光束能量从图像中心移到前几级衍射环，因此系统的 Strehl 比或峰值强度降低，但系统的会聚光斑尺寸并未明显展宽。②高频分量的扰动（如表面粗糙度等）对应着大角度的散射，成为系统的杂散光。这种扰动将光束能量从图像中心散射到很宽的晕带，降低了图像的对比度或信噪比。由于扰动尺度很小，同样未明显展宽图像核心部分的尺寸。③介于低频和高频之间的扰动产生了小角度散射，使光束无法达到焦平面，在降低峰值强度的同时，显著地增大了光斑的尺寸，使图像变得模糊。这种频段的扰动严重地影响了短波长光学系统的成像质量。

1) 面形评价

面形评价基本上包括以下三个评价标准：峰谷（Peak-to-Valley，PV）值，均方根（Root-Mean-Square，RMS）值和离焦量（Power）。

PV是指在测量范围内面形最高值和最低值的差，如图1.4所示。

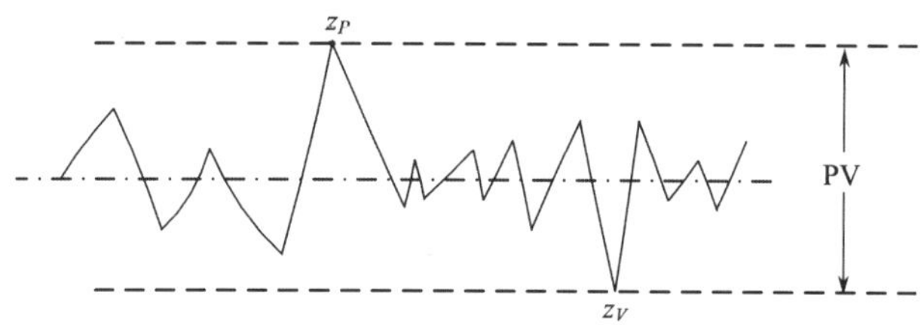

图 1.4 峰谷值表示方式

$$\mathrm{PV} = z_P - z_V \tag{1.6}$$

RMS 是指被测波前偏离期望波前的程度，如图 1.5 所示。

$$\mathrm{RMS} = \sqrt{\frac{(z(x_1, y_1) - z_E)^2 + (z(x_2, y_2) - z_E)^2 + \cdots + (z(x_N, y_N) - z_E)^2}{N}} \tag{1.7}$$

一般来说

$$z_E = \frac{z(x_1, y_1) + z(x_2, y_2) + \cdots + z(x_N, y_N)}{N}$$

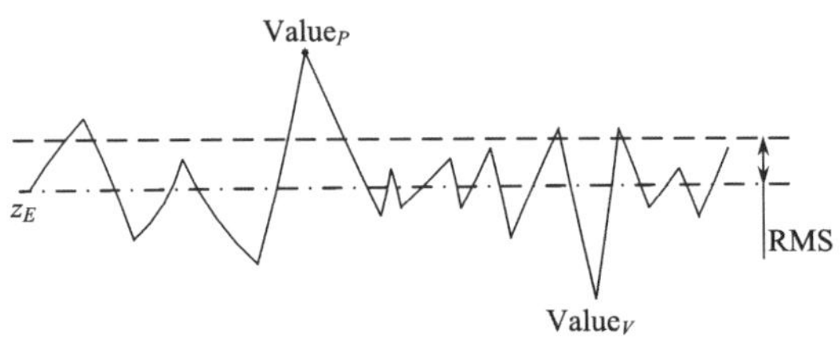

图 1.5　均方根表示方式

Power 是指被测波前上的一条测量曲线，是中心和边界的高度差。当测量波前为凹面时为正值，当测量波前为凸面时为负值，如图 1.6 所示。假如测量面形可以表示为

$$Z(x, y) = C_0 + C_1 x + C_2 y + C_3 (x^2 + y^2)$$

则 Power 可以表示为

$$\text{Power} = C_3 R^2 \tag{1.8}$$

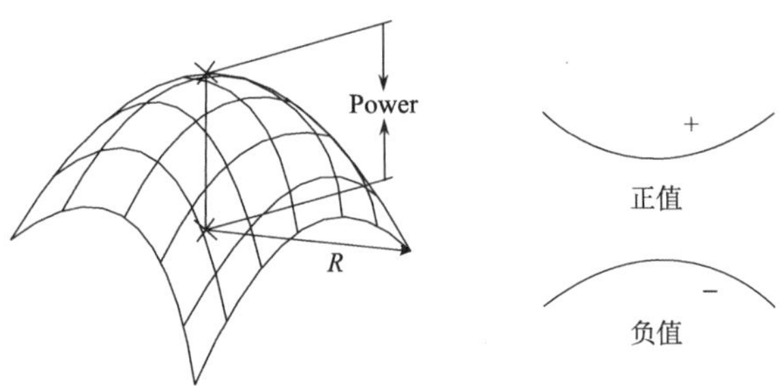

图 1.6　离焦量表示方式

2) 波纹度评价

测量波前误差频谱分布的需求日益迫切，导致了人们对波前功率谱密度测量和评价技术的关注。

考虑一般意义上PSD函数的定义。令$u(t)$是一已知的函数，如果$u(t)$是不可以进行傅里叶变换的，但是具有有限的平均功率，则

$$\lim_{T \to \infty} \frac{1}{T} \int_{-\frac{T}{2}}^{\frac{T}{2}} u^2(t) \mathrm{d}t < \infty \tag{1.9}$$

这样，截断后的函数

$$u_T(t)=\begin{cases}u(t), & -\dfrac{T}{2}\leqslant t\leqslant\dfrac{T}{2}\\ 0, & \text{其他}\end{cases} \tag{1.10}$$

是可以进行傅里叶变换的，其频域表示为$\left|u_T(\nu)\right|^2$，代表截断后$u_T(t)$的能量随频率的分布，则$u_T(t)$的归一化能谱密度为

$$\mathrm{PSD}_T(\nu)=\frac{\left|u_T(\nu)\right|^2}{T} \tag{1.11}$$

式(1.11)具有单位频段上功率的量纲，因此，从逻辑上可以定义$u(t)$的功率谱密度为

$$\mathrm{PSD}(\nu)=\lim_{T\to\infty}\frac{\left|u_T(\nu)\right|^2}{T} \tag{1.12}$$

光学元件PSD的分析方法最早引入对元件表面粗糙度的量度。这个标准包含四个参数：比例系数A、幂指数B、最小空间频率C和最大空间频率D，其表达式为

$$\mathrm{PSD}(f)=\frac{A}{\nu^B}, C\leqslant\nu\leqslant D \tag{1.13}$$

式中，B的取值范围为1～3。0.12mm<A<33mm的中频段，对应着小尺度非线性增长最严重的误差部分。NIF对光学元件这种频段的制造误差评价，采用了波前PSD的描述方法，其具体的评价指标为

$$\mathrm{PSD}(\nu)\leqslant A\nu^{-B} \tag{1.14}$$

式中，A=1.05；B=1.55。

根据PSD的基本定义，波前PSD定义为波前各频率分量傅里叶频谱振幅的平方，其一维的定义形式为

$$\mathrm{PSD}(\nu_i)=\frac{[A(\nu_i)]^2}{\Delta\nu} \tag{1.15}$$

式中，ν_i为空间频率；$\Delta\nu$为频率间隔。$A(\nu_i)$波前函数$W(x)$关于频率ν_i的傅里叶振幅为

$$A(\nu)=\int_0^L W(x)\mathrm{e}^{-\mathrm{i}\nu x}\,\mathrm{d}x \tag{1.16}$$

式中，$W(x)$为一维方向的波前畸变相位值；L为采样长度。一维PSD的量纲为长度单位的三次方。

如果波前相位信息是各向异性的，那么还必须进行二维分析。二维波前PSD的定义为

$$\mathrm{PSD}(\nu_x,\nu_y)=\frac{[A(\nu_x,\nu_y)]^2}{\Delta\nu_x\Delta\nu_y} \tag{1.17}$$

其中

$$A(\nu_x,\nu_y)=\int_0^{L_x}\int_0^{L_y}W(x,y)\mathrm{e}^{-\mathrm{i}(\nu_x+\nu_y)}\,\mathrm{d}x\,\mathrm{d}y \tag{1.18}$$

波前PSD是一种描述波前信息的新方法，而不是新的物理量。传统光学系统广泛采用波前峰谷值、均方根值或Zernike多项式来评价光学质量，波前峰谷值和均方根值均不包含误差的频率分布信息，而Zernike多项式是定义在单位圆内部的正交多项式集，不适于分析非圆孔径，且主要分析低频像差，中频和高频误差只以高阶残差的形式表征。因此，这些传统的评价指标缺乏定量化的频谱描述功能，难以提供丰富的波前误差信息（特别是空间波长在毫米量级的中频误差信息）用于评价在强光效应下光学元件对系统的调制影响。

PSD 本质是傅里叶频谱分析，分析时不受元件孔径的限制，便于对不规则外形的元件进行各种频率分量的分析。采用 PSD 描述方法，通过傅里叶变换，可以定量给出光学元件波前误差的空间频率分布，从而确定各个频率分量的影响。

此外，从傅里叶变换的实质，可以将 PSD 同其他物理评价指标联系起来。根据 Parseval 定理，波前误差的 RMS 与 PSD 的关系为

$$\mathrm{RMS}^2=\Delta x\cdot\sum_{\nu}[\mathrm{PSD}(\nu)]^2 \tag{1.19}$$

波前误差的 RMS 值直接对应焦点的强度分布。因此，波前 PSD 实际上以波前散射角的形式供述了散射光的强度和方向。

一维 PSD 的计算公式：光学面形轮廓函数 $z(x)$的一维傅里叶变换为

$$Z(k)=\int_0^{L}z(x)\exp(-\mathrm{j}kx)\,\mathrm{d}x \tag{1.20}$$

将式(1.20)离散化为

$$Z(m)=\sum_{n=0}^{N-1}z(n)\exp\left(-\frac{\mathrm{j}2\pi mn}{N}\right)\Delta x \tag{1.21}$$

式中，$k=2\pi f_m$，$f_m=\dfrac{m}{N}\Delta x$，为表面粗糙度的空间频率；$-N/2\leqslant m\leqslant N/2$ 可从表面轮廓数据直接得到，其一维 PSD 的计算公式为

$$\mathrm{PSD}=\frac{|Z(m)|^2}{L}=\frac{1}{L}\left|\sum_{n=0}^{N-1}z(n)\exp(-\mathrm{j}2\pi f_m)\right|^2 \tag{1.22}$$

另外，二维 PSD 的计算公式为

$$\mathrm{PSD}(f_m, f_n) = \frac{D^2}{MN}\left|\sum_{k=0}^{M-1}\sum_{j=0}^{N-1} z(k,j)\exp[-\mathrm{j}2\pi(f_m + f_n)]\right|^2 \tag{1.23}$$

式中，f_m、f_n 为空间频率；D 为空间采样频率；M、N 为采样点数。

3) 粗糙度

表面粗糙度是指加工表面具有的较小间距和微小峰谷不平度。其两波峰或两波谷之间的距离（波距）很小（在1mm以下），用肉眼是难以区别的，因此它属于微观几何形状误差。表面粗糙度越小，则表面越光滑。主要包括轮廓的算术平均偏差Ra和轮廓的最大高度Rz。

轮廓的算术平均偏差 Ra 是在一个取样长度 l 内，纵坐标值 $Z(x)$绝对值的计算平均值，如图 1.7 所示。Ra 可表示为

$$\mathrm{Ra} = \frac{1}{l}\int_0^l |Z(x)|\,\mathrm{d}x \tag{1.24}$$

离散形式为

$$\mathrm{Ra} = \frac{1}{n}\sum_{i=1}^{n}|Z_i|$$

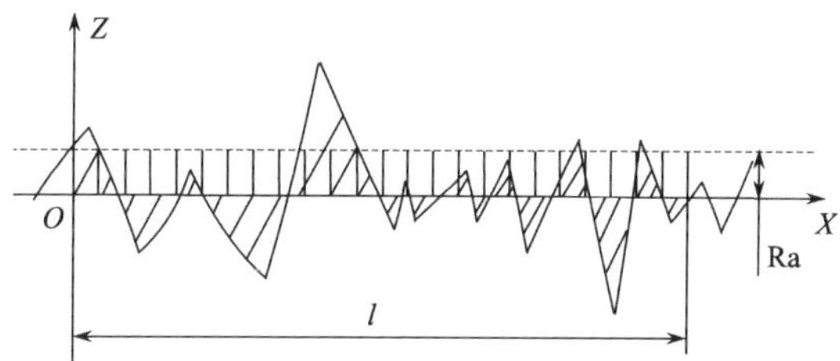

图 1.7　轮廓的算术平均偏差

轮廓的最大高度 Rz 是在取样长度 l 内，最大轮廓峰高 Rp（在一个取样长度内最大的 Zp）和最大的轮廓谷深 Rv（在一个取样长度内最大的 Zv）之和的高度，如图 1.8 所示。

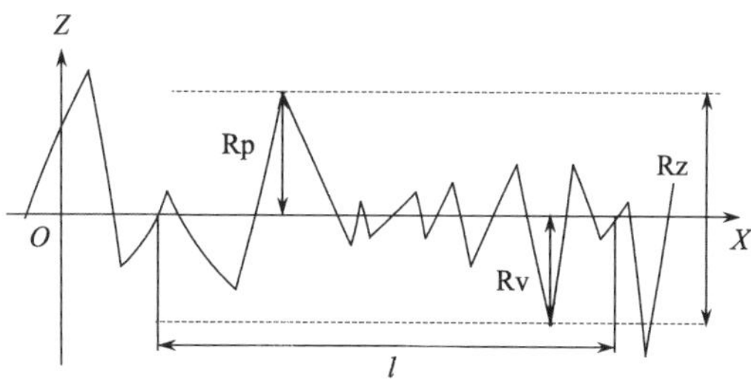

图 1.8　轮廓的最大高度

3. 光学元件表面质量与成像的关系

1) 三级像差理论

光学设计中最早用于评价函数的像质指标就是几何像差。长期以来，设计人员通过研究像差理论，非常了解结构参数对像差的影响关系。根据理想像的定义，如果光学系统成像符合理想，则由同一物点发出的所有光线通过系统以后，应该聚交在理想像面上的同一点，而且理想高度与实际像高一致。实际光学系统成像不可能完全符合理想，由同一物点发出的光线，经过系统后，在像空间的出射光线不再是聚交于理想像点的同心光束，而是具有较复杂几何结构的像散光束。而用来描述像散光束位置和结构的几何参数称为几何像差。

这里的几何像差包括单色像差，细光束子午场曲 x_t'、子午球差 $\delta L_{Ty}'$、子午慧差 K_T'，细光束弧矢场曲 x_s'、弧矢球差 $\delta L_t'$、弧矢慧差 K_s'、畸变 $\delta y'$；色差包括色球差 $\Delta L_{FC}'$、轴向色差 x_{FC}'、垂轴色差 $\Delta y_{FC}'$、色畸变 $\delta y_{FC}'$ 等，种类很多。

各单项几何像差之间是彼此独立的，而且只需用少数几个参数就可以控制系统的质量，这些像差适合于适应法自动校正过程的要求。但是其缺点是这些几何像差在量纲和量级上有时相差很大，导致优化后各种像差比例失调，像质并不理想。为了解决这个问题，通常采用权因子来调节各种像差之间的量级差别。

波像差（即实际波面和理想波面之间的光程差），它可以作为像点质量的评价指标。波像差很直观，可以用波面三维立体或三维等值表示。其具体原理是：如果光学系统成像符合理想，则各种几何像差都等于零，由同一物点发出的全部光线均交于理想像点。根据线和波面之间的对应关系，光线是波面的法线，波面是垂直于光线的曲面。因此，在理想成像的情况下，对应的波面应该是一以理想像点为中心的球面。如果存在像差，则对应的实际波面不再是以理想像点为中心的球面，而是有一定形状的曲面。

波像差常用评价指标有波像差峰谷（PV）值，波像差均方根（RMS）值。用其作为评价函数构成元素的优点是量级基本一致。

波面的数据与采样点密度有关，密度太少，表现的波面可能太粗糙；密度大，表现波面的数据又太多，影响运算速度，不利于计算机运算。

除了几何像差与波像差，也有研究人员使用垂轴像差和光学传递函数等构建评价函数。

2) 赛德尔像差

$$
\begin{aligned}
W(\rho,\theta') &= Z_0 - Z_3 + Z_8 && \text{平移} \\
&\quad + \rho\sqrt{(Z_1 - 2Z_6)^2 + (Z_2 - Z_7)^2} \\
&\quad \times \cos\left[\theta' - \arctan\frac{Z_2 - 2Z_7}{Z_1 - 2Z_6}\right] && \text{倾斜} \\
&\quad + \rho^2(2Z_3 - 6Z_8 \pm \sqrt{Z_4^2 + Z_5^2}) && \text{离焦} \qquad (1.25) \\
&\quad \pm 2\rho^2\sqrt{Z_4^2 + Z_5^2}\cos^2\left[\theta' - \frac{1}{2}\arctan\frac{Z_5}{Z_4}\right] && \text{像散} \\
&\quad + 3\rho^3\sqrt{Z_6^2 + Z_7^2}\cos\left[\theta' - \arctan\frac{Z_7}{Z_6}\right] && \text{慧差}
\end{aligned}
$$

Zernike 多项式系数与光学设计中的赛德尔像差系数之间存在密切关系，在很多商业干涉仪上，通常还会有关于赛德尔像差系数的计算输出。赛德尔像差系数与 Zernike 多项式系数的前八项有关，对于一般抛光后的表面，它可以很好地表征波面的面形情况。赛德尔像差系数与 Zernike 多项式系数的关系如表 1.1 所示。

表 1.1　赛德尔像差系数与 Zernike 多项式系数的关系

误差	意义	幅值	倾角	说明
W_{11}	倾斜	$\sqrt{(Z_1-2Z_6)^2+(Z_2-2Z_7)^2}$	$\arctan(\frac{Z_2-2Z_7}{Z_1-2Z_6})$ (−180°～180°)	
W_{20}	离焦	$2Z_3-6Z_8\pm\sqrt{Z_4{}^2+Z_5{}^2}$		“±”取值使得 W_{20} 最小
W_{22}	像散	$\pm2\sqrt{Z_4{}^2+Z_5{}^2}$	$0.5\arctan\left(\frac{Z_5}{Z_4}\right)$ (−90°～90°)	“±”取值与 W_{20} 中相反
W_{31}	慧差	$3\sqrt{Z_6{}^2+Z_7{}^2}$	$\arctan\left(\frac{Z_7}{Z_6}\right)$ (−180°～180°)	
W_{40}	球差	$6Z_8$		

1.2.2　亚表面质量评价

1. 光学元件亚表面损伤

光学元件的高质量除了对光学元件的面形精度、表面微观质量有严格要求，光学元件的亚表面质量也越来越受到重视，尤其是强光光学系统，例如，我国的“神光”系统和美国的“国家点火装置”对其光学元件亚表面质量的要求更是苛刻。

光学元件的亚表面损伤会影响元件的面形精度、镀膜质量，改变元件的折射系数，降低材料强度和抗激光损伤阈值，进而影响光学元件的长期稳定性、降低光学系统的成像质量和使用寿命。对于空间望远镜系统中的大型光学元件，制造过程中引入的亚表面损伤程度及其数量决定了镜面的屈服强度；隐藏在光学元件中严重的亚表面结构损伤会导致光学元件在发射过程中由于产生的机械应力作用而扩大损伤；即使光学元件加工后满足性能指标，但是当其暴露在太空环境（温差极大）中，亚表面裂纹会进一步扩展，导致镜面的扭曲，难以满足严格的面形和平面度要求。在大口径反射镜的镀膜过程中，如果镜体存在加工引发的残余应力，则镀膜过程的高温使其释放，将会导致镜体变形，降低镜体的面形精度，最终影响成像系统的分辨率并降低峰值强度。能量为 45J/cm^2 的 3 倍频激光辐照熔融石英表面后的损伤情况如图 1.9 所示。

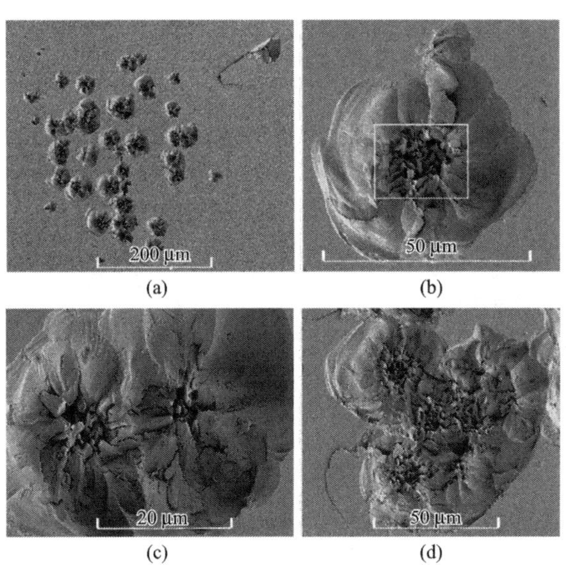

图 1.9　能量为 45J/cm^2 的 3 倍频激光辐照熔融石英表面后的损伤情况

对光学元件的加工一般分为磨削、研磨和抛光三个阶段，其中磨削和研磨属于工件成形阶段，材料去除效率高，工件材料的去除主要是脆性断裂方式去除，在这个过程中，难免会引入裂纹、划痕、残余应力等亚表面损伤。光学元件的亚表面损伤大致分为两类：一种是元件材料的固有缺陷（如气孔、杂质粒子等）；另一种是在加工过程中引入的损伤（包括裂纹、残余应力等）。图 1.10 是美国安捷伦公司的光学亚表面损伤示意图，该图显示抛光后的光学表面由上到下依次是抛光沉积层、裂纹缺陷层、应力变形层和没有缺陷的基底层。因其损伤主要以裂纹形式存在，故称为亚表面裂纹层。由于影响应用性能的较大的损伤主要位于裂纹层以上，目前测量的亚表面损伤层深度多指亚表面裂纹层的深度。

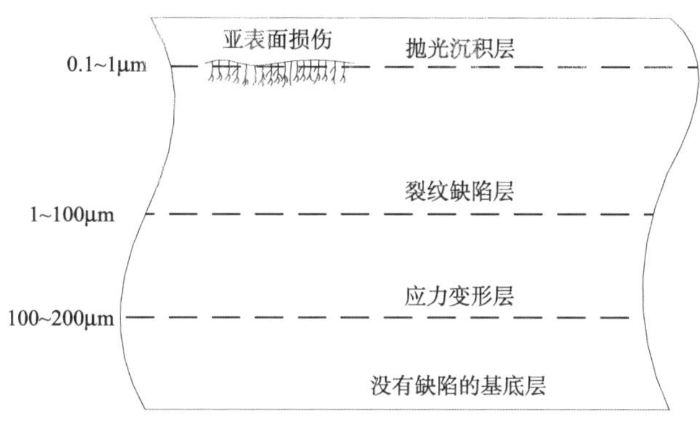

图1.10　光学亚表面损伤示意图

2. 光学元件内部均匀性

光学材料的光学均匀性是指同一块光学玻璃内部的折射率的不一致性，常用其内部的折射率的最大差值表示。透射光学材料的光学均匀性是其非常重要的质量指标，因为它直接影响透射光学系统出射的波面质量，从而影响系统的性能。对于光学材料总厚为40mm的补偿器，如果所用的光学材料光学均匀性为$\pm2\times10^{-6}$（我国国家1级玻璃标准），其引起的系统波像差PV值的变化为0.25λ（λ=0.6328μm），波像差RMS值的变化约为0.07λ（即$1/14\lambda$），如果所用光学材料光学均匀性为1×10^{-6}（肖特最高玻璃标准），其引起的系统波像差PV值的变化为0.063λ，波像差RMS值的变化约为0.016λ（即$1/60\lambda$），从上面可以看出，光学均匀性高是保证制造出的用于检测高精度非球面的补偿器合格的前提之一，而现在国内的光学材料生产厂家都没有合适的手段来检测这种高质量的玻璃材料（我国在1980年左右也曾研制出了用于光学均匀性测量的全息干涉仪，从原理上讲这是一种精度较高的光学均匀性测量仪，但它是基于全息原理的，数据处理太复杂，使其成为只是半定量的且过分依赖操作者经验水平的一种方法，多年前已被遗弃不用），高精度光学均匀性测量是补偿法的关键技术之一。另外随着现代科学技术和国防事业的发展，对一些透射光学系统的成像质量要求越来越高，这也迫切需要有高精度的光学玻璃光学均匀性的检测手段。

目前国内光学玻璃光学均匀性测量方法主要是鉴别率法、星点法和刀口阴影法，也有用刀口干涉仪的。鉴别率法是通过在理想光学系统的平行光路中加入两面平行的被测玻璃板后测量其分辨率的下降来定性检测光学玻璃的光学均匀性，它灵敏度低，主观误差大；星点法通过把两面平行玻璃块放入平行光路中观察像平面上和像平面前后光束截面上星点像衍射图形的变化来评价光学玻璃的光学均匀性，其特点是设备简单、操作方便，对于厚度小于100mm光学材料的光学均匀性的检验，精度较低，星点检验法装置和鉴别率法基本相同，只要将分辨率板换成星点板就可以了，它们都不能用于高性能的样品（特长样品除外）检测；刀口阴影法是基于观测会聚同心球面波的波面完整程度来实现测量的，它是一种灵敏度较高的定性测量法，很难给出准确的定量数据，并且对一般厚度的样品，检测结果受系统标准球面、样品表面或所用帖置玻璃表面质量的影响较大；刀口干涉仪采用的是一种直接测量法，例如，采用帖置玻璃，只要把帖置玻璃的面形误差做到$\lambda/20$，对较厚的样品（厚度>50mm）精度还是可以的，但是对于高折射率玻璃，这种方法就不适用了，因为与样品匹配的高折射率匹配液体易挥发，并且毒性较大。

1.3　干涉测量基础知识

1.3.1　干涉原理

1. 双光束干涉和干涉条件

根据光的干涉定义，干涉场中光能量密度的空间分布是干涉现象是否存在的判据。据此，将干涉场强度表示为

$$I(\boldsymbol{r})=\langle \boldsymbol{E}\cdot\boldsymbol{E}\rangle \tag{1.26}$$

设空间一点$P(\boldsymbol{r})$叠加的两个平面波$\boldsymbol{E}_1$和$\boldsymbol{E}_2$的波函数分别为

$$\begin{aligned}\boldsymbol{E}_1(\boldsymbol{r},t)&=\boldsymbol{E}_{10}\cos(\boldsymbol{k}_1\cdot\boldsymbol{r}-\omega_1 t+\varphi_{10})\\ \boldsymbol{E}_2(\boldsymbol{r},t)&=\boldsymbol{E}_{20}\cos(\boldsymbol{k}_2\cdot\boldsymbol{r}-\omega_2 t+\varphi_{20})\end{aligned} \tag{1.27}$$

式中，$\boldsymbol{E}_{10}$、$\boldsymbol{E}_{20}$为两相干光波的振幅；$\boldsymbol{k}_1$、$\boldsymbol{k}_2$为两相干光波的波矢量；$\boldsymbol{r}$为空间坐标原点到被考察点的距离矢量；ω_1、ω_2为两相干光波的角频率；φ_{10}、φ_{20}为两相干光波的初相位。

应用波的叠加原理，可知t时刻，$P(\boldsymbol{r})$处的合扰动为

$$\boldsymbol{E}(\boldsymbol{r},t)=\boldsymbol{E}_1(\boldsymbol{r},t)+\boldsymbol{E}_2(\boldsymbol{r},t) \tag{1.28}$$

代入式(1.26)，干涉场的强度为

$$I(\boldsymbol{r})=\left\langle(\boldsymbol{E}_1+\boldsymbol{E}_2)\cdot(\boldsymbol{E}_1+\boldsymbol{E}_2)\right\rangle=I_1(\boldsymbol{r})+I_2(\boldsymbol{r})+2\left\langle\boldsymbol{E}_1\cdot\boldsymbol{E}_2\right\rangle \tag{1.29}$$

式中，$I_1(\boldsymbol{r})$ 和 $I_2(\boldsymbol{r})$ 为 $\boldsymbol{E}_1$ 和 $\boldsymbol{E}_2$ 单独存在时 $P(\boldsymbol{r})$ 处的强度。按照光的干涉定义，只有当 $2\left\langle\boldsymbol{E}_1\cdot\boldsymbol{E}_2\right\rangle$ 不为零时，才说明该处发生了光的干涉，因此 $2\left\langle\boldsymbol{E}_1\cdot\boldsymbol{E}_2\right\rangle$ 称为两束光干涉的干涉项。

将 $\boldsymbol{E}_1$ 和 $\boldsymbol{E}_2$ 的波函数代入干涉项的表达式，可得

$$\begin{aligned}2\left\langle\boldsymbol{E}_1\cdot\boldsymbol{E}_2\right\rangle=\boldsymbol{E}_{10}\cdot\boldsymbol{E}_{20}\Big\{&\left\langle\cos\left[(\boldsymbol{k}_2+\boldsymbol{k}_1)\cdot\boldsymbol{r}-(\omega_2+\omega_1)t+(\varphi_{20}+\varphi_{10})\right]\right\rangle\\&+\left\langle\cos\left[(\boldsymbol{k}_2-\boldsymbol{k}_1)\cdot\boldsymbol{r}-(\omega_2-\omega_1)t+(\varphi_{20}-\varphi_{10})\right]\right\rangle\Big\}\end{aligned} \tag{1.30}$$

式中，第一项为和频项，由于其时间周期 $2\pi/(\omega_2+\omega_1)$ 远小于探测器的响应时间 τ，所以第一项的时间平均值为零；第二项为差频项，只有当时间周期满足 $2\pi/(\omega_2-\omega_1)>>\tau$ 时，其时间平均值才不为零。目前响应最快的探测器的响应时间 τ 也大于 10^{-9} s，这就要求 $\omega_2-\omega_1<<2\pi\times10^9/\mathrm{s}$，才能保证差频项的时间平均值不为零，这个频率差只有 ω_1 和 ω_2 的百万分之一。当 ω_2 和 ω_1 的差值满足上述条件时，虽然可以探测到由干涉项产生的时间拍频信号，但该信号不能形成稳定的干涉强度的空间分布，只有借助于无线电频率检测或位相检测技术来探测。因此在光的干涉问题中，为了获得稳定的干涉强度空间分布，首先必须满足的条件为

$$\omega_2=\omega_1 \tag{1.31}$$

由式(1.30)可以看出，干涉项不为零的第二个条件为

$$\boldsymbol{E}_{10}\cdot\boldsymbol{E}_{20}\neq0 \tag{1.32}$$

式(1.32)表明，只有两个分量波的振动方向不正交时，才能产生干涉。

在观测时间 τ 内，空间任意点 P 应该有许多对波列通过，并且每对波列都可能产生不同的强度，因此在 P 点观测的强度是时间 τ 内的平均强度，则式(1.29)改写为

$$\begin{aligned}\langle I\rangle=\frac{1}{\tau}\int_0^\tau I\,\mathrm{d}\tau&=\frac{1}{\tau}\int_0^\tau\left(I_1+I_2+2\sqrt{I_1I_2}\cos\delta\right)\mathrm{d}\tau\\&=I_1+I_2+2\sqrt{I_1I_2}\,\frac{1}{\tau}\int_0^\tau\cos\delta\,\mathrm{d}\tau\end{aligned} \tag{1.33}$$

如果在任意点叠加的两个光波的位相是有着紧密联系的，则在观测时间 τ 内，它们的位相差固定不变，即

$$\frac{1}{\tau}\int_0^\tau\cos\delta\,\mathrm{d}\tau=\cos\delta \tag{1.34}$$

因此

$$\langle I\rangle=I_1+I_2+2\sqrt{I_1I_2}\cos\delta \tag{1.35}$$

这表示 P 点的平均光强度取决于两光波在 P 点的位相差 δ，它可以大于、小于或等于两光波的强度之和 (I_1+I_2)。因为叠加区域内不同点有不同的位相差，所以不同点将有不同的光强度，这正是两光波产生干涉的情况。由此可知，两叠加光波的位相差固定不变，也是产生干涉的必要条件。

上述三个条件称为干涉条件，即角频率相等、两个分量波的振动方向不正交、两分量波的位相差恒定。完全满足这三个条件的光波称为“相干光波”，相应的光源称为“相干光源”。

2. 多光束干涉

下面以平行平板为例，介绍透射光多光束干涉的强度分布。在图 1.11 中，设第一束透射光的复振幅 $E_{t1}=a_1$，初位相为零，光波在平板两个内表面的反射系数为 r，由于光波在平板内传播引起的相邻相干光束的位相差为 $\Delta\varphi$，所以各透射光束的复振幅可表示为

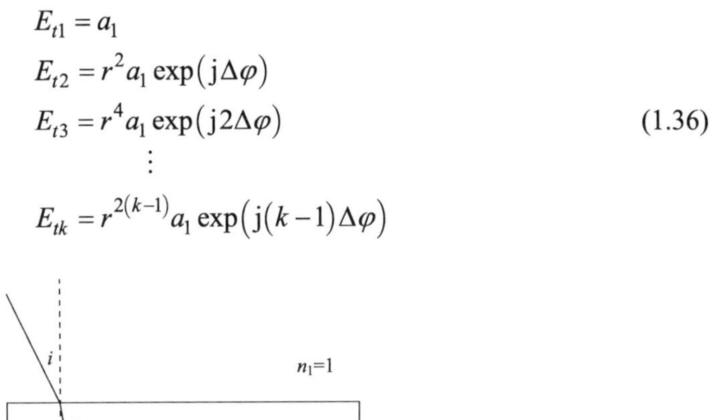

$$\begin{aligned} E_{t1} &= a_1 \\ E_{t2} &= r^2 a_1 \exp(\mathrm{j}\Delta\varphi) \\ E_{t3} &= r^4 a_1 \exp(\mathrm{j}2\Delta\varphi) \\ &\vdots \\ E_{tk} &= r^{2(k-1)} a_1 \exp(\mathrm{j}(k-1)\Delta\varphi) \end{aligned} \tag{1.36}$$

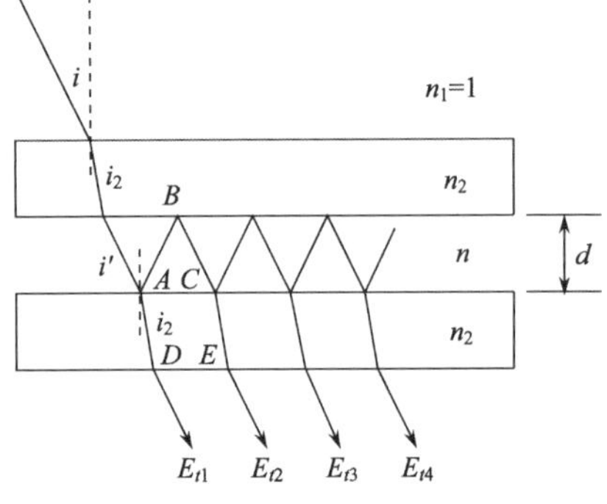

图 1.11　平行平板的光程差

由于各相干光束传播方向平行，所以干涉面在无穷远处，必须在透镜后焦面上观察。注意到 $|r|<1$，在干涉条纹定域面上的合振幅为

$$E_T=\sum_{k=1}^{\infty}E_{tk}=\frac{a_1}{1-r^2\exp(\mathrm{j}\Delta\varphi)} \tag{1.37}$$

干涉场的强度为

$$I_T = E_T \cdot E_T^* = \frac{a_1^2}{1-2r^2\cos\Delta\varphi + r^4} \tag{1.38}$$

式中，设 $a_1^2 = I_1$，表示第一束透射光的强度。设光波在平板两个内表面的透射率 $\tau_1 = \tau_2 = \tau$，于是 I_1 和入射光强度 I_0 之间的关系是 $I_1 = \tau^2 I_0$。再设平板内表面的反射率 $\rho = r^2$，在不计吸收损失时，有 $\rho + \tau = 1$，于是透射光的多光束干涉强度可表示为

$$I_T = \frac{I_0(1-\rho)^2}{(1-\rho)^2 + 4\rho\sin^2(\Delta\varphi/2)} \tag{1.39}$$

在不考虑各种光能损失的前提下，利用反射光和透射光多光束干涉强度 I_R 和 I_T 的互补关系，可求得

$$I_R = I_0 - I_T = I_T = \frac{4\rho\sin^2(\Delta\varphi/2)I_0}{(1-\rho)^2 + 4\rho\sin^2(\Delta\varphi/2)} \tag{1.40}$$

1.3.2 典型干涉测量结构

1. 泰曼-格林干涉测量

泰曼-格林干涉仪是人们熟悉的双光束干涉装置，是以迈克耳孙干涉仪为原型的一种常用干涉仪。泰曼-格林干涉仪最初用于检验棱镜和显微物镜，后来进行了改进并用于检验照相机镜头和各种光学元件。一种典型的泰曼-格林干涉仪结构如图 1.12 所示。

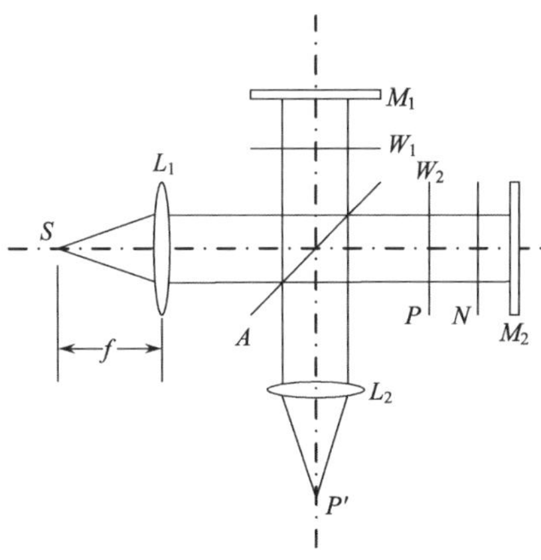

图 1.12 泰曼-格林干涉仪

点光源 S 发出的光经过准直透镜 L_1 之后，由分光镜 A 将其一分为二，一束光射向参考面 M_1，经参考面 M_1 反射后的波前是 W_1，另一束光射向待测面 M_2，经被测面 M_2 反射后相应的波前是 W_2。引入虚波前 W_1'，它是 W_1 在分光镜 A 中的虚像。两支光在干涉场中某点 P 的光程差为

$$D = PN = h \tag{1.41}$$

即等于 W_1' 到 P 点的法线距离。因为 W_1' 和 W_2 之间介质（空气）的折射率为 1，显然，当

$$h = m\lambda,\quad m = 0, \pm1, \pm2, \cdots \tag{1.42}$$

时，P 为亮点；当

$$h = (2m+1)\frac{\lambda}{2},\quad m = 0, \pm1, \pm2, \cdots \tag{1.43}$$

时，P 为暗点。如果参考面和被测面是理想平面，那么未反射回来的波阵面 W_1（或 W_1'）和 W_2 也是平面，这样当眼睛聚焦于 W_2 上时，在 W_1' 和 W_2 之间有一楔角的情况下，将看到一组平行等距的直线条纹（若 W_1' 和 W_2 相互平行，则视场是均匀照明的，没有条纹），它们与 W_1' 和 W_2 所构成的空气楔的楔棱平行。从一个亮条纹（或暗条纹）过渡到相邻的亮条纹（或暗条纹），W_1' 和 W_2 之间的距离改变 λ。如果被测面是有缺陷的光学元件，则从被测面反射回来的波阵面 W_2 将发生变形，这时干涉条纹不再是平行等距的直线，一般有如图 1.13 所示的形状。显然可以把 W_2 上的各亮条纹（或暗条纹）看成是以 W_1' 为基准的 W_2 的等高线，高度间隔为 λ，而从等高线的形状、间隔就可以判断光学元件的缺陷。

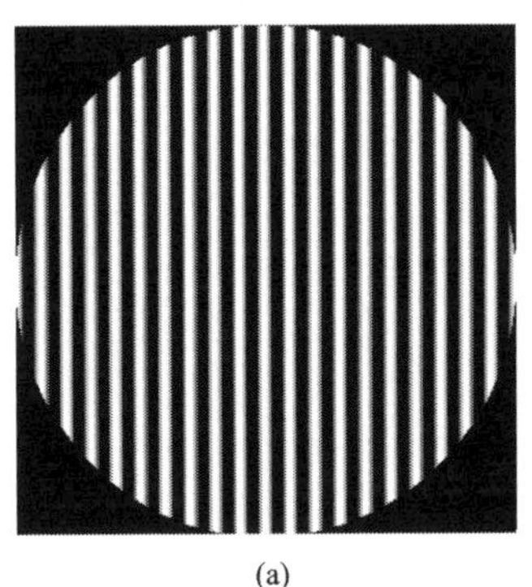

(a)

(b)

图 1.13　干涉条纹图

泰曼-格林干涉仪具有如下优点。

(1) 体积小，重量轻，可以集成在一些其他设备上，进行在线检测。

(2) 参考面较小，容易做到很高的精度。

(3) 测量镀膜反射镜时，不需要衰减器。

(4) 光源要求并不严格，为保持光源的相干性，最好采用点光源。

缺点主要包括以下两个方面。

(1) 非共光路，抗震性较差，需要配合减震平台使用。

(2) 需要进行标定，去除系统误差。

2. 斐索干涉测量

斐索干涉仪是一种光学车间进行光学零件面形测量的等厚干涉仪器。

图1.14(a)是用于检验光学平面的斐索干涉仪光路图。激光束经过扩束镜 L_0、针孔滤波器 D_1 和准直透镜 L 之后成为平行光束，对参考平面 M_1 和被测平面 M_2 之间的空气层提供正入射的照明。由空气层反射的两束相干光再经准直透镜和分束镜 BS 反射，会聚于小孔光阑 D_2 处。人眼通过 D_2 并调焦在 M_2 平面上，即可观察到一组等厚条纹，如果被测平面有面形误差，则会出现各种不等间隔或偏离直线的干涉条纹，通过对干涉条纹的判读，可测出平面面形误差。

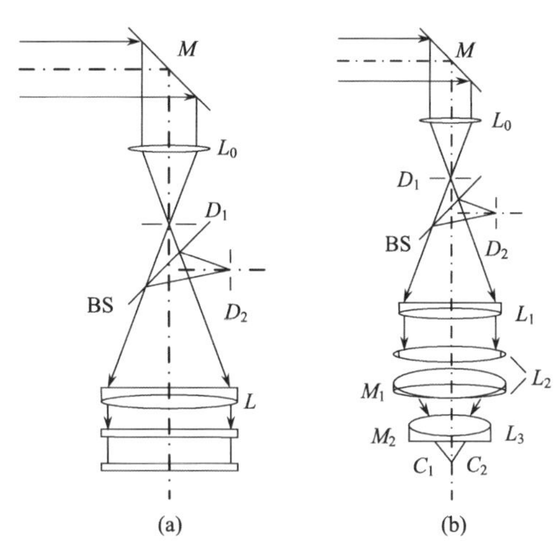

图 1.14 斐索干涉仪

图 1.14(b)是检验球面的斐索干涉仪光路图，与平面斐索干涉仪不同的是，当被测对象是透镜 L_3 的球面 M_2 时，要用标准物镜组 L_2 产生一个理想的会聚球面波，该球面波一部分从标准物镜组的最后一个球面（参考球面 M_1）反射，另一部分透射后再被测试球面 M_2 反射，形成一对相干光束。测量时要求参考球面 M_1 的球心 C_1 与被测球面 M_2 的球心 C_2 重合，使得参考光波和测试光波都能按自准直光路返回干涉仪，产生的等厚干涉条纹则反映了被测球面的面形误差。如果被测透镜表面是凹面，则只需将被测透镜移动到标准物镜产生的发散球面波光路中，仔细调

节使凹球面的球心 C_2 与参考球面球心 C_1 重合，下面的测量方法与检验平面完全相同。

斐索干涉仪有以下几个显著的优点：①它属于非接触测量，因此测量过程中不必进行零件表面的清洁，可防止划伤，同时也排除了接触测量中由样板自重引起的测量误差；②它采用平行光照明，不存在因入射角变化引起的原理误差。此外，斐索干涉仪还可用于平面和球面的测量，在采用激光光源的情况下，测试量程大。此外，斐索干涉仪是共光路干涉，抗震性较好；容易实现大口径干涉仪；其精度较高，只需要保证参考面的面形精度，且不需要标定操作。

斐索干涉仪的缺点主要表现为：利用斐索干涉仪进行检验的工件，表面需要经过研磨或抛光加工，以求工件表面达到一定的光洁度，以便与斐索干涉仪作用面的反射光线相干涉而形成色带，一般加工表面由于表面不光滑或太粗糙，工件表面的反射光线太弱，与斐索干涉仪作用面所反射的光线相干涉而形成较弱色带，从而无法分辨。另外，由于被测件与准镜位于同一光路，受测量空间的限制，斐索干涉仪能检测的光学元件的口径与标准元件差别不会太大，所以斐索干涉仪很难用于检测大口径光学元件的面形。此外，工件表面太粗糙，空气楔间隔也太大，造成条纹太密，以致肉眼无法观察。

3. 马赫-曾德尔干涉仪

马赫-曾德尔干涉仪是一种大型的光学仪器，适用于研究气体密度迅速变化的状态。马赫-曾德尔干涉仪如图 1.15 所示。

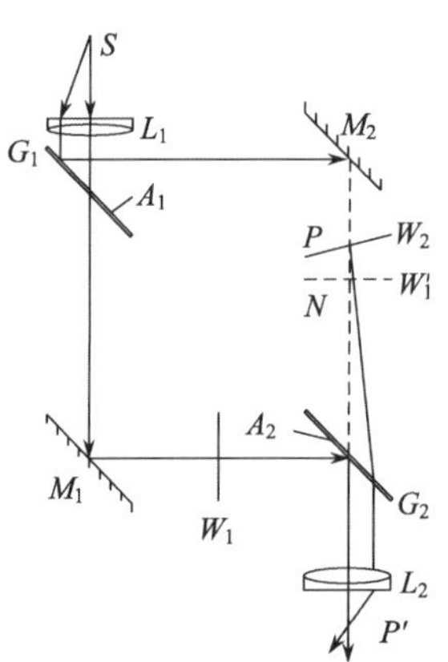

图 1.15　马赫-曾德尔干涉仪

G_1、G_2 是两块分别具有半反射面 A_1、A_2 的平行平面玻璃板，M_1、M_2 是两块平面反射镜，四个反射面通常安排成近乎平行，其中心分别位于一个平行四边形的四个角上，平行四边形长边的典型尺寸是 1～2m。光源 S 置于透镜 L_1 的焦平面上，S 发出的光束经 L_1 准直后在 A_1 上分为两束，它们分别由 M_1、A_2 反射和 M_2 反射、A_2 透射，进入透镜 L_2。两束光的干涉图样可用置于 L_2 焦平面位置的照相机拍摄下来，如果采用短时间曝光技术，则可得到条纹的瞬时照相。

近年来，国外有些实验室应用马赫-曾德尔干涉仪来研究可控热核反应中等离子区的密度分布。此外，它的一个重要应用是测量光学零件或光学系统的像差，这种测量是通过波前剪切干涉来实现的，不需要一个基本上没有误差的参考波前，由于制造大孔径标准零件困难，所以这一应用对于检验大孔径光学零件和光学系统特别有意义。

第 2 章　子孔径拼接轮廓测量

子孔径拼接干涉测量方法（Subaperture Stitching Interferometry，SSI）保留了干涉测量的精度，不需要使用辅助元件，从而大大缩减了检测成本。它不仅可以拓展干涉仪的横向和纵向动态范围，提高测量的空间分辨率，还可以获得高频信息。因此，子孔径测试方法是很有希望解决大口径非球面光学元件高精度检验的一种方法。

2.1　概　　述

子孔径测试的概念是美国 Arizona 光学中心的 Kim 于 1981 年首先提出来的，他使用小口径平面反射镜阵列代替大口径平面反射镜实现了抛物面镜的自准直检验。随后，Williams 等对该方法进行了进一步研究，并提出将它用于检测大型天文望远镜的透镜和反射镜。

最初子孔径测试中各子孔径之间是不重叠的，主要有两种子孔径拼接算法，一种是Kwon-Thunen方法，另一种是由Chow和Lawrence提出的同步拟合方法（simultaneous fit method），两者都是基于Zernike多项式描述波前的。由于不要求分别拟合各个子孔径，因而同步拟合方法具有计算量更小的优点。同时当子孔径数目数以百计时，计算量迅速上升，严重影响拼接效率。同步拟合方法的运算速度要比Kwon-Thunen算法快 2～4 倍，而且对子孔径的调整误差和噪声均不敏感。但是两种方法都有一个问题，就是在用Zernike多项式描述波前时会遇到困难，尤其是当波前存在局部不规则性时。Negro提出用灵敏矩阵来评估该子孔径测试技术性能，它不必实际处理光程差数据。de Hainaut等将Kalman滤波技术应用到子孔径测试数据处理中，其精度比以上算法提高了 2～3 倍，Kalman滤波算法对子孔径振动和测量噪声较灵敏，但对调整误差不灵敏。Lawrence和Day研究出了一种能将被测球面不同位置的干涉测量数据合成全孔径数据的处理算法。

Stuhlinger 提出了离散相位法（Discrete Phase Method，DPM），该方法是通过口径上分布着的大量离散点获得光学相位测量值来描述波前的，相位的测量值与名义值之间的偏差反映了系统相差。该方法没有使用 Zernike 多项式进行拟合，而是首次利用最小二乘法（least square method）拟合来计算子孔径间的相对平移和倾斜量，因而该方法对准误差的鲁棒性更好，并成功以 5 个子孔径检测了一口径为 114mm 的扁椭球面镜。

1991 年，上海科技大学应用光学与检测实验室提出了用于大口径光学平面检验的多孔径扫描测试技术（Multi-Aperture Overlap-Scanning Technique，MAOST），子孔径是通过移动被测面或者干涉仪来逐一测试的，由于每次干涉仪测得的是口径较小的子孔径，所以有效提高了空间分辨率，并提出了基于齐次坐标变换的两两拼接数学模型。

日本学者 Otsubo 等提出的误差均化思想，使得拼接算法精度有了大的提高。其基本思想是利用最小二乘法求解拼接系数，使多个子孔径重叠区的不匹配最小化，以达到高空间分辨率的全孔径面形重构，实现全局优化的目的，使得拼接的结果更加准确可信，这些技术主要应用在大口径平面镜检测中，用于扩展其横向动态范围。

20 世纪 90 年代初，随着计算机控制和数据处理技术的不断发展，子孔径测试技术逐步发展到应用研究阶段。Theodore将子孔径测试技术应用于一种改进的Ritchey-Common配置中，与通常的Ritchey-Common配置相比，该配置具有较短的光程，能够有效减少大气扰动的影响，而且返回光学元件的直径小于准直测试光束的直径。1997 年，Bray制造出实用化的用于大口径光学平面元件检测的子孔径拼接干涉仪。他研制的“反射透射二合一”拼接干涉仪成功用于NIT和Laser MegaJoule等惯性约束聚变激光系统中，这表明走向实用化的拼接干涉仪已经不再是空中楼阁。随后几年Bray将功率谱密度概念引入拼接干涉仪特性分析中，分析表明它能较准确地描述由子孔径边缘效应引起的拼接噪声，功率谱密度的引入能对子孔径拼接结果中的高频成分进行很好的评估。

1998年，Tang首先尝试将子孔径拼接技术应用于表面微结构测量的干涉显微镜中，它在不降低测量空间分辨率的同时扩展了物镜的有效视场，且不增加硬件花费。如图2.1所示，亚利桑那大学用圆形子孔径拼接方法对大型综合巡天望远镜（Large Synoptic Survey Telescope，LSST）天文望远镜次镜进行了拼接实验，使子孔径成功应用到大口径非球面元件的实际工程中成为现实。

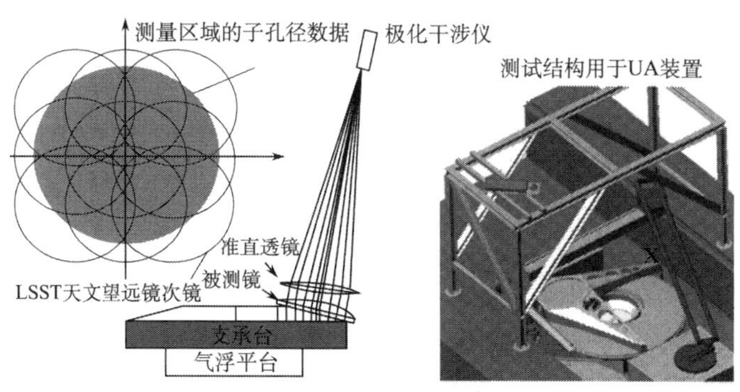

图 2.1　LSST 天文望远镜次镜的子孔径拼接实验

Catanzaro等利用子孔径测试技术检验了由6块扇形子镜拼接而成的口径为2m、曲率半径为4.2m的球面实验镜，开始了该技术在赫歇尔空间天文台（Herschel space observatory）中主镜测试的应用探索，其实验数据对该技术应用潜能的评估具有重要的意义。

在圆形子孔径拼接测量商业化和工程化应用的过程中，人们也进行了不懈努力。2003年，美国QED技术公司研制成功了SSI（Subaperture Stitching Interferometer）自动拼接干涉仪，如图2.2所示。该工作站可以拥有更高的横向分辨率，能够校正系统误差等优点，是目前国际上唯一商品化的圆形子孔径拼接干涉仪。通过拼接子孔径数据，能够高精度检测口径在200mm以内的平面、球面和适当偏离度的非球面。

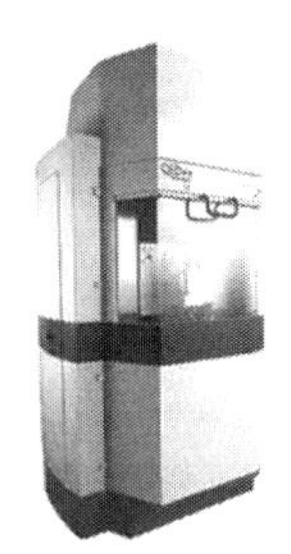
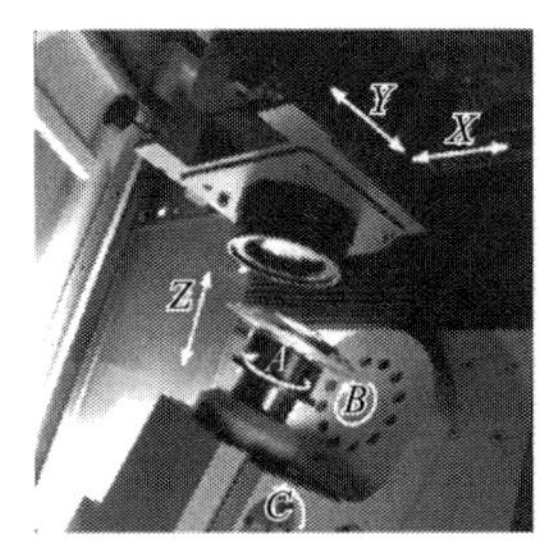

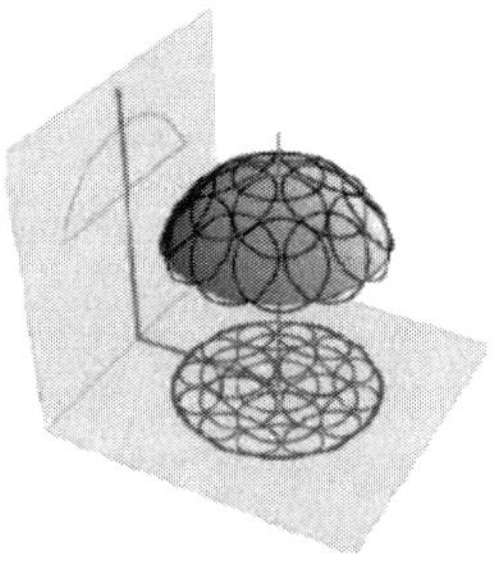

图 2.2　QED公司研制的子孔径拼接干涉仪工作站

圆形子孔径可测量的面形范围比较大，但是它的名义运动相对较多，获取测量数据需要调节的运动也比较多，相应地会引入更多的测量误差，且整个机构的稳定性要求非常高。1988年，Arizona光学中心的Liu在子孔径测试技术的基础上，首次提出了环形子孔径和重聚焦控制相结合的大口径非球面检测方法。书中基于Zernike多项式的拼接算法，进行了原理验证性实验，实验中使用了两个互补的子孔径对一块参数为F#3、口径为190mm的抛物面反射镜进行测量，拼接结果和自准直检验实验结果进行比较，初步证明了该技术的可行性。此外，还给出了所需最少子孔径数目的近似计算公式。随后，意大利的研究人员Melozzi和Pezzati提出了一种多环形干涉图技术（Multiple Annular Interferograms Technique，MAI），测量过程中要求相邻子孔径间存在一定的环形重叠区，根据重叠区域相位测量的一致性，即可通过合适的拼接算法将各子孔径拼接在一起。为了验证算法的合理性，他们用5个子孔径对一块口径为114mm、曲率半径为288mm的高次椭球面成功地进行了测量。此外，还重点研究了圆形Zernike多项式和环形Zernike多项式在不同遮拦比情况下对环形孔径数据拟合精度的影响，实验结果证明：圆形Zernike多项式在遮拦比小于0.4的情况下，可以很好地对环形数据进行拟合。墨西哥研究者Granados-Agustin基于环形子孔径拼接技术对一口径为100mm的抛物面镜进行了实验验证，取得了很好的效果。

2009年，Kuchel 对环形子孔径检测中存在的空间抽样、光线追迹误差等问题进行了详细而深入的报道，并提出了旋转非球面的绝对检测技术。基于此理论，Zygo 公司于2012年开发了一台环形子孔径检测设备——Zygo Verifier Asphere，如图2.3所示，目前该设备的理论检测口径为1～130mm，承重小于5kg，可检测轴对称的凸型和凹型非球面镜面光学元件。

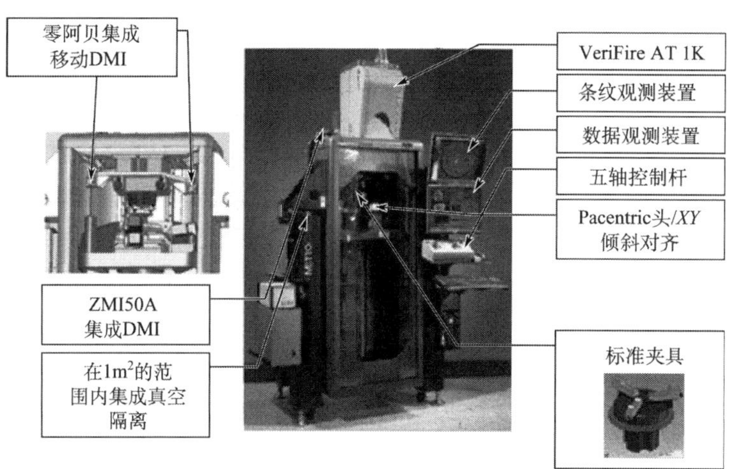

图 2.3　环形子孔径检测设备 Zygo Verifier Asphere

在国内，子孔径测试技术的研究开始于 20 世纪 90 年代初，主要针对大口径平面光学元件的检测，以上海大学为代表。浙江大学白剑等对子孔径拼接的目标函数进行了优化。四川大学张蓉竹等对圆形子孔径拼接算法进行了详细讨论，对算法性能进行了一定的研究和评估。针对圆形子孔径拼接算法存在的一些问题，国防科学技术大学陈善勇等区别于传统的拼接算法，从几何学观点出发，结合工件定位、公差评定和图像多视拼合理论中的一些方法，充分利用计算机软件处理技术，对这些关键技术展开研究，提出了迭代优化处理的圆形子孔径拼接模型，并搭建了一套子孔径检测样机，该拼接算法也可用于环形子孔径拼接测试中。哈尔滨工业大学乔玉晶等对圆形子孔径拼接算法模型进行了研究，提出了一种偏置误差修正模型。中国科学院光电技术研究所的侯溪等对环形子孔径拼接技术研究比较深入，他们的工作主要是在 Liu 工作的基础上展开的，提出一种互补环形子孔径拼接算法，并对其关键技术进行具体研究。中国科学院长春光学精密机械与物理研究所的王孝坤等不仅研究了圆形子孔径拼接，也研究了环形子孔径拼接，并且对这两种拼接方法进行了比较。南京理工大学在环形子孔径拼接方面也做了大量工作。

目前的环形子孔径拼接干涉检测技术发展还不成熟，主要原因是拼接算法严重依赖于高精度的导轨定位，导轨的移动和定位精度直接影响着拼接的效果，同时环形子孔径拼接算法模型的鲁棒性和精度有待进一步提高。

2.2　圆形子孔径拼接

2.2.1　拼接原理

孔径拼接原理示意图如图 2.4 所示。由于移动干涉仪会影响干涉仪内部光路，在实验中通常把待测元件放在精密二维平移台上对其每个区域进行检测，这就要求位移平台的精度优于实验采用干涉仪的空间分辨力。在理想状态下，两次检测得到的重叠区域的像差分布应该是一致的，但在实际检测过程中，元件的移动导致的倾斜、位移等误差，会使在两次检测同一区域时得到的波面值不同，两次检测结果间的关系可以表示为

$$W_2(x,y) = ax + by + c + W_1(x,y) \tag{2.1}$$

式中，(x,y) 表示重叠区域中的一个像素点的坐标值；a、b 分别表示沿 x、y 方向的倾斜量；c 表示沿光轴Z方向的平移量。因为有 a、b、c 三个未知量，需要在重叠区域任取不在同一个直线上的三个点，解方程求得 a、b、c 的精确解，然后以一个子孔径为基准，对另一个子孔径波面数据进行处理就可实现拼接。

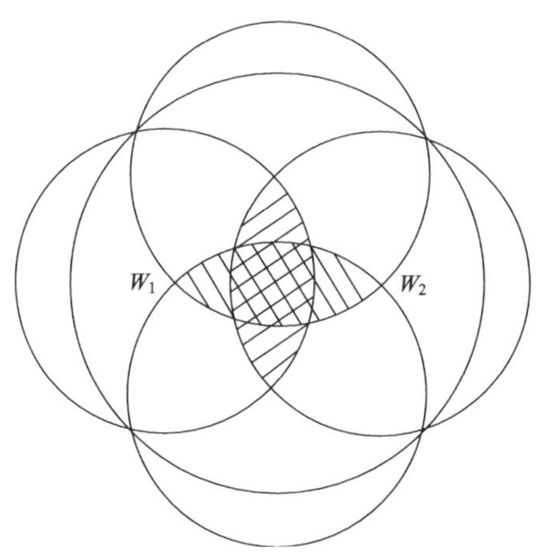

图 2.4　子孔径拼接原理示意图

图 2.5 为 QED 公司研制的拼接干涉仪所采用的子孔径配置示意图。该系统通过更换干涉仪的标准镜头可分别测试非球面、大口径平面和球面。自动控制被测元件相对于干涉仪运动，每次子孔径测试都要进行干涉仪零条纹调整，直到完成

对其表面的重叠扫描测量，然后通过拼接算法合成子孔径测试数据得到全孔径的相位图。

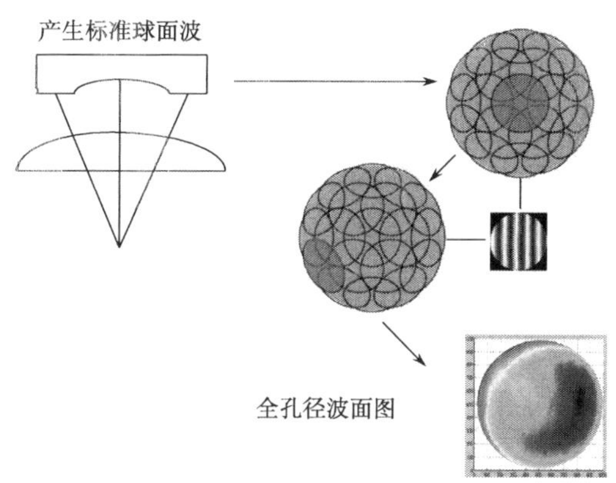

图 2.5　SSI 拼接干涉仪所采用的子孔径配置

2.2.2　拼接算法

子孔径两两拼接检测的基本原理可以简单地由图 2.6 说明，W_1、W_2 是子孔径干涉仪在大口径平面原件上两次检测的区域，阴影部分是两次检测之间的重叠区域。理论上说在重叠区域内两次检测得到的波前相位值应该是一样的，而在实际检测过程中，移动产生了倾斜、位移等误差，使同一区域两次测量得到的相位值不完全相同。拼接拟合就是要将每两次测量所得孔径相位值的重叠部分经拟合统一到同一参考面，拟合过程可表示为

$$\begin{aligned} W_1(x,y) &= a_1x+b_1y+c_1+W_{10}(x,y) \\ W_2(x,y) &= a_2x+b_2y+c_2+W_{20}(x,y) \end{aligned} \tag{2.2}$$

式中，$W_1(x,y)$ 和 $W_2(x,y)$ 表示测得的两个子孔径的位相值；$W_{10}(x,y)$、$W_{20}(x,y)$ 分别表示两个孔径的实际相位值；a_i、b_i 分别表示沿 x、y 方向的倾斜量；c_i 表示沿光轴 Z 方向的平移量。由于重叠区域应具有相同的相位信息，即在重叠区域应有 $W_{10}=W_{20}$，所以在重叠区域，式(2.2)可改写为

$$W_2(x,y)-W_1(x,y)=ax+by+c \tag{2.3}$$

式中，$a=a_2-a_1;b=b_2-b_1;c=c_2-c_1$ 。

从理论上讲，要想求出两孔径之间相对 X 方向旋转、Y 方向旋转和平移这三个量，只需要在重叠区域任取不在同一直线上的三点，即可求 a、b、c 的精确解。

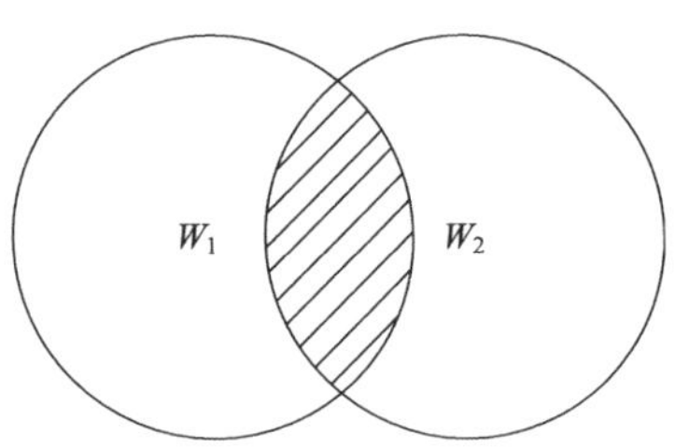

图 2.6　两两拼接原理示意图

但由于各种误差的存在，一般要取多个点，用最小二乘法拟合求取三这个参量，以减小随机误差对拼接精度的影响。由此可知，利用最小二乘法拟合得到数据的精确程度将直接影响到拼接的精度，也最终限制整个干涉检测系统的精度。

设重叠区域中不在一直线的三个像素点的坐标值为(x_1,y_1)、(x_2,y_2)、(x_3,y_3)，这样就可列出误差求解方程组，即

$$\begin{aligned} W_{12}-W_{11}-(ax_1+by_1+c)=v_1 \\ W_{22}-W_{21}-(ax_2+by_2+c)=v_2 \\ W_{32}-W_{31}-(ax_3+by_3+c)=v_3 \end{aligned} \tag{2.4}$$

式中，W_{i1}表示第一孔径的重叠区域中三个不在同一直线的像素点的相位检测值；W_{i2}表示对应像素点在第二孔径中的检测相位值；v_i为残差，表示经过拟合后两次检测值之间仍旧存在差值。最小二乘法所要做的工作就是找到a、b、c的最佳拟合值，从而使残差平法和最小，即

$$f(a,b,c)=v_1^2+v_2^2+v_3^2\to 0 \tag{2.5}$$

实际上为了提高精度，必须要有更多的观察点加入运算，对于n个点的情况，式(2.5)应改写为

$$f(a,b,c)=v_1^2+v_2^2+v_3^2+\cdots+v_n^2\to 0 \tag{2.6}$$

根据残差平方和最小原则，对式(2.6)求导，便可得到如下参数求解方程组：

$$\begin{bmatrix} \sum_{i=1}^{n} x_i\Delta_i(x,y) \\ \sum_{i=1}^{n} y_i\Delta_i(x,y) \\ \sum_{i=1}^{n} \Delta_i(x,y) \end{bmatrix} = \begin{bmatrix} \sum_{i=1}^{n} x_i^2 & \sum_{i=1}^{n} x_i y_i & \sum_{i=1}^{n} x_i \\ \sum_{i=1}^{n} x_i y_i & \sum_{i=1}^{n} y_i^2 & \sum_{i=1}^{n} y_i \\ \sum_{i=1}^{n} x_i & \sum_{i=1}^{n} y_i & n \end{bmatrix} \begin{bmatrix} a \\ b \\ c \end{bmatrix} \tag{2.7}$$

式中，$\Delta_i = W_{i2} - W_{i1}$。求解式(2.7)便可求得 a、b、c 的值，从而得到修正后的波前结果为

$$W_2'(x, y) = W_2(x, y) - (ax + by + c) \tag{2.8}$$

重复该过程，把每两个重叠的子孔径都拼接在一起直至覆盖整个被测光学表面，便可实现小孔径干涉仪检测大口径光学平面的目的。两两拼接算法的优点就在于它的算法程序简单，可拓展性好，不受孔径数目、排列方式的影响；缺点在于它存在较大的传递误差。

2.3　环形子孔径拼接

2.3.1　孔径划分

在环形子孔径拼接测量技术应用的过程中，拼接算法是关键，但其只是整个测试过程中最后一个环节，还有其他的一些问题需要解决。其中，子孔径划分是测量路径规划的依据，也是整个子孔径拼接干涉测量过程的第一步。子孔径划分就是要在被测波面上确定子孔径的布局，进而确定子孔径对准与调零的名义运动。由于曲率连续变化，非球面特别是大口径、大相对口径非球面的子孔径划分是一件精细而又复杂的工作，需要考虑很多因素，很难做到完全智能或者最优。确定子孔径位置的基本要求是横向分辨率、重叠系数和全口径覆盖，这些要求都不需要精确满足，所以可以对子孔径进行粗略划分。本节基于波像差理论对二次曲面子孔径划分进行了分析，并给出了子孔径划分模型。

1. 中心子孔径划分

根据上述环形子孔径检测原理，建立了如下几何光学模型，如图 2.7 所示，此时球面波的曲率半径等于非球面顶点曲率半径，并与非球面相切于顶点。以非

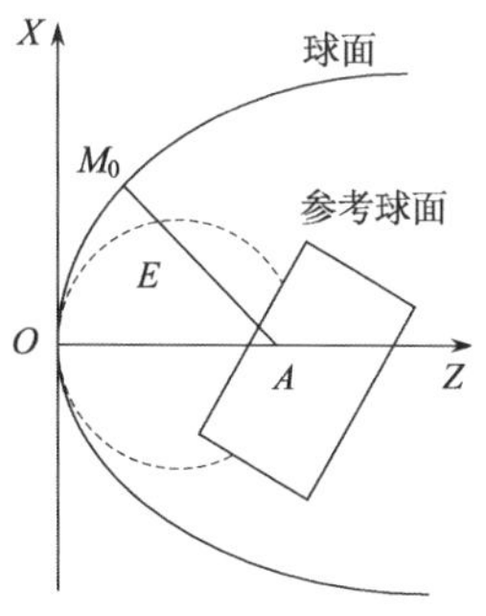

图 2.7　中心子孔径示意图

球面顶点为坐标原点 O，光轴方向为 Z 轴建立直角坐标系，轴对称的非球面面形可以用它的子午截线方程表示为

$$x^2 = 2R_0 z - (1-e^2)z^2 \tag{2.9}$$

非球面顶点曲率中心 A 的坐标为 $(0,R_0)$，M_0 为二次曲面上的一点，表示中心孔径检测范围的临界点。AM_0 与球面波前相交于点 E。设干涉仪能分辨的最大条纹数用 N 表示，即干涉仪能检测的相对于球面波前的最大偏离度可表示为

$$\delta = N \times \frac{\lambda}{2} \tag{2.10}$$

式中，λ 为激光光源的波长，He-Ne 激光 $\lambda = 632.8\text{nm}$。设待求 M_0 点的坐标为 (x_{M_0}, z_{M_0})，满足

$$\begin{cases} \delta = EM_0 = \sqrt{{x_{M_0}}^2 + (z_{M_0} - R_0)^2} - R_0 \\ x_{M_0}^2 = 2R_0 z_{M_0} - (1-e^2)z_{M_0}^2 \end{cases} \tag{2.11}$$

可得

$$\sqrt{e^2 z_{M_0}^2 + {R_0}^2} - R_0 = N \times \frac{\lambda}{2} \tag{2.12}$$

解式(2.12)，得

$$z_{M_0} = \sqrt{\left(N\lambda R_0 + \frac{N^2\lambda^2}{4}\right) \Big/ e^2} \tag{2.13}$$

代入式(2.11)，经整理可得

$$x_{M_0} = \left\{2R_0\sqrt{\left(N\lambda R_0 + \frac{N^2\lambda^2}{4}\right)\Big/ e^2} - (1-e^2)\left[\left(N\lambda R_0 + \frac{N^2\lambda^2}{4}\right)\Big/ e^2\right]\right\}^{\frac{1}{2}} \tag{2.14}$$

这样即可得到中心子孔径的边界坐标 $M_0(x_{M_0}, z_{M_0})$。

2. 环形子孔径划分

当轴向移动干涉仪 d 后，此时参考球面波与被测非球面相切于 $P(x_P, z_P)$ 点，如图 2.8 所示。其中心坐标为 $A_2(0, R_0 + d)$，设半径为 R_P。M_1，M_2 为二次曲面上两点，表示第 2 个环形子孔径的内边界和外边界。

在此，从波像差理论出发，结合二次曲线的光学特性，根据上面推导的纵向法线像差公式，可知移动距离 $d = e^2 z_P$，则此时参考球面波中心坐标 $A_2(0, R_0 + e^2 z_P)$，参考球面波半径为

$$R_P = d_{A_2P} = \sqrt{x_P^2 + [R_0 + (e^2 - 1)z_P]^2} \tag{2.15}$$

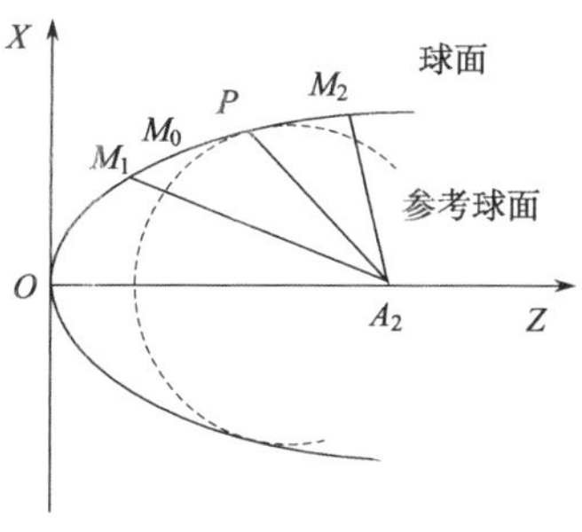

图 2.8　环形子孔径示意图

二次曲线上第二个子孔径临界点 $M_2\left(x_{M_2}, z_{M_2}\right)$ 到 A_2 点的距离 $d_{A_2M_2}$ 表示为

$$d_{A_2M_2} = \sqrt{x_{M_2}^2 + (R_0 + e^2 z_P - z_{M_2})^2} \tag{2.16}$$

此时，M_2 点的非球面偏离量可表示为

$$\delta = d_{A_2M_2} - R_P = \sqrt{x_{M_2}^2 + (R_0 + e^2 z_P - z_{M_2})^2} - \sqrt{x_P^2 + [R_0 + (e^2 - 1)z_P]^2} \tag{2.17}$$

考虑最大非球面偏离度公式和非球面方程，有

$$\begin{cases} \sqrt{x_{M_2}^2 + (R_0 + e^2 z_P - z_{M_2})^2} - \sqrt{x_P^2 + [R_0 + (e^2 - 1)z_P]^2} = \dfrac{N\lambda}{2} \\ x_{M_2}^2 = 2R_0 z_{M_2} - (1 - e^2) z_{M_2}^2 \end{cases} \tag{2.18}$$

方程组中有三个变量 z_P、x_{M_2} 和 z_{M_2}，因此无法求解，为此加入一个边界条件，即相对遮拦比，即相邻子孔径临界点的 X 轴坐标之间的比值，通过它可以确定相邻子孔径的重叠区域大小为

$$\mu = \frac{x_2^{\text{in}}}{x_1^{\text{out}}} = \frac{x_3^{\text{in}}}{x_2^{\text{out}}} = \cdots \tag{2.19}$$

式中，x_1^{out} 为第一个子孔径的外临界点；x_2^{in} 为第二个子孔径的内临界点；x_2^{out} 为第二个子孔径的外临界点，依次类推。当给定相对遮拦比 μ 后，结合中心子孔径临界点的坐标 x_{M_0}，即可求得其相邻子孔径的内临界点的坐标 $x_{M_1} = \mu \cdot x_{M_0}$，有

$$\begin{cases} \sqrt{x_{M_1}^2 + (R_0 + e^2 z_P - z_{M_1})^2} - \sqrt{x_P^2 + [R_0 + (e^2 - 1)z_P]^2} = \dfrac{N\lambda}{2} \\ x_{M_1}^2 = 2R_0 z_{M_1} - (1 - e^2) z_{M_1}^2 \end{cases} \tag{2.20}$$

可求得移动距离 $e^2 z_P$ 和第 2 个子孔径外临界点坐标 $M_2(x_{M_2}, z_{M_2})$。这样第二个子孔径的内外临界点坐标和移动距离已经确定。根据上面的步骤，依次类推，便可以计算出后面的子孔径的参数，直到被测非球面镜的边缘，这样便完成了整个镜面的环形子孔径的划分。

根据上面子孔径划分原则，分析了口径为120mm、相对口径为1∶4.2的抛物面的子孔径划分情况。假设相对遮拦比为0.8，干涉仪最大可分辨条纹数为10。从表2.1中可以看出，3个环形子孔径即可覆盖抛物面全口径，且随着口径的增加，环形子孔径的有效区域逐渐变小。

表 2.1　抛物面子孔径划分结果

		X 坐标/mm	Z 坐标/mm	移动距离/mm
子孔径 1	零级条纹 0	0	1000	0
	M_0	70.93	2.52	—
子孔径 2	下临界点 M_1	56.74	1.6100	—
	零级条纹 1	90.89	4.13	4.13
	上临界点 M_2	115.34	6.65	—
子孔径 3	下临界点 M_3	92.27	4.26	—
	零级条纹 2	116.46	6.78	6.78
	上临界点 M_4	136.42>120	9.30	—

2.3.2　拼接原理

环形子孔径拼接技术的基本原理是通过改变被测非球面镜与干涉仪之间的相对距离，使干涉仪产生不同曲率半径的参考球面波来匹配非球面镜上的不同环带区域，这样在所匹配的环带区域里的入射参考球面波与被测非球面表面之间的偏离量减小到干涉仪的测量范围内，由适当的算法将各可分辨干涉条纹对应的子孔径数据拼接出全口径面形。环形子孔径拼接干涉检测的实验装置示意图如图 2.9 所示。

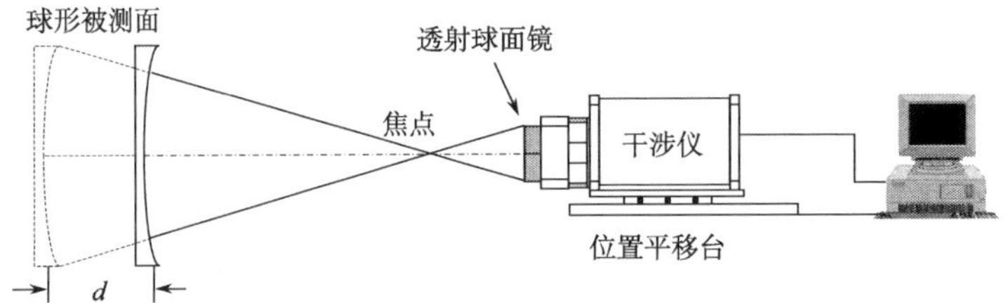

图 2.9　环形子孔径拼接干涉检测的实验装置示意图

具体测试过程为：调整干涉仪，使干涉仪出射的参考球面波的曲率中心与被测非球面的顶点曲率中心重合，称为顶点中心曲率对焦。此时得到的干涉图中心部分的条纹较稀，干涉仪容易分辨，但干涉图边缘部分的条纹比较密集，干涉仪无法分辨。通过干涉仪测量中心区域的相位数据，通过计算机精确控制位移台进行重聚焦，即让非球面元件在光轴方向移动不同的距离，产生不同曲率半径的参考球面波来匹配被测非球面相应的环带区域，此过程中环形零级条纹也随之向非球面边缘移动。图2.10为测试过程中不同距离的模拟干涉仪采集的干涉条纹图。从图中可以看出，在各环形零条纹附近的干涉条纹能很好地分辨，同时也保证了测量数据的可靠性，记录下这些环形子孔径的相位数据，同时要保证相邻两个子孔径测量数据间有适当的重叠区域。在完成对整个被测表面的扫描测量后，利用逐次拼接或综合优化全局拼接的方式，求得各个子孔径相对基准子孔径的相对调整误差（平移、倾斜和离焦等误差），从测量的相位数据中消除相对调整误差，从而把所有的子孔径测量数据统一到相同的基准上，然后将其进行全口径多项式拟合，就能够得到整个面形信息。

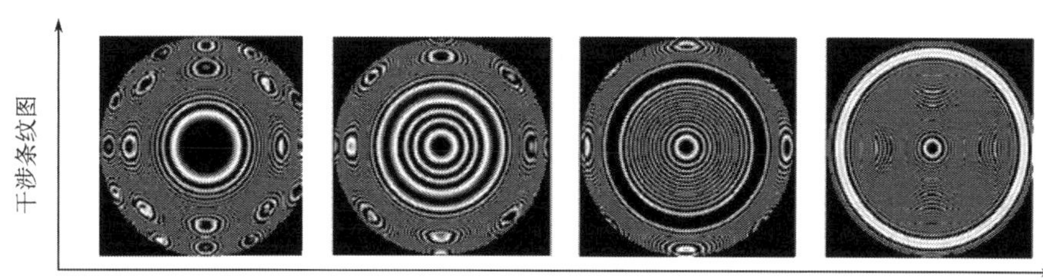

图 2.10　不同距离的模拟干涉仪采集的干涉条纹图

2.3.3　拼接算法

拼接算法是子孔径拼接测试技术的核心内容，其直接决定了全口径面形数据重构的效果，因此对拼接算法的研究和选取显得尤为重要。拼接算法主要分为逐次拼接算法和全局优化算法等。

1. 逐次拼接算法

通常假定系统高阶误差可以忽略，根据干涉测量原理，则第 i 个子孔径波前误差的相位测量值可以描述为

$$\phi_i(x,y)=f_i(x,y)-s_i(x,y)+e_i(x,y)+\varepsilon_i(x,y) \tag{2.21}$$

式中，$f_i(x,y)$ 为光学设计提供的理想非球面方程；$s_i(x,y)$ 为第 i 个子孔径的参考球面方程；$e_i(x,y)$ 为加工过程中待测非球面表面误差；$\varepsilon_i(x,y)$ 为第 i 个子孔径检

测过程中引入的调整误差。一般情况下，会引入 X 方向倾斜、Y 方向倾斜、离焦和平移四项误差，即

$$\varepsilon_i(x,y) = A_i x + B_i y + C_i(x^2 + y^2) + D_i \tag{2.22}$$

式中，A_i、B_i、C_i、D_i 分别表示 X 方向倾斜、Y 方向倾斜、离焦和平移四项误差的系数。根据路径规划数据可方便求出第 i 个子孔径的参考球面方程 $s_i(x,y)$，结合理想非球面方程，代入式(2.21)就可以消除每次测量使用不同曲率半径参考球面波对测量的影响，即可获得仅包含调整误差和表面误差的子孔径相位分布函数为

$$\phi_i(x,y) = e_i(x,y) + A_i x + B_i y + C_i(x^2 + y^2) + D_i \tag{2.23}$$

假设小口径干涉仪在大口径光学非球面表面进行的两次检测如图2.11所示，它们之间有一环形重叠区域（图中阴影部分）。由上述分析，可将两个子孔径中只含调整误差和表面加工误差的相位分别表示为

$$\phi_1(x,y) = e_1(x,y) + A_1 x + B_1 y + C_1(x^2 + y^2) + D_1 \tag{2.24}$$

$$\phi_2(x,y) = e_2(x,y) + A_2 x + B_2 y + C_2(x^2 + y^2) + D_2 \tag{2.25}$$

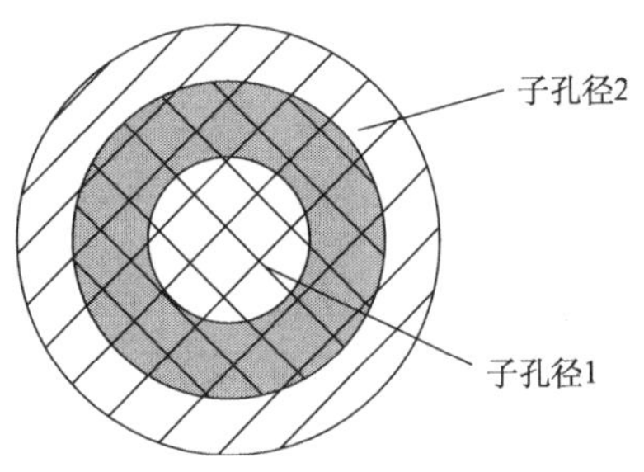

图 2.11　环形子孔径示意图

理论上在相邻两个子孔径重叠区域，非球面表面加工误差应相同，即 $e_1(x,y) = e_2(x,y)$，这是子孔径拼接算法的重要理论依据。将式(2.24)和式(2.25)相减，并令 $a = A_1 - A_2$， $b = B_1 - B_2$， $c = C_1 - C_2$， $d = D_1 - D_2$，则

$$\Delta\phi = \phi_1(x,y) - \phi_2(x,y) = ax + by + c(x^2 + y^2) + d \tag{2.26}$$

式(2.26)即是相邻两子孔径间的相对调整误差，即相互间存在X方向倾斜、Y方向倾斜、离焦和平移四项误差，a、b、c、d 分别表示对应的误差拟合系数。只要求出 a、b、c、d 四个误差系数，就可以将这两个子孔径的坐标统一到同一个坐标上，即可实现拼接。通常应用最小二乘法求解调整误差系数，即在重叠区域内取足够多的采样点（设采样点个数为n）进行最小二乘法拟合，使得重叠区域相位差的平方和值最小。

$$L=\sum_{i=1}^{n}\left\{\Delta\phi-\left[ax+by+c(x^2+y^2)+d\right]\right\}^2\to\min \tag{2.27}$$

要求式(2.27)的最小值，则分别对 a,b,c,d 求偏导数，并令偏导数等于 0，即

$$\begin{cases}\dfrac{\partial L}{\partial a}=-\sum[\Delta\phi-ax-by-c(x^2+y^2)-d]x=0\\ \dfrac{\partial L}{\partial b}=-\sum[\Delta\phi-ax-by-c(x^2+y^2)-d]y=0\\ \dfrac{\partial L}{\partial c}=-\sum[\Delta\phi-ax-by-c(x^2+y^2)-d](x^2+y^2)=0\\ \dfrac{\partial L}{\partial d}=-\sum[\Delta\phi-ax-by-c(x^2+y^2)-d]=0\end{cases} \tag{2.28}$$

最终，相邻两子孔径间的相对调整误差系数最优解用矩阵形式表示为

$$\begin{bmatrix}a\\b\\c\\d\end{bmatrix}=\begin{bmatrix}\sum x^2 & \sum xy & \sum x(x^2+y^2) & \sum x\\ \sum yx & \sum y^2 & \sum y(x^2+y^2) & \sum y\\ \sum(x^2+y^2)x & \sum(x^2+y^2)y & \sum(x^2+y^2)^2 & \sum(x^2+y^2)\\ \sum x & \sum y & \sum(x^2+y^2) & n\end{bmatrix}^{-1}\begin{bmatrix}\sum x\Delta\phi\\ \sum y\Delta\phi\\ \sum(x^2+y^2)\Delta\phi\\ \sum\Delta\phi\end{bmatrix} \tag{2.29}$$

由式(2.29)计算得出系数 a,b,c,d ，就可以校正两个相邻子孔径检测结果之间的调整误差，从而实现两子孔径的拼接。对于多个子孔径的拼接，重复以上步骤，即多次利用两个子孔径拼接原理就可以完成多个子孔径的拼接。

2. 全局优化算法

前面介绍的逐次拼接算法，在面对两个以上子孔径拼接时往往会造成拼接误差的传递和累计，从而降低全口径拼接精度。因此，需要选择一种更加优化合理的拼接算法——全局优化算法，该算法基于逐次拼接原理，引入了误差均衡化思想。假设全口径镜面划分为 M 个子孔径进行检测，可以选择其中任意一个子孔径作为基准，通常非球面中心区域子孔径的测量精度相对其他子孔径要高，且便于定位，因此实际测量过程中一般选择非球面中心区域的子孔径作为基准。这里为了不失一般性，选择第 m 个子孔径作为基准。假设其他子孔径相对于基准子孔径的调整误差分别为 (a_0,b_0,c_0,d_0) ， (a_1,b_1,c_1,d_1) ， …， (a_M,b_M,c_M,d_M) ，则其他子孔径相位信息和基准子孔径的相位信息关系为

$$\begin{aligned}\Phi_m(x,y) &= \Phi_0(x,y) + a_0x + b_0y + c_0(x^2+y^2) + d_0 \\ &= \Phi_1(x,y) + a_1x + b_1y + c_1(x^2+y^2) + d_1 \\ &\vdots \\ &= \Phi_{m-1}(x,y) + a_{m-1}x + b_{m-1}y + c_{m-1}(x^2+y^2) + d_{m-1} \\ &= \Phi_{m+1}(x,y) + a_{m+1}x + b_{m+1}y + c_{m+1}(x^2+y^2) + d_{m+1} \\ &\vdots \\ &= \Phi_{M-1}(x,y) + a_{M-1}x + b_{M-1}y + c_{M-1}(x^2+y^2) + d_{M-1}\end{aligned} \tag{2.30}$$

误差均化法是求所有子孔径相对于基准孔径，使得重叠区域相位差的平方和值最小，即

$$\begin{aligned}&\sum_0\left\{\Delta\Phi_{m,0} - \left[a_0x + b_0y + c_0(x^2+y^2) + d_0\right]\right\}^2 \\ &+\sum_1\left\{\Delta\Phi_{m,1} - \left[a_1x + b_1y + c_1(x^2+y^2) + d_1\right]\right\}^2 \\ &+\cdots \\ &+\sum_{m-1}\left\{\Delta\Phi_{m,m-1} - \left[a_{m-1}x + b_{m-1}y + c_{m-1}(x^2+y^2) + d_{m-1}\right]\right\}^2 \\ &+\sum_{m+1}\left\{\Delta\Phi_{m,m+1} - \left[a_{m+1}x + b_{m+1}y + c_{m+1}(x^2+y^2) + d_{m+1}\right]\right\}^2 \\ &+\cdots \\ &+\sum_{M-1}\left\{\Delta\Phi_{m,M-1} - \left[a_{M-1}x + b_{M-1}y + c_{M-1}(x^2+y^2) + d_{M-1}\right]\right\}^2 \\ &\to \min\end{aligned} \tag{2.31}$$

式中，$a_i,b_i,c_i,d_i\ (i=0,1,\cdots,m-1,m+1,\cdots,M-1)$ 为各个子孔径相对基准子孔径的调整系数，所求未知数共有 $4\times(M-1)$ 个。根据最小二乘法求解调整系数，最终可由式(2.32)求得

$$\left[\left(Q_{ij} - \delta_{ij}\sum_k^{M-1} Q_{ik}\right)_{ij}\right]\left[\left(R_i\right)_i\right] = \left[\left(\sum_k^{M-1} P_{ik}\right)_i\right] \tag{2.32}$$

式中，i, j=0, 1, …, $m-1$, $m+1$, …, $M-1$; k=0, 1, …, $M-1$; $\sum_k P_{ik} = P_{i0} + P_{i1} + \cdots + P_{iM-1}$； $\sum_k Q_{ik} = Q_{i0} + Q_{i1} + \cdots + Q_{iM-1}$；

$$P_{ij} = \begin{bmatrix} \sum\limits_{i \cap j} x\Delta\phi \\ \sum\limits_{i \cap j} y\Delta\phi \\ \sum\limits_{i \cap j} \left(x^2 + y^2\right)\Delta\phi \\ \sum\limits_{i \cap j} \Delta\phi \end{bmatrix};$$

$$Q_{ij} = \begin{bmatrix} \sum\limits_{i \cap j} x^2 & \sum\limits_{i \cap j} xy & \sum\limits_{i \cap j} x\left(x^2 + y^2\right) & \sum\limits_{i \cap j} x \\ \sum\limits_{i \cap j} xy & \sum\limits_{i \cap j} y^2 & \sum\limits_{i \cap j} y\left(x^2 + y^2\right) & \sum\limits_{i \cap j} y \\ \sum\limits_{i \cap j} x\left(x^2 + y^2\right) & \sum\limits_{i \cap j} y\left(x^2 + y^2\right) & \sum\limits_{i \cap j} \left(x^2 + y^2\right)^2 & \sum\limits_{i \cap j} \left(x^2 + y^2\right) \\ \sum\limits_{i \cap j} x & \sum\limits_{i \cap j} y & \sum\limits_{i \cap j} \left(x^2 + y^2\right) & n_{ij} \end{bmatrix};$$

$$Q_{ii} = \begin{bmatrix} 0 & 0 & 0 & 0 \\ 0 & 0 & 0 & 0 \\ 0 & 0 & 0 & 0 \\ 0 & 0 & 0 & 0 \end{bmatrix}, \quad R_i = \begin{bmatrix} a_i \\ b_i \\ c_i \\ d_i \end{bmatrix}, \quad \delta_{ij} = \begin{cases} 1, & i = j \\ 0, & i \neq j \end{cases}。$$

式(2.32)是一个线性方程组，一般由矩阵的广义逆求出调整系数矩阵，但由于参加计算的数据量大，系数矩阵未必正定，通常采用 QR 分解法、奇异值分解法（Singular Value Decomposition，SVD）和超松弛迭代法（Successive Over Relaxation，SOR）等求解方程，提高收敛速度和收敛稳定性。下面简单介绍超松弛迭化法的基本原理，它是将两次迭代得到的结果 $\boldsymbol{x}^{(k)}$ 和 $\boldsymbol{x}^{(k+1)}$ 的误差 $\Delta\boldsymbol{x}$ 参与修正解，将 $\Delta\boldsymbol{x}$ 乘上一个参数因子 ω 作为修正项得到新的近似解，即

$$\boldsymbol{x}^{(k+1)} = \boldsymbol{x}^{(k)} + \omega\Delta\boldsymbol{x} \tag{2.33}$$

式中，ω 为松弛因子，当 $\omega<1$ 时为低松弛迭代法；当 $\omega=1$ 时为高斯-赛德尔迭代法；当 $\omega>1$ 时为超松弛迭代法。

将式(2.32)记为 $\boldsymbol{Ax}=\boldsymbol{b}$，$a_{ii}\neq 0$，令 $\boldsymbol{A}=\boldsymbol{D}+\boldsymbol{L}+\boldsymbol{U}$，其中

$$\boldsymbol{D} = \operatorname{diag}(a_{11}, a_{22}, \cdots, a_{nn})$$

$$
\boldsymbol{L}=\begin{bmatrix} 0 & & & & \\ a_{21} & 0 & & & \\ a_{31} & a_{32} & 0 & & \\ \vdots & \vdots & \ddots & \ddots & \\ a_{n1} & a_{n2} & \cdots & a_{n,n-1} & 0 \end{bmatrix},\quad \boldsymbol{U}=\begin{bmatrix} 0 & a_{12} & a_{13} & \cdots & a_{1n} \\ & 0 & a_{23} & \cdots & a_{2n} \\ & & \ddots & \ddots & \vdots \\ & & & 0 & a_{n-1,n} \\ & & & & 0 \end{bmatrix}
$$

则迭代公式的矩阵表示为

$$
\begin{aligned}
\boldsymbol{x}^{(k+1)} &= \boldsymbol{x}^{(k)} + \Delta\boldsymbol{x} \\
&= \omega\boldsymbol{D}^{-1}\boldsymbol{L}\boldsymbol{x}^{(k+1)} + (1-\omega)\boldsymbol{x}^{(k)} + \omega\boldsymbol{D}^{-1}\boldsymbol{U}\boldsymbol{x}^{(k)} + \omega\boldsymbol{D}^{-1}\boldsymbol{b} \\
&= (\boldsymbol{D}-\omega\boldsymbol{L})^{-1}\left[(1-\omega)\boldsymbol{D}+\omega\boldsymbol{U}\right]\boldsymbol{x}^{(k)} + (\boldsymbol{D}-\omega\boldsymbol{L})^{-1}\omega\boldsymbol{b}
\end{aligned} \tag{2.34}
$$

全局综合优化拼接算法是一种并行的拼接方法，可以直接得出每个子孔径相对于基准孔径的调整误差，从原理上避免了逐次拼接引起的累积误差。

2.4　广义子孔径拼接

2.4.1　广义环形子孔径拼接算法

广义环形子孔径拼接干涉测量法（Generalized Annular Subaperture Stitching Interferometry，GASSI）的实验装置示意图如图 2.12 所示。其测试过程和传统的环形子孔径测试过程大体一致，但也存在一些不同。为了简洁，假设整个测试过程为共光路测试。通过计算机控制精密数控位移平台带动干涉仪或被测非球面沿光轴方向移动，使得干涉仪出射的参考球面波的曲率中心与被测面的顶点曲率中心重合，此时干涉图中零条纹出现在中心位置，但不需要记录数据。继续移动一

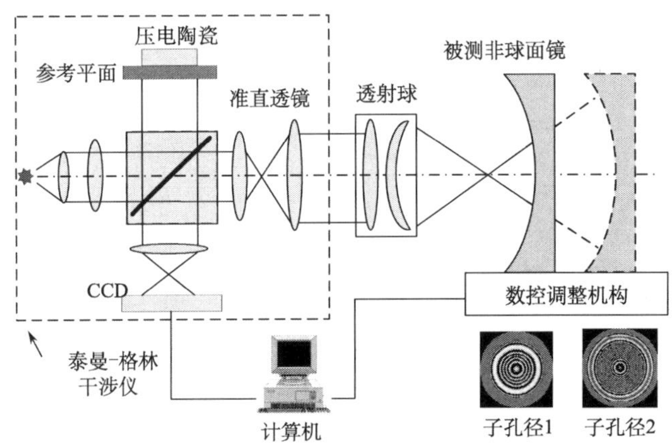

图 2.12　广义环形子孔径拼接干涉检测非球面示意图

定距离，使得干涉图中零条纹位置出现在环带区域，且同时保证干涉图中心区域条纹足够被干涉仪分辨，采集第一个子孔径干涉数据并保存，不需要记录移动的距离；继续移动一定距离，使得干涉图中零条纹位置继续向边缘移动一定距离，采集第二个子孔径干涉数据且保证其与前一个子孔径有重叠区域；重复上述过程，直到全口径都被覆盖。整个测试过程中，不需要记录干涉仪或被测非球面移动的距离，这点和传统方法存在明显区别。

定义二次非球面子午面方程为

$$Z(X)=\frac{cX^2}{1+\sqrt{[1-(1+K)c^2X^2]}} \tag{2.35}$$

式中，c 为曲面的顶点曲率，且 $c=1/R_0$（R_0 为顶点曲率半径）；K 为二次曲面系数。

考虑测试几何关系如图 2.13 所示，建立三类坐标系：全局坐标系、局部坐标系和像素坐标系。全局坐标系 (X,Z) 的原点 O 建立在非球面顶点上，是拼接过程完成后确定的全口径坐标系。在此约定非球面与比较球的切点称为最佳匹配点（如图 2.13 中的 $Q(X_q,Z_q)$ 点），对于旋转对称曲面，最佳匹配点在弧矢方向上将是一个圆。局部坐标系 (x,z) 是子孔径 i 的物面坐标系，且过最佳匹配点并与光轴垂直相交的点定义为局部坐标系原点 O_i。为了方便书写，像素坐标系 (u,v) 的原点建立在成像面的中心 O_p 处。

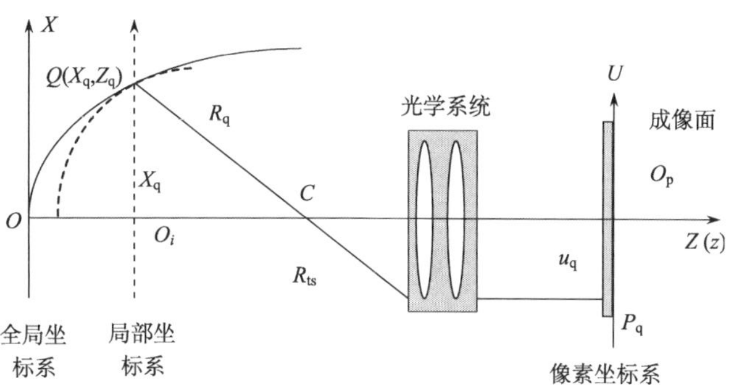

图 2.13　GASSI 几何光路示意图

干涉仪直接测量得到的子孔径数据描述为 $W(u,v,\xi)$，其中，ξ 为像素坐标 (u,v) 上的波像差数据。根据几何关系，子孔径测量数据的像素坐标系和局部坐标系间存在如下关系：

$$\begin{bmatrix} x & y & z \end{bmatrix}=\begin{bmatrix} \beta u & \beta v & \sqrt{(R_a+\xi)^2-\beta^2(u^2+v^2)} \end{bmatrix} \tag{2.36}$$

式中，$\beta = R_{\mathrm{q}}\gamma / R_{\mathrm{ts}}$ 为局部坐标系和像素坐标间的比例因子；R_{q} 为子孔径比较球半径；R_{ts} 为干涉仪透射球半径；γ 为干涉仪探测器阵列上像素尺寸大小。

由于环形子孔径检测的本质是以球面波为基准检测非球面的，干涉仪得到的数据为波像差数据，所以拼接前需要将子孔径波像差数据 $W(u,v,\xi)$ 减去其理论偏差（即非球面度 τ ），才能获得此子孔径的真实面形信息 ε 。在测量过程中，各子孔径的局部坐标系不同，导致各子孔径间的放大倍率也不一致。为了统一基准，实现拼接，必须把每个子孔径的局部坐标统一投影到全局坐标系上，即

$$[X \quad Y \quad Z] = [x \quad y \quad z - Z_{\mathrm{q}}] \tag{2.37}$$

综合式(2.36)和式(2.37)，得到子孔径在像素坐标系下的测量数据与其在全局坐标系下的转换关系，即

$$[X \quad Y \quad Z] = \left[\beta u \quad \beta v \quad \sqrt{(R_{\mathrm{a}} + \xi - \tau)^2 - \beta^2(u^2 + v^2)} - Z_{\mathrm{q}}\right] \tag{2.38}$$

由式(2.38)可知，当各子孔径的局部坐标系和像素坐标间的比例因子 β 、最佳匹配点坐标 Z_{q} 和子孔径非球面度 τ 确定之后，就可将子孔径像素坐标转换到全局坐标下，即实现所有子孔径数据的统一（也可以将所有子孔径数据统一在像素坐标系统中），然后根据上面提到的全局优化拼接算法进行拼接，方可获得非球面全口径面形数据。如何确定上面提到的三个关键参数，是环形子孔径拼接的关键。

广义定位技术：根据先前的讨论易知，在环带区域零条纹位置，也就是约定的最佳匹配点Q位置处满足零位测试的条件，根据式(2.39)可知（非球面度推导过程），此处的非球面度为零，而非球面上远离最佳匹配点Q的位置，其非球面度逐渐增大。

$$\begin{cases} \tau(X,Y) = R_{\mathrm{q}} - \sqrt{X^2 + (R_0 - KZ_Q - Z)^2} \\ R_{\mathrm{q}} = \sqrt{X_Q^2 + [R_0 - (K+1)Z_Q]^2} \end{cases} \tag{2.39}$$

根据式(2.39)，要获取以Q点为最佳匹配点时非球面上各点的非球面度，必须首先确定Q坐标，传统方法是通过精密定位机构获得Q点的坐标。

广义定位算法的具体工作流程如图 2.14 所示。下面结合工作流程图对具体操作过程进行详细说明。

第一步：首先确定最佳匹配点 Q 在像素坐标系下的坐标值。假设第 i 个子孔径波像差数据为$W^i(u,v,\xi^i)$，将其转换到极坐标系中表示$W^i(\rho,\phi,\xi^i)$，然后提取波像差数据在不同极角 $n(n=1°，\cdots，90°)$下沿不同径向方向 $j(j=0，1，\cdots，r/2)$，r 表示电荷耦合器件（Charge-Coupled Device，CCD）像素值上的最小值点，记录相应的坐标值 $\{\rho^{n,j},\phi^n\}$，以此作为特征点数据并用最小二乘法对其进行圆拟合，拟合精度可达亚像素级别。根据几何成像原理（图），拟合圆半径大小即为最佳

匹配点在像素坐标系下的纵坐标值 u_{q}^{i} 。

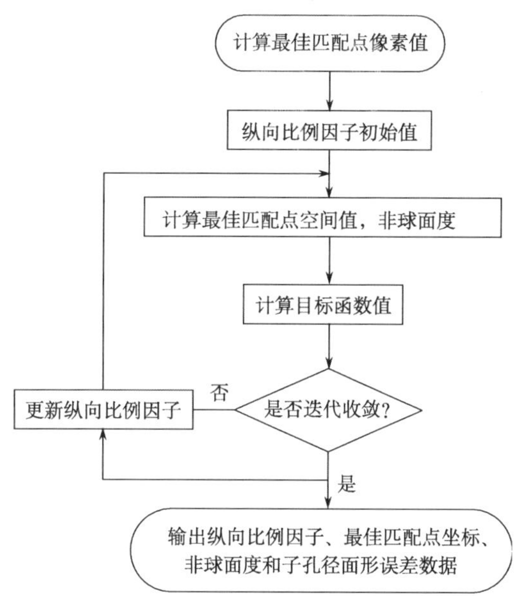

图 2.14 广义定位算法的具体工作流程

第二步：①设定迭代因子 $k=0$ 和纵向坐标比例因子初始值 $\beta^{i,k}$ ；②计算最佳匹配点坐标 $(X_{\mathrm{q}}^{i,k}, Z_{\mathrm{q}}^{i,k})$ ，根据式(2.36)中像素坐标系和局部坐标系的比例关系计算最佳匹配点纵坐标 $X_{\mathrm{q}}^{i,k}=\beta^{i,k}\times u_{\mathrm{q}}^{i}$ ，计算最佳匹配点横坐标 $Z_{\mathrm{q}}^{i,k}=Z(X_{\mathrm{q}}^{i,k})$ ；③将最佳匹配点坐标 $(X_{\mathrm{q}}^{i,k}, Z_{\mathrm{q}}^{i,k})$ 代入式(2.39)中计算非球面度 $\tau^{i,k}(x,z)$ 。

第三步：计算目标函数值 $F^{i,k}$ 。首先定义子孔径波像差数据与非球面度的差值的均方根值的最大值作为目标函数， $F^{i,k}=\max\{\mathrm{RMS}(\varepsilon^{i,k}=\xi^{i}-\tau^{i,k})\}$ 。

第四步：①更新纵向坐标比例因子 $\beta^{i,k+1}$ ，重复第二步中的②、③操作；②计算目标函数 $F^{i,k+1}$ ；③判断目标函数值 $F^{i,k+1}$ 是否达到极小值点，若不是，令 $k=k+1$ ，并通过熟知的精确或不精确线性搜索方法（如黄金分割法等）更新 $\beta^{i,k+1}$ ，返回第四步，继续进行优化；否则停止迭代，输出第 i 个子孔径真实面形误差数据 $\varepsilon^{i,k}$ 、纵向坐标比例因子 $\beta^{i,k+1}$ 、最佳匹配点坐标 $(X_{\mathrm{q}}^{i,k+1}, Z_{\mathrm{q}}^{i,k+1})$ 和非球面度 $\tau^{i,k+1}$ 。

通过上述方法对每一个子孔径进行相关处理，得到各子孔径面形数据、纵向坐标比例因子、最佳匹配点坐标和非球面度后，利用式(2.30)将所有子孔径数据统一到镜面坐标系下，采用上面介绍的环形子孔径拼接算法对所有子孔径数据进行全局优化算法拼接并进行面形拟合，即可得到全口径面形数据。

2.4.2　计算机模拟

模拟实验的目的是阐明广义定位法确定三个关键拼接参数纵向坐标比例因子、最佳匹配点坐标和非球面度的有效性。对一个有效口径为400mm、顶点曲率半径为1500mm的抛物面镜中心子孔径波像差数据进行仿真，同理也可应用于边缘环形子孔径。子午面内，假设中心子孔径最佳匹配点坐标为(100，2.5)mm，局部坐标系和像素坐标系间的纵向比例因子β=1。中心子孔径的真实面形误差信息如图2.15(a)所示。根据最佳匹配点坐标可以给出中心子孔径的理论非球面度分布，如图2.15(b)所示。在不考虑调整误差和系统误差影响的情况下，实际干涉仪测量得到的波像差数据是由中心子孔径面形误差和其对应的非球面度信息的叠加，图2.15(c)和图2.15(d)分别为波像差数据对应的干涉条纹和波像差数据。仿真的目标就是从子孔径的波像差数据中计算三个关键拼接参数，以及提取出中心子孔径的真实面形误差信息。

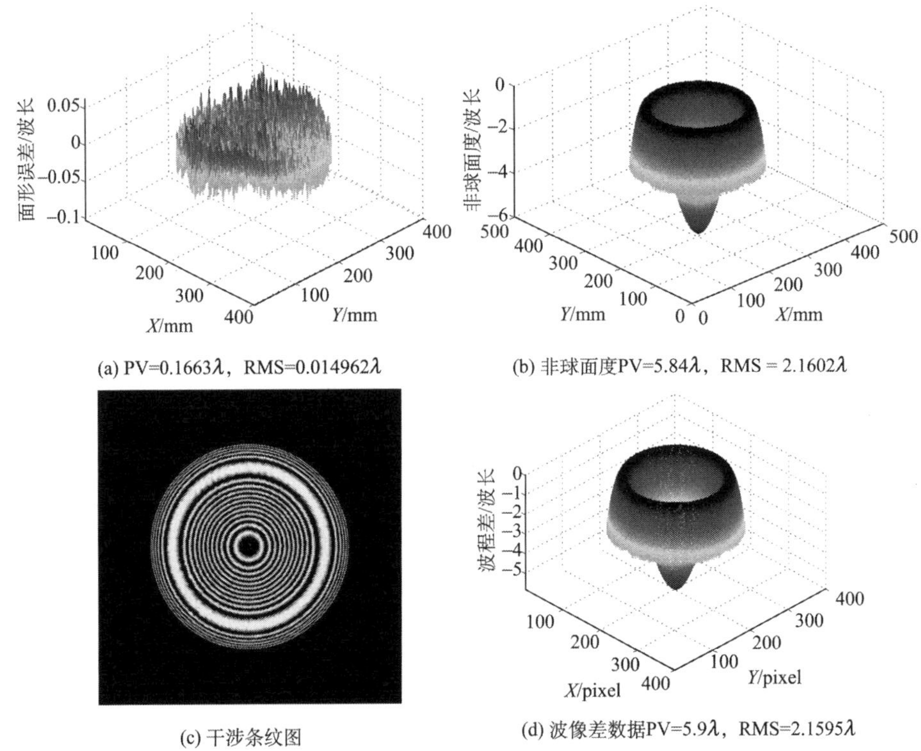

(a) PV=0.1663λ，RMS=0.014962λ

(b) 非球面度PV=5.84λ，RMS = 2.1602λ

(c) 干涉条纹图

(d) 波像差数据PV=5.9λ，RMS=2.1595λ

图 2.15　中心子孔径原始数据

根据上面的理论分析，首先对子孔径的波像差数据进行数据处理，将其转换到极坐标系中，然后提取波像差数据在不同极角下、不同径向距离上的最小值点，记录相应的坐标值，以此作为特征点数据并用最小二乘法对其进行圆拟合操作。拟合结果如图2.16(a)所示，拟合圆半径为100.0040像素，即为最佳匹配点在像素坐标系下的纵坐标值。以纵向比例因子为迭代参数进行一维线性迭代操作，各次迭代目标函数值如图2.16(b)所示。从图中看出，目标函数极小值点发生在 β=1处，这与理论值完全吻合。迭代过程中，临时计算的非球面度和理论非球面度的横截面曲线分布如图2.16(c)所示，当 β=1时，迭代得到的非球面度和理论非球面度重合。通过迭代算法获得的中心子孔径的非球面度三维分布如图2.16(d)所示，其PV=5.8407λ，RMS=2.1604λ。

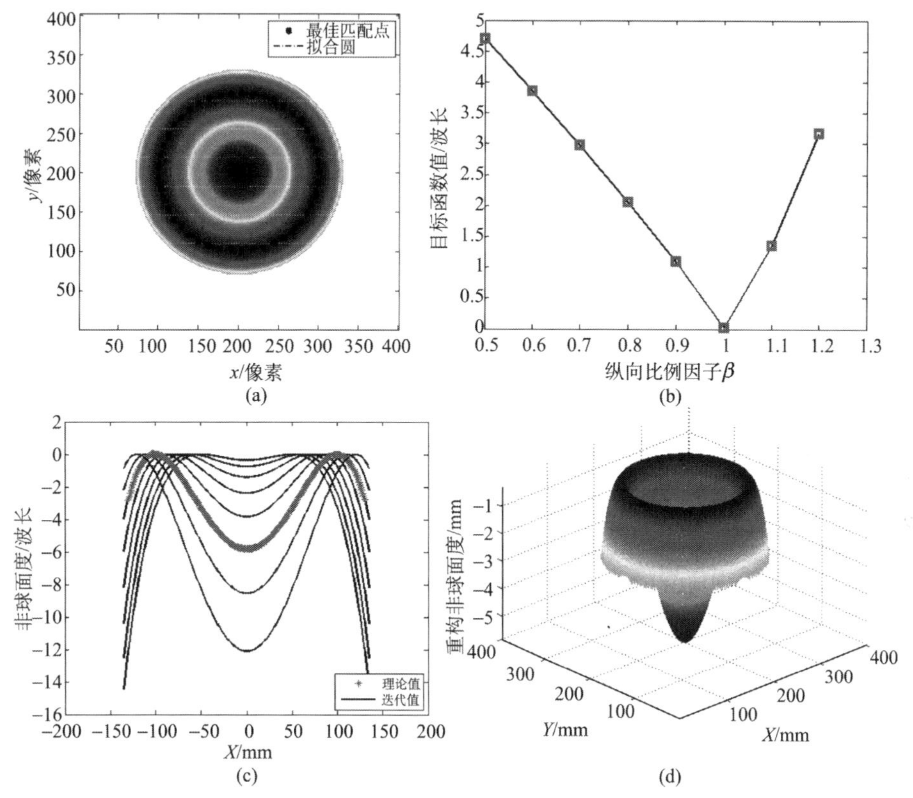

图 2.16　算法处理过程和结果

由于最佳匹配点像素坐标和纵向比例因子已知，即可求得最佳匹配点坐标为(100.0040，2.5)mm，这与理论值之间的绝对误差为(0.0040，0)mm。三个关键拼接参数纵向坐标比例因子、最佳匹配点坐标和非球面度都已经得到。最后从波像差数据中减去经迭代算法得到的非球面度，即可提取出中心子孔径面形数据如图2.17(a)所示，PV=0.16603λ，RMS=0.014958λ，与理论值相比，相对误差分别为0.16%和0.03%。重构残差已经非常小，如图2.17(b)所示，这充分验证了广义定位方法的有效性。

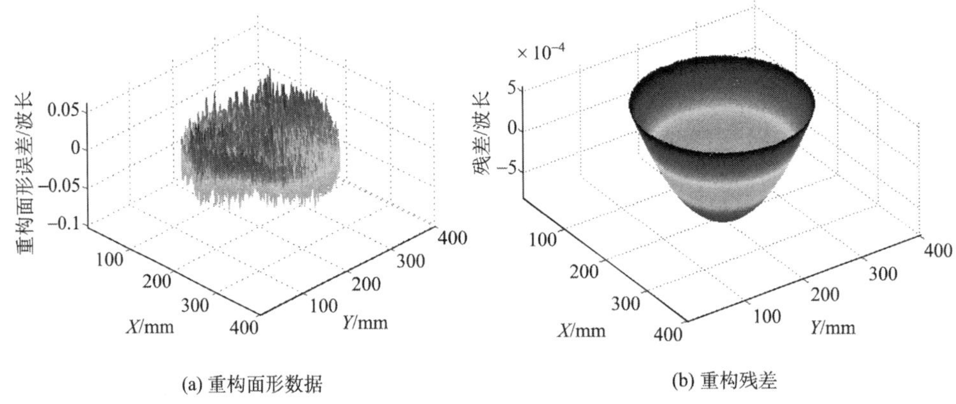

(a) 重构面形数据　　(b) 重构残差

图 2.17　重构子孔径结果

2.5　子孔径拼接优化算法

环形子孔径拼接的前提是相邻两子孔径间重叠区域的相位测量值相等，然而每一次干涉测量过程中都不可避免地存在干涉仪和被测件之间的调整误差，使得两子孔径重叠区的测量值不再相等，但要实现精确拼接则必须使重叠区两次测量值精确重合。目前传统的环形子孔径拼接模型都采用校准子孔径间的相对平移、倾斜和离焦三项低级调整误差的方式来实现各子孔径间的拼接。在实际测量过程中，不同子孔径之间的调整变换可看成是刚体变换，根据刚体运动理论，两个子孔径间将存在 6 自由度的位姿误差，因此，简单地对子孔径数据进行平移、倾斜和离焦等措施只是补偿其位姿误差的一种近似处理，当要求拼接测量精度很高，或调整运动引入的位姿误差较大时，这种近似处理就不再合理了。

本节基于空间刚体运动误差分离矩阵，从波像差理论出发，探讨调整误差在干涉测量中的误差表现形式。在此基础上，建立改进的环形子孔径拼接干涉测量非球面的拼接算法模型，并进行计算机仿真和实验验证，其结果令人满意。

2.5.1　调整误差分量及其波像差

图 2.18 是子孔径测量干涉仪与非球面相对位置关系的示意图。图中被检非球面反射镜相对于干涉仪有 6 个自由度，分别是沿 X、Y、Z 坐标轴的平动 d_x、d_y、d_z

和绕 X、Y、Z 坐标轴的转动 α_x、α_y、α_z。由于被测镜为旋转对称非球面且环形子孔径测试过程中不需要绕 z 轴转动，所以 α_z 不会引入调整误差。这样 6 个自由度中只剩下 5 个可以引入调整误差。根据刚体运动理论，各自由度变换矩阵：刚体沿坐标轴的平动表示为平动矩阵 $\boldsymbol{T}(d_x,d_y,d_z,1)$，以及绕 X、Y 坐标轴的转动矩阵 $\boldsymbol{X}(\alpha_x)$、$\boldsymbol{Y}(\alpha_y)$，即

$$\boldsymbol{T}(d_x,d_y,d_z,1)=\begin{bmatrix}1&0&0&d_x\\0&1&0&d_y\\0&0&1&d_z\\0&0&0&1\end{bmatrix} \tag{2.40}$$

$$\boldsymbol{X}(\alpha_x)=\begin{bmatrix}1&0&0&0\\0&\cos\alpha_x&\sin\alpha_x&0\\0&-\sin\alpha_x&\cos\alpha_x&0\\0&0&0&1\end{bmatrix};\ \boldsymbol{Y}(\alpha_y)=\begin{bmatrix}\cos\alpha_y&0&-\sin\alpha_y&0\\0&1&0&0\\\sin\alpha_y&0&\cos\alpha_y&0\\0&0&0&1\end{bmatrix} \tag{2.41}$$

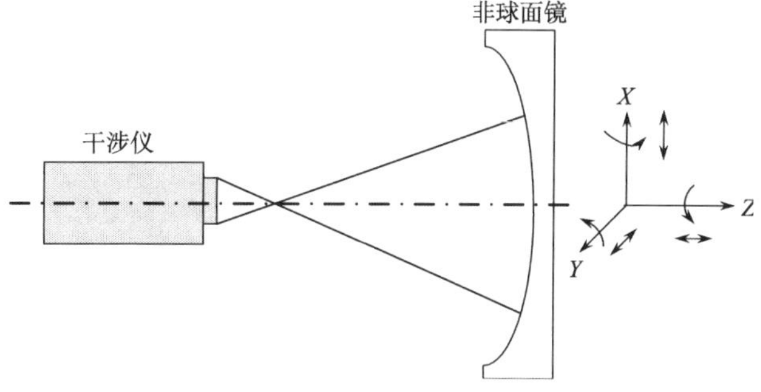

图 2.18　环形子孔径非球面检测示意图

设镜面上任意点的坐标为 $P(x,y,z)$，当引入 5 自由度调整量后，该点坐标为 $P'(x',y',z')$，两点间的变换关系为

$$\begin{bmatrix}x'\\y'\\z'\\1\end{bmatrix}=T(d_x,d_y,d_z,1)X(\alpha_x)Y(\alpha_y)\begin{bmatrix}x\\y\\z\\1\end{bmatrix} \tag{2.42}$$

即

$$\begin{bmatrix} x' \\ y' \\ z' \\ 1 \end{bmatrix} = \begin{bmatrix} x\cos\alpha_y - z\sin\alpha_y + d_x \\ x\sin\alpha_x\sin\alpha_y + y\cos\alpha_x + z\sin\alpha_x\cos\alpha_y + d_y \\ x\cos\alpha_x\sin\alpha_y - y\sin\alpha_x + z\cos\alpha_x\cos\alpha_y + d_z \\ 1 \end{bmatrix} \tag{2.43}$$

考虑到转动角 α_x、α_y 比较小，可以认为 $\cos\alpha_x = \cos\alpha_y = 1$，$\sin\alpha_x = \alpha_x$，$\sin\alpha_y = \alpha_y$，$\sin\alpha_x \sin\alpha_y = 0$，然后对式(2.43)进行化简，得

$$\begin{bmatrix} x' \\ y' \\ z' \\ 1 \end{bmatrix} = \begin{bmatrix} x - z\alpha_y + d_x \\ y + z\alpha_x + d_y \\ x\alpha_y - y\alpha_x + z + d_z \\ 1 \end{bmatrix} \tag{2.44}$$

因此 5 自由度调整误差引起 P 点的位移矢量为

$$\delta P = P'(x', y', z') - P(x, y, z) = \begin{bmatrix} -z\alpha_y + d_x \\ z\alpha_x + d_y \\ x\alpha_y - y\alpha_x + d_z \end{bmatrix}^{\mathrm{T}} \tag{2.45}$$

对于被测非球面，则

$$z = \frac{cr^2}{1 + \sqrt{[1 - (1+K)c^2r^2]}} + A_1r^4 + A_2r^6 + \cdots \tag{2.46}$$

式中，$r = \sqrt{x^2 + y^2}$，表示非球面口径内任意一点与镜体几何中心点间距离；c 为顶点曲率；K 为二次曲面系数。非球面表面上任意一点的单位法向量可表示为

$$\boldsymbol{n} = \left[-\frac{\partial z}{\partial x}, -\frac{\partial z}{\partial y}, 1\right]\left[1 + \left(\frac{\partial z}{\partial x}\right)^2 + \left(\frac{\partial z}{\partial y}\right)^2\right]^{-\frac{1}{2}} \tag{2.47}$$

考虑到检验时光线沿被检镜面的法线方向入射，所以调整误差为该点的位移矢量在其法线方向上的投影，由于是反射面，所以引入的波像差为 2 倍，即

$$W(x, y) = -2(\delta P \cdot n) = -2\left[-\frac{\partial z}{\partial x}\delta P_x + -\frac{\partial z}{\partial y}\delta P_y + \delta P_z\right]\left[1 + \left(\frac{\partial z}{\partial x}\right)^2 + \left(\frac{\partial z}{\partial y}\right)^2\right]^{-\frac{1}{2}} \tag{2.48}$$

结合非球面方程，进行相关级数展开后，忽略高次项并进行化简得

$$\left[1+\left(\frac{\partial z}{\partial x}\right)^2+\left(\frac{\partial z}{\partial y}\right)^2\right]^{-\frac{1}{2}}=1-\frac{c^2r^2}{2}-\frac{(4k+1)c^4r^4}{8} \tag{2.49}$$

由式(2.45)得

$$\delta P=[-za_y+d_x, za_x+d_y, xa_y-ya_x+d_z] \tag{2.50}$$

综合式(2.47)、式(2.48)、式(2.49)和式(2.50)，得

$$\begin{aligned}W(x,y)=&-2d_z+2(cd_x-\alpha_y)x+2(cd_y+\alpha_x)y+c^2d_zr^2\\&+kc^3d_xxr^2+kc^3d_yyr^2+\frac{(4k+1)d_z}{4}c^4r^4\end{aligned} \tag{2.51}$$

为了方便与波像差表现形式进行对比，式(2.51)改写为

$$W(x,y)=K_1+K_2x+K_3y+K_4(x^2+y^2)+K_5x(x^2+y^2)+K_6y(x^2+y^2)+K_7(x^2+y^2)^2 \tag{2.52}$$

式中，系数为

$$\begin{cases}K_1=-2d_z & \text{平移}\\K_2=2(cd_x-\alpha_y) & x-\text{倾斜}\\K_3=2(cd_y+\alpha_x) & y-\text{倾斜}\\K_4=c^2d_z & \text{离焦}\\K_5=kc^3d_x & x-\text{慧差}\\K_6=kc^3d_y & y-\text{慧差}\\K_7=\dfrac{(4k+1)d_z}{4}c^4 & \text{球差}\end{cases} \tag{2.53}$$

从上面公式推导和结果看出，干涉检测时，调整量引入的波像差除了通常的平移、倾斜（X 和 Y 方向）和离焦三种低阶像差，还产生了慧差和三阶球差两种高阶像差。目前传统环形子孔径干涉测量拼接算法是基于平移、倾斜和离焦三种低阶像差模型建立的，在拼接过程中没有考虑慧差和三阶球差两种高阶像差分量的影响，容易导致误差累积，甚至拼接失败。因此，需要充分考虑高阶像差慧差和三阶球差的影响，建立更为合理的环形子孔径拼接模型。

2.5.2　环形子孔径拼接优化模型

根据上面的调整误差及其波像差理论分析，考虑建立改进的环形子孔径拼接模型用来拟合两子孔径间的调整误差。假设小口径干涉仪测量得到的两子孔径数据分别为 $\phi_1(x,y)$ 和 $\phi_2(x,y)$，它们之间有一环形重叠区域。根据上面分析，可将两个子孔径中只含调整误差和表面加工误差的相位信息分别表示为

$$\phi_1(x,y)=e_1(x,y)+A_1+B_1x+C_1y+D_1(x^2+y^2)+E_1x(x^2+y^2)+F_1y(x^2+y^2)+G_1(x^2+y^2)^2 \tag{2.54}$$

$$\phi_2(x,y)=e_2(x,y)+A_2+B_2x+C_2y+D_2(x^2+y^2)+E_2x(x^2+y^2)+F_2y(x^2+y^2)+G_2(x^2+y^2)^2 \tag{2.55}$$

理论上在相邻两个子孔径重叠区域，非球面表面加工误差应相同，即 $e_1(x,y)=e_2(x,y)$。因此，将式(2.54)和式(2.55)相减，可得

$$\Delta\phi=a+bx+cy+d(x^2+y^2)+ex(x^2+y^2)+fy(x^2+y^2)+g(x^2+y^2)^2 \tag{2.56}$$

式中

$$\begin{cases}a=A_1-A_2\\b=B_1-B_2\\c=C_1-C_2\\d=D_1-D_2\\e=E_1-E_2\\f=F_1-F_2\\g=G_1-G_2\end{cases} \tag{2.57}$$

式(2.57)即是相邻两子孔径间的相对调整误差，包括平移、X 和 Y 方向倾斜、离焦、X 和 Y 方向慧差和三阶球差共7项相对调整误差，其中，a,b,c,d,e,f,g 分别表示对应的误差系数，也是拼接系数。只要求出 a,b,c,d,e,f,g 这7个误差系数，就可以将这两个子孔径的坐标统一到同一个坐标上，实现拼接。通常应用最小二乘法求解调整误差系数，即在重叠区域内取足够多的采样点（设采样点个数为 n）进行最小二乘法拟合，使得重叠区域相位差的平方和值最小，即

$$L=\sum_{i=1}^{n}\left\{\Delta\phi-\left[a+bx+cy+d(x^2+y^2)+ex(x^2+y^2)+fy(x^2+y^2)+g(x^2+y^2)^2\right]\right\}^2$$
$$L\to\min \tag{2.58}$$

要求式(2.58)的最小值，则分别对 a,b,c,d,e,f,g 求偏导数，并令偏导数等于0，即

$$\begin{cases}\dfrac{\partial L}{\partial a}=-2\sum\{\Delta\phi-[a+bx+\cdots+fy(x^2+y^2)+g(x^2+y^2)^2]\}=0\\\dfrac{\partial L}{\partial b}=-2\sum\{\Delta\phi-[a+bx+\cdots+fy(x^2+y^2)+g(x^2+y^2)^2]\}x=0\\\qquad\vdots\\\dfrac{\partial L}{\partial f}=-2\sum\{\Delta\phi-[a+bx+\cdots+fy(x^2+y^2)+g(x^2+y^2)^2]\}y(x^2+y^2)=0\\\dfrac{\partial L}{\partial g}=-2\sum\{\Delta\phi-[a+bx+\cdots+fy(x^2+y^2)+g(x^2+y^2)^2]\}(x^2+y^2)^2=0\end{cases} \tag{2.59}$$

最终，相邻两子孔径间的相对调整误差系数最优解用矩阵形式表示为

$$\boldsymbol{AX}=\boldsymbol{B} \tag{2.60}$$

式中

$$\boldsymbol{B}=\begin{bmatrix}\sum\Delta\phi\\ \sum x\Delta\phi\\ \vdots\\ \sum y(x^2+y^2)\Delta\phi\\ \sum(x^2+y^2)^2\Delta\phi\end{bmatrix},\quad \boldsymbol{X}=\begin{bmatrix}a\\ b\\ \vdots\\ f\\ g\end{bmatrix} \tag{2.61}$$

$$\boldsymbol{A}=\begin{bmatrix}n & \sum x & \cdots & \sum y(x^2+y^2) & \sum(x^2+y^2)^2\\ \sum x & \sum x^2 & \cdots & \sum xy(x^2+y^2) & \sum x(x^2+y^2)^2\\ \vdots & \vdots & & \vdots & \vdots\\ \sum y(x^2+y^2) & \sum xy(x^2+y^2) & \cdots & \sum y^2(x^2+y^2)^2 & \sum y(x^2+y^2)^3\\ \sum(x^2+y^2)^2 & \sum x(x^2+y^2)^2 & \cdots & \sum y(x^2+y^2)^3 & \sum(x^2+y^2)^4\end{bmatrix} \tag{2.62}$$

由式(2.62)计算拼接系数的过程，其实是求解线性方程组的解，常用方法有奇异值分解、QR分解和超松弛法等，这些算法都已经很成熟，在工程计算中获得了广泛应用。在得到拼接系数a、b、c、d、e、f、g后，就可以校正两个相邻子孔径检测结果之间的调整误差，从而实现两子孔径的拼接。对于多个子孔径的拼接，重复以上步骤，即多次利用两个子孔径拼接原理就可以完成多个子孔径的拼接。当然，为了避免累积误差，也可选择全局优化算法实现。

2.5.3　仿真研究

为了验证改进的环形子孔径拼接算法模型的有效性，下面进行计算机仿真和实验验证，通过与传统环形子孔径拼接模型的一系列对比实验，进一步阐述拼接算法的完备性和合理性。

在计算机仿真中，只关心拼接算法模型对拼接结果的影响，因此子孔径仿真数据中不考虑包括成像畸变和各子孔径对应的非球面度等误差的影响。如果不考虑这些因素的影响，则拼接结果精度完全取决于拼接模型的优劣。

计算机仿真全口径数据为一个二次曲面系数为−1.7的理想双曲面，顶点曲率半径为1200mm，口径为300mm，其干涉条纹和全口径面形数据如图2.19所示。图2.20所示三个子孔径数据是分别从图2.19中的理想双曲面数据中分割出来的，此时三个子孔径数据中没有加入任何调整误差，即相邻两子孔径重叠区域的相位值完全一致。为了更好地对比两种拼接模型在不同调整误差情况下的拼接精度，进

行了多组仿真实验。

1) 仿真测试 1

以图2.19所示子孔径1为基准，在子孔径2和子孔径3中加入低阶调整误差（具体调整参数如表2.2中的测试1数据）。图2.21给出了子孔径2和子孔径3中加入平移、倾斜和离焦误差后的干涉条纹和面形数据。

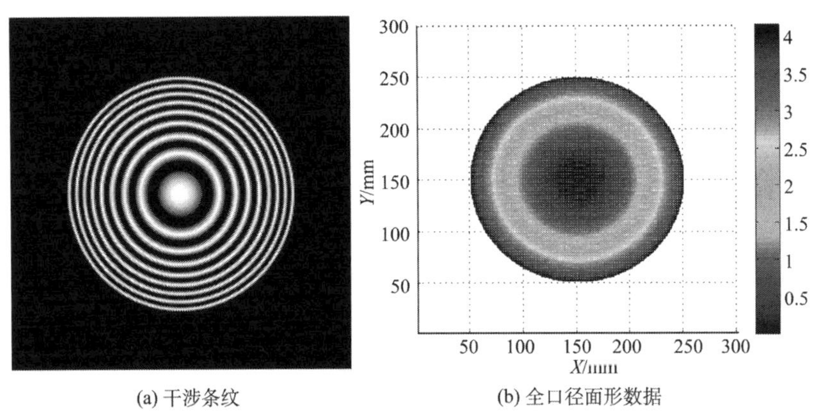

(a) 干涉条纹　　(b) 全口径面形数据

图 2.19　双曲面理论数据

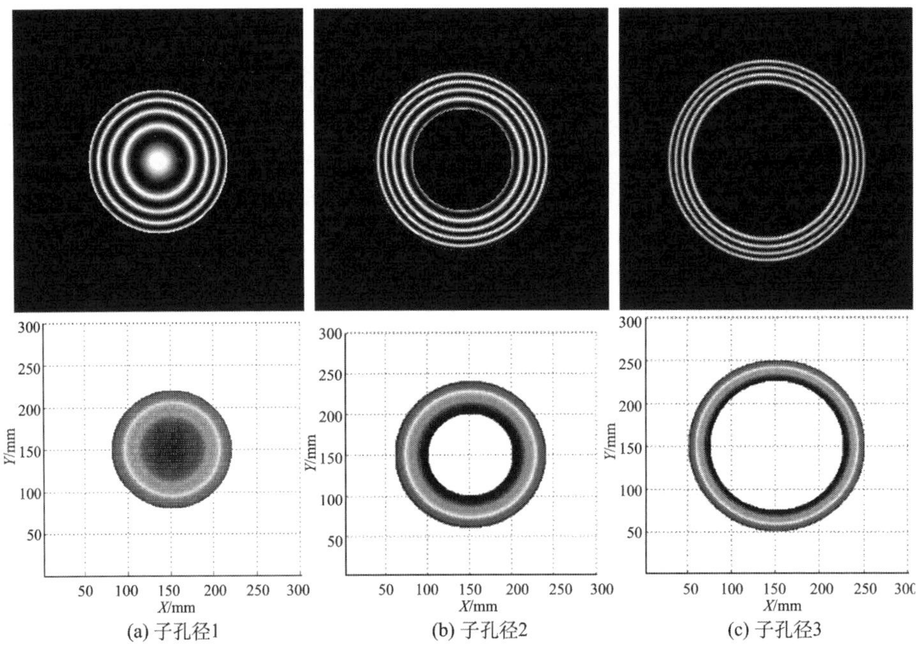

(a) 子孔径1　　(b) 子孔径2　　(c) 子孔径3

图 2.20　无调整误差情况下三个子孔径数据

表 2.2　调整误差系数

测试	子孔径	平移	X方向倾斜	X方向倾斜	离焦 ($\times10^{-5}$)	X方向慧差 ($\times10^{-7}$)	Y方向慧差 ($\times10^{-6}$)	球差 ($\times10^{-8}$)
1	2	0.01	0.001	0.006	8	—	—	—
	3	0.02	0.005	−0.003	6	—	—	—
2	2	0.01	0.001	0.006	8	0.2	−1	0.3
	3	0.02	0.005	−0.003	6	−3	0.1	0.1
3	2	0.01	0.001	0.006	8	0.6	−7	1
	3	0.02	0.005	−0.003	6	−6	0.3	0.4

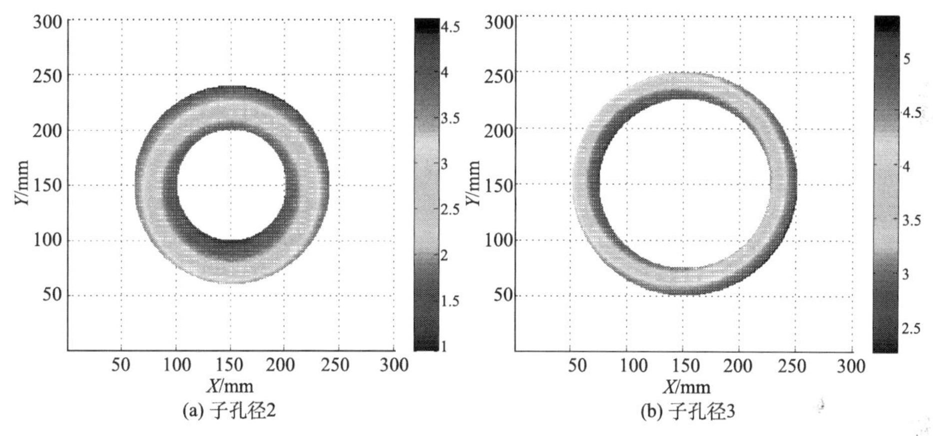

图 2.21　加入低阶调整误差后，子孔径 2 和子孔径 3 数据

下面分别用传统环形子孔径拼接模型和改进的环形子孔径拼接模型对上述三个子孔径进行拼接，其拼接结果如图 2.22 为所示。图 2.22(a)为传统环形子孔径拼接模型拼接结果，其拼接残差剖面图如图 2.22(b)所示；图 2.22(c)为改进的环形子孔径拼接模型拼接结果，其拼接残差剖面图如图 2.22(d)所示。拼接结果表明：在低阶调整误差的情况下，两种拼接模型都能完美地恢复出全口径数据，对比拼接残差剖面图也可以发现，两者的拼接精度也基本相同。

2) 仿真测试 2

同样以图 2.20 所示子孔径 1 为基准，在子孔径 2 和子孔径 3 中同时加入低阶（平移、倾斜和离焦）和高阶调整误差（慧差、三阶球差）来检验两种拼接方法的拼接效果。图 2.23 给出了子孔径 2 和子孔径 3 中加入低阶和高阶调整误差（具体调整参数如表 2.2 中的测试 2 数据）后的干涉条纹和面形数据。

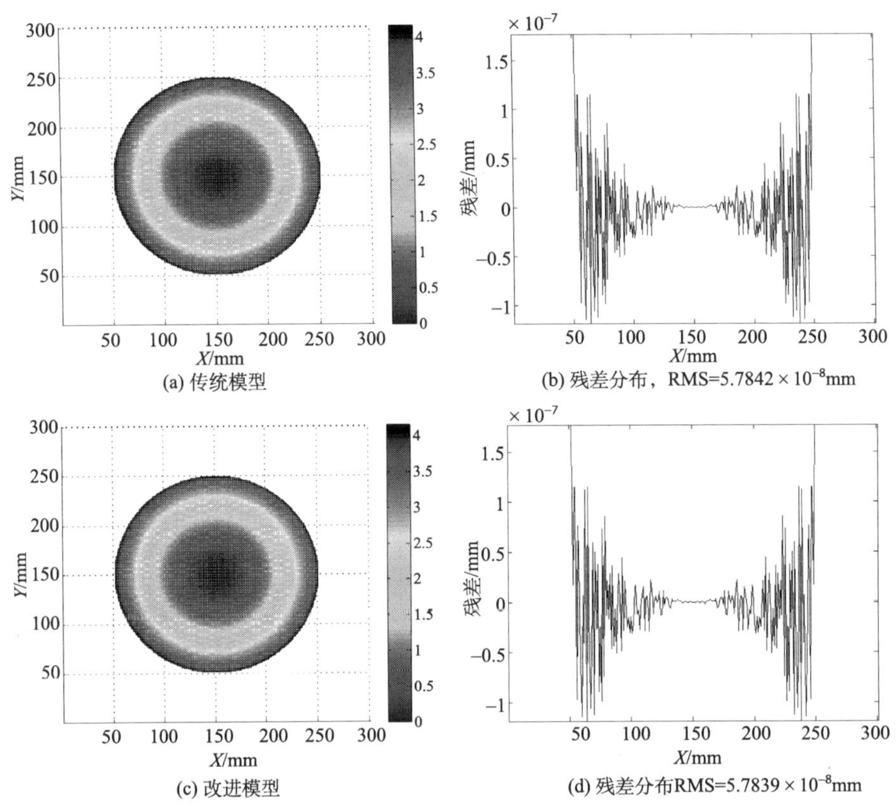

(a) 传统模型

(b) 残差分布，RMS=5.7842 × 10^{-8}mm

(c) 改进模型

(d) 残差分布RMS=5.7839 × 10^{-8}mm

图 2.22　加入低阶调整误差后，两种拼接模型拼接结果

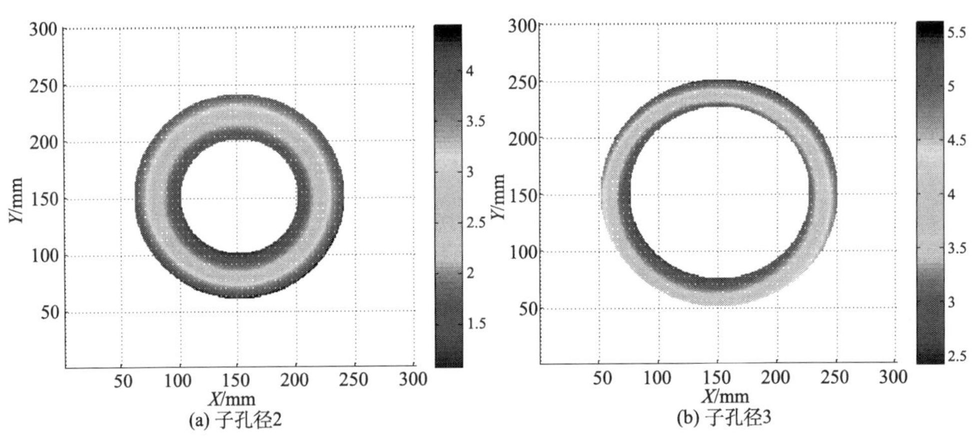

(a) 子孔径2

(b) 子孔径3

图 2.23　同时加入低阶和高阶调整误差后，子孔径 2 和子孔径 3 数据

下面分别用两种拼接模型对上述三个子孔径进行拼接，其拼接结果如图 2.24 所示。图 2.24(a)为传统环形子孔径拼接模型拼接结果，其拼接残差分布如图 2.24(b)所示；图 2.24(c)为改进的环形子孔径拼接模型拼接结果，其拼接残差分布如图 2.24(d)所示。仿真结果表明：在低阶和高阶调整误差都存在的情况下，传统拼接算法能够大致恢复全口径面形数据，但其残差已经开始增大；而改进的环形子孔径拼接模型却能正确地恢复出全口径数据，拼接残差分布依然非常小。

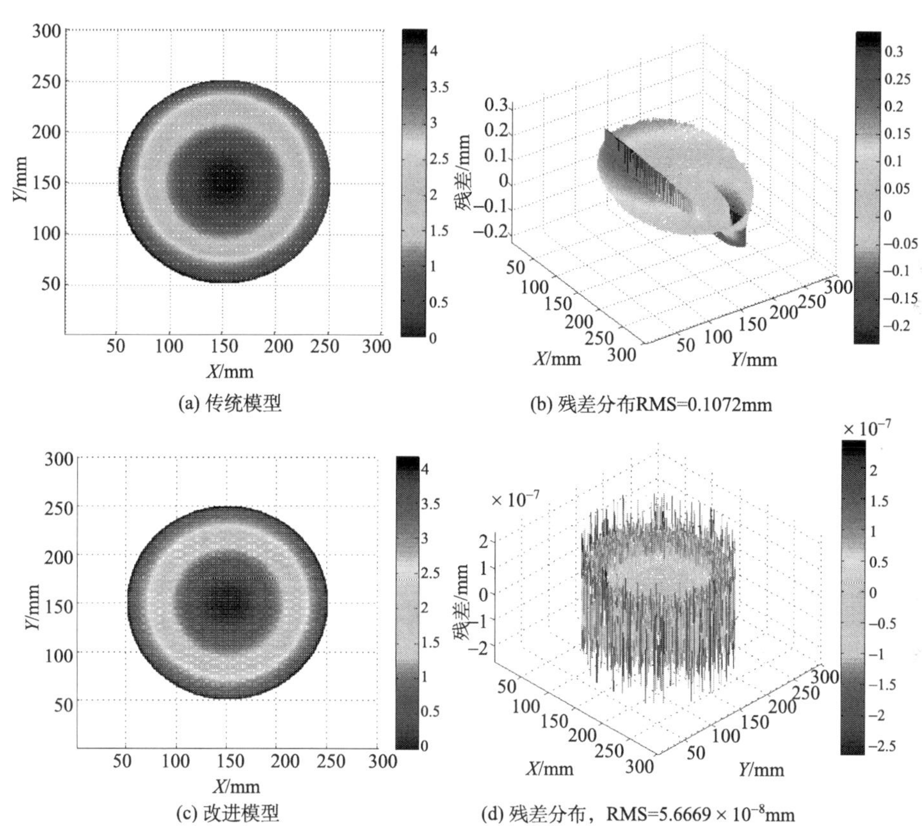

(a) 传统模型　(b) 残差分布RMS=0.1072mm

(c) 改进模型　(d) 残差分布，RMS=5.6669 × 10^{-8}mm

图 2.24　同时加入低阶和高阶调整误差后，两种拼接模型拼接结果

3) 仿真测试 3

为了进一步验证改进的环形子孔径拼接算法模型的优越性，在仿真测试 2 的基础上保持低阶调整误差不变，继续增大子孔径 2 和子孔径 3 中高阶调整误差的值。图 2.25 给出了子孔径 2 和子孔径 3 中加入低阶和高阶调整误差（具体调整参数如表 2.2 中的测试 3 数据）后的干涉条纹和面形数据。

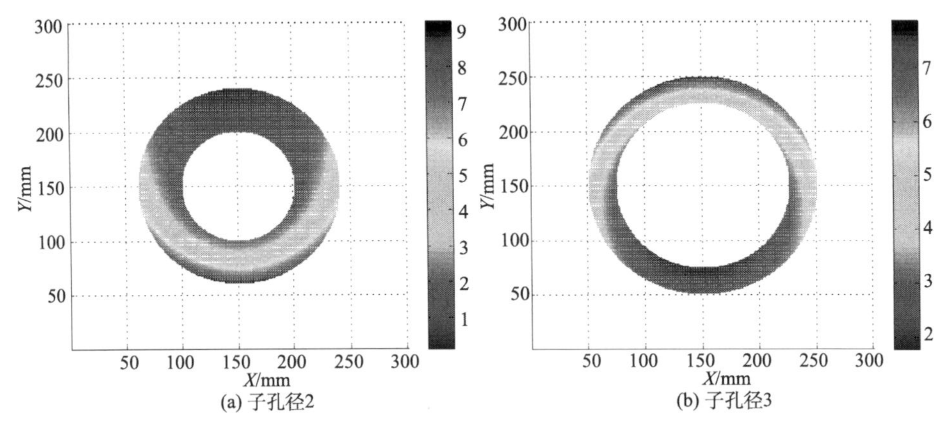

(a) 子孔径2　　(b) 子孔径3

图 2.25　增大高阶调整误差后，子孔径 2 和子孔径 3 数据

同样，下面分别用两种拼接模型对上述三个子孔径进行拼接，以对比两种模型的优劣，其拼接结果如图 2.26 所示。图 2.26(a)为传统环形子孔径拼接算法模型拼

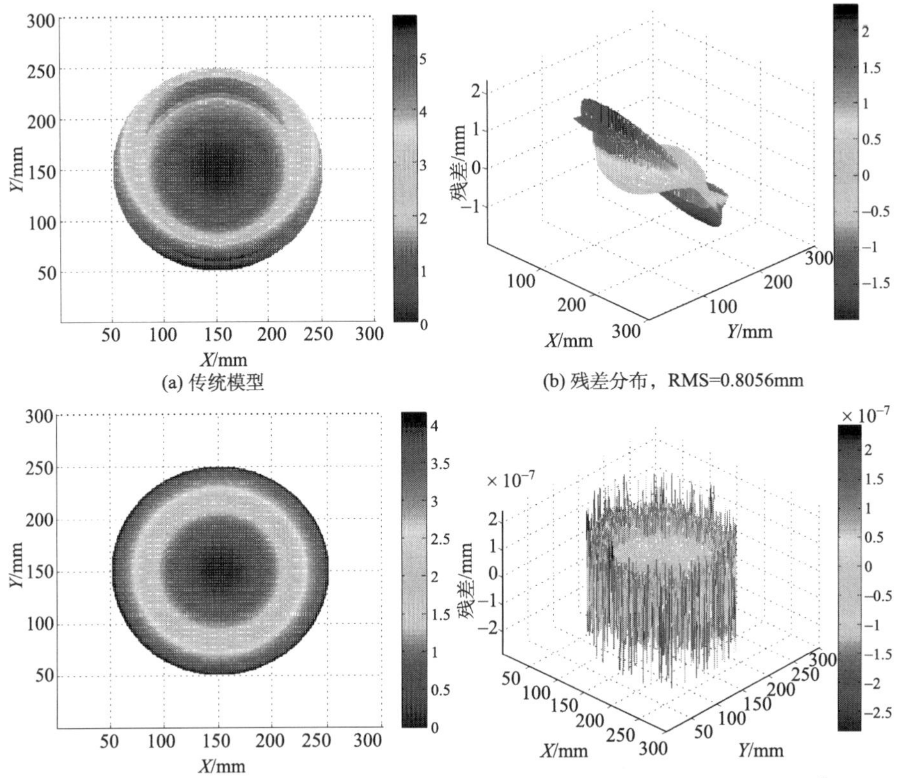

(a) 传统模型　　(b) 残差分布，RMS=0.8056mm

(c) 改进模型　　(d) 残差分布，RMS=5.7852×10^{-8}mm

图 2.26　增大高阶调整误差后，两种拼接模型拼接结果

接结果，其拼接残差分布如图2.26(b)所示；图2.26(c)为改进的环形子孔径拼接算法模型拼接结果，其拼接残差分布如图2.26(d)所示。仿真结果表明：在低阶误差不变、高阶调整误差增大的情况下，传统拼接算法拼接结果残差已非常大，并且从残差中可以看出有高阶像差存在；而从拼接结果中可以明显看出存在拼接痕迹，已经不能够正确恢复双曲面的全口径面形数据；对于改进的环形子孔径拼接模型却依然能正确地恢复出全口径数据，拼接残差分布依旧非常小。

从两种环形子孔径拼接算法模型的计算机仿真结果可以看出，在只有低阶调整误差的情形下，两种拼接算法模型的精度都非常高，拼接能力基本相同；但是在加入了慧差和三阶球差两种高阶调整误差后，传统环形子孔径拼接模型忽略了高阶像差影响，导致精度迅速下降；随着高阶调整误差的增大，传统拼接算法模型拼接出现失败，已无法完整地恢复出双曲面全口径数据；而在整个仿真过程中，改进的环形子孔径拼接模型，则都能正确地重构出全口径数据，这充分验证了改进的环形子孔径拼接算法模型的合理性和鲁棒性。

2.6 测 量 系 统

子孔径拼接方案实施的关键在于需要一套可实用化的子孔径拼接检测平台。从原理上看，波面干涉仪与被测镜面之间存在多个自由度的运动变换，而在对准运动过程中，也会引入 6 自由度位姿误差。由于每个子孔径的测量对应不同的位置和姿态，干涉仪相对被测镜面需要进行不同的位置和姿态调整。

目前光学检测平台主要有卧式、立式和立卧组合式三种结构，图 2.27 给出了三种典型的结构。它们的优缺点如表 2.3 所示。

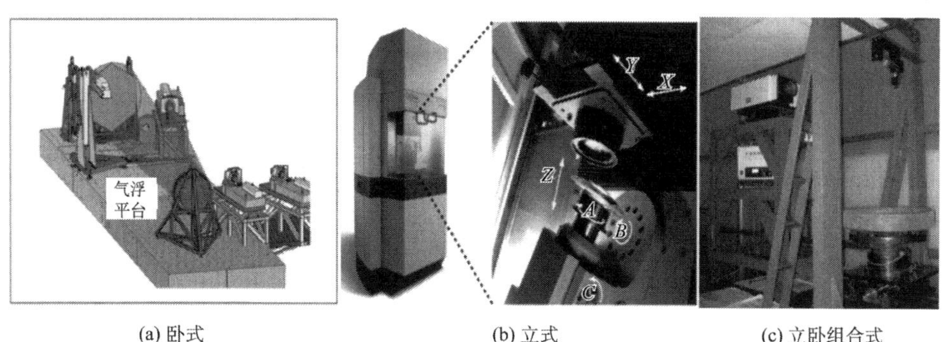

(a) 卧式　(b) 立式　(c) 立卧组合式

图 2.27　光学检测平台的三种主要结构

表 2.3　三种检测结构对比

卧式结构	立式结构	立卧组合式结构
光路水平，检测光路受空间限制少，振动影响非常小	检测光路容易受空间限制，光路越长受振动影响越大	空间受一定的限制，受振动影响小
被测镜安装困难，不同口径装卡结构不同	被测镜安装方便，普适性好	被测镜安装方便，普适性好
口径越大，C 轴转台设计越困难	C 轴转台设计非常方便	C 轴转台设计非常方便
水平 Z 轴设计方便	垂直 Z 轴设计相对困难	水平 Z 轴设计方便
光路调整方便，光路装调较方便	光路调整方便，光路装调较方便	光路调整困难，受偏摆镜影响，不适宜短光路；同时光路装调相对困难
口径越大，受重力和装卡变形的影响越明显	受重力和装卡变形的影响不明显	偏摆镜引入误差，且对每一个子孔径均不同

综合比较，由于立式结构在测试过程、装调过程比较方便且被测镜受重力装卡变形影响小，所以要设计的检测平台选择立式结构。由于空间刚体运动存在6自由度的运动误差，所以子孔径测量过程中也必然会受到6自由度运动误差影响，而为了使子孔径位于干涉测量的零位和路径规划需要，要求检测平台具有6自由度对准与调零运动的能力。为了区别路径规划运动与调零运动的性质，没有调整误差时所需的路径规划运动称为名义运动（nominal movement），其行程通常要求较大，由子孔径划分所确定；而由于存在调整误差，需要在名义运动的基础上进行微调所需的运动，称为微调（tuning）运动，其行程一般很小。考虑到测量对象主要是平面、球面和回转对称非球面与运动模式的需要，子孔径拼接检测平台应该具有6维运动的能力。

2.6.1　SSI-300 子孔径检测平台

1. 数控子孔径拼接检测平台结构

针对上述需求，课题组自主研发了数控子孔径拼接干涉检测平台，图 2.28 给出了 SSI-300 系列的两代设计产品。在三维 (以干涉仪光轴的方向为坐标系 Z 轴，以垂直于干涉仪光轴的两个方向分别为坐标系的 X 轴、Y 轴)空间坐标系中，检测平台上的被测件装卡在五维运动平台上，可以分别沿 X 轴、Y 轴进行正交直线运动，还可绕 X 轴、Y 轴两个方向进行旋转运动（绕 X 轴方向旋转的定义为 A 轴，绕 Y 方向旋转的定义为 B 轴），同时还可以在 C 轴的驱动下绕 Z 轴进行旋转运动；Z 轴用于调焦使用。上述各运动轴通过自行开发的数控系统对其进行计算机控制操作，整个检测过程基本实现了自动控制，避免了手动调零过程的盲目性和不确定性。

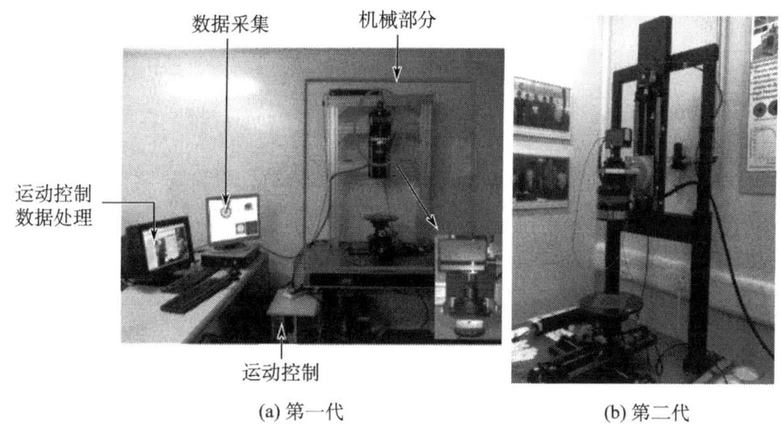

(a) 第一代　　(b) 第二代

图 2.28　SSI-300 数控子孔径拼接干涉检测平台

SSI-300 子孔径拼接工作站各项设计指标如下。

(1) X、Y、Z 轴一维位移台的定位精度为 0.02mm；重复定位精度为 0.005mm。

(2) X 和 Y 轴一维位移台的调整范围为 300mm；Z 轴借助安装位置，其可调范围达到 600mm。

(3) 平台元件装卡在三维调整架（即 A 轴、B 轴、C 轴）上，可对光学元件执行 X 方向倾斜、Y 方向倾斜和旋转运动，调整范围分别为±15°、±10°和 360°；在 8 细分的情况下，A 轴、B 轴、C 轴三方向的分辨率分别为 0.00045°、0.00032° 和 0.00125°。

在构建好子孔径拼接检测平台后，为实现整个工作平台的功能化和数字化控制，开发了配套的硬件控制系统软件和子孔径数据处理与分析软件，如图 2.29 所示。

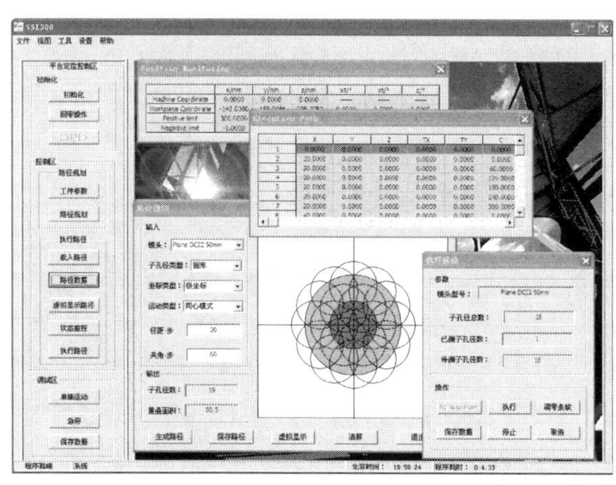

图 2.29　SSI-300 硬件控制系统软件功能界面

2. 数控子孔径拼接检测平台运动学模型

为了在实验时方便地确定各轴的位移，需要在实验前把各轴的运动情况计算好。这就需要根据多体运动学理论对 SSI-300 进行运动学建模分析，这也是子孔径拼接检测实验前的必备部分。

(1) 刚体运动的齐次变换矩阵。1955年，Denavit等在“ASME Journal of Applied Mechanics”上发表了一篇论文，首次提出了一种建立相对位置的矩阵方法——D-H法。它用齐次变换描述各个连杆相对于固定参考系的空间几何关系，用一个4×4的齐次变换矩阵描述相邻两连杆的空间关系，推导出“末端执行器坐标系”相对于“基坐标系”的等价齐次坐标变换矩阵，从而建立机器人的运动方程。

(2) 系统运动学模型分析。检测平台运动学模型根据具体平台的运动结构建立（干涉仪）测量坐标系相对于工件坐标系的运动关系，并通过此运动关系将前置文件提供的测量坐标系中的空间位置和姿态转化为工件坐标系中的位置和姿态，并分解到各运动轴上，求解出实现该转换过程中各运动轴所需的运动量，从而生成检测路径运动指令，以驱动数控轴按照设计模型进行检测。SSI-300 检测机构由三个位移台 X、Y、Z 和绕 X、Y、Z 轴旋转的 A、B、C 轴构成。图 2.30 为 SSI-300 检测平台示意图。

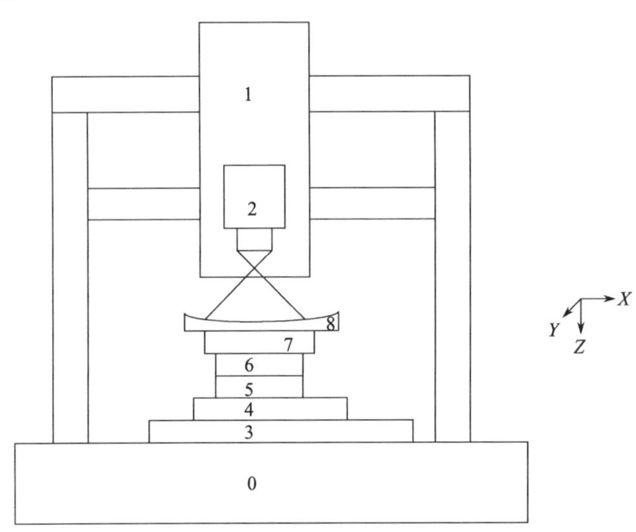

图 2.30　SSI-300 检测平台示意图

0. 基础平台；1. Z 轴平移台；2. 干涉仪；3. X 轴平移台；4. Y 轴平移台；5. A 轴；6. B 轴；7. C 轴转台；8. 被测工件

3. SSI-300 子孔径检测平台误差分析

定位误差存在于所有的可以产生位移的自由度中，因此需要尽可能地减少机床本身的定位误差，以免对检测结果造成大的影响。目前，机床误差补偿技术已经相对比较成熟，机床各运动轴本身的定位精度在经过误差补偿后，都可达到很高的精度。补偿手段有硬件补偿和软件补偿等，这里就不再赘述，具体补偿过程可参考相关的技术文献。本节重点介绍一种在装配过程中引入的误差，即干涉仪坐标系和工件坐标系间的相对旋转角度。子孔径拼接算法中，尤其是圆形子孔径拼接算法，通常假设测量坐标系（干涉仪 CCD 成像面决定的坐标系）X 轴和工件坐标系 X' 平行，测量坐标系 Y 轴和工件坐标系 Y' 平行，即假设两坐标系间的旋转角度为零。拼接处理时，根据事先规划好的名义运动数据将各子孔径实际测量结果统一到全局坐标系，根据相邻子孔径在重叠区域内面形误差信息的一致性来进行拼接。

4. 软件控制系统

1) 硬件控制系统软件

硬件控制系统软件根据不同功能需求主要包括：初始化模块、路径规划模块和执行路径模块。图 2.29 为 SSI-300 硬件控制系统软件功能界面，这一界面显示了路径规划界面、执行路径数据界面、位置监控和执行运动界面。硬件控制系统软件操作流程如图 2.31 所示。

初始化模块主要完成启动控制器、各运动轴回零和工件对心操作，其中工件对心操作是实现工件旋转轴和干涉仪光轴（Z 轴）重合的过程。

路径规划模块则是根据光学设计参数，设定被测面面形和口径、运动模式（直角坐标或极坐标）、子孔径间重叠面积和干涉仪标准镜头等参数，并生成路径执行文件，即名义运动所需参数。

执行路径模块则是将路径执行文件转化为各轴的运动指令，并通过电机板卡传输至驱动器控制 3 个直线运动轴(X、Y、Z)、2 个角位台（A、B 轴）和 1 个旋转台（C 轴）的运动，将工件移动至指定位置，同时根据需要进行一些微调操作。在进行元件检测过程时，必须时刻监视数控检测平台在每一时刻的运动状态（如位置、速度、正负限位状态，原点状态等），避免出现运动超限等故障。

2) 子孔径数据处理与分析软件

子孔径数据处理与分析软件的功能框图如图 2.32 所示，即子孔径拼接模块、数据分析模块和数据显示模块，每个功能模块完成相对独立的一些功能。软件融合了子孔径拼接处理和 Zernike 多项式数据拟合操作和分析显示等功能。

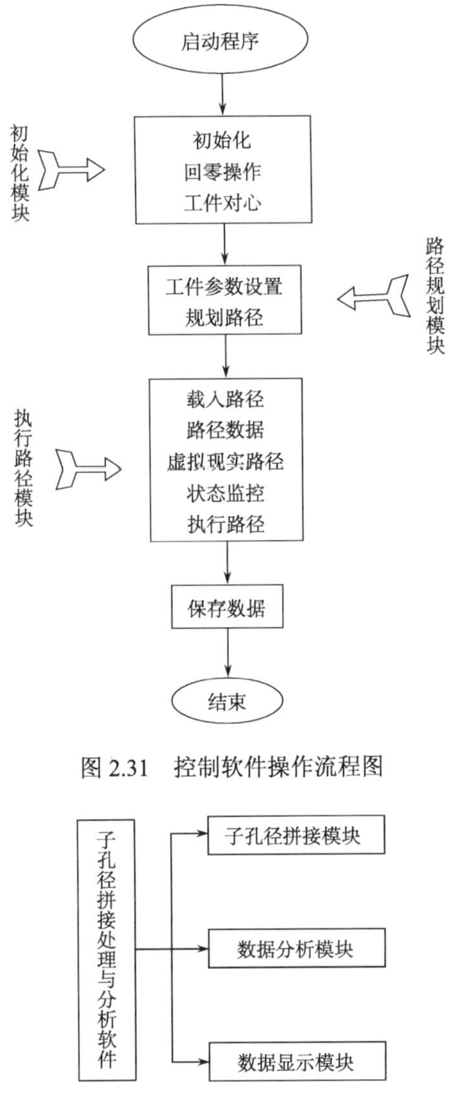

图 2.31　控制软件操作流程图

图 2.32　软件功能框图

子孔径拼接模块是软件的最主要部分，是实现子孔径拼接的关键，通过相邻子孔径重叠区域的相位分布，利用最小二乘法求解拼接参数，消除子孔径间的相对调整误差，实现大口径光学元件的面形检测。目前该拼接算法只嵌入了平面镜、球面和旋转对称非球面的数据处理和分析功能。相对复杂的离轴镜和自由曲面镜数据拼接与处理的功能模块将是以后研究工作的重点。

数据分析模块主要包括数据去倾斜和离焦处理、Zernike 圆形和环形多项式数据拟合功能，以及 PV 值和 RMS 值计算功能。

数据显示模块主要用于显示待分析数据的二维、三维和横截面图与 PV 值和 RMS 值等，便于直观地观察数据结果。图 2.33 是自行编制的子孔径数据处理与分析软件的功能界面，这一界面显示了待拼接子孔径数据、拼接结果与 PV 值和 RMS 值等相关内容。

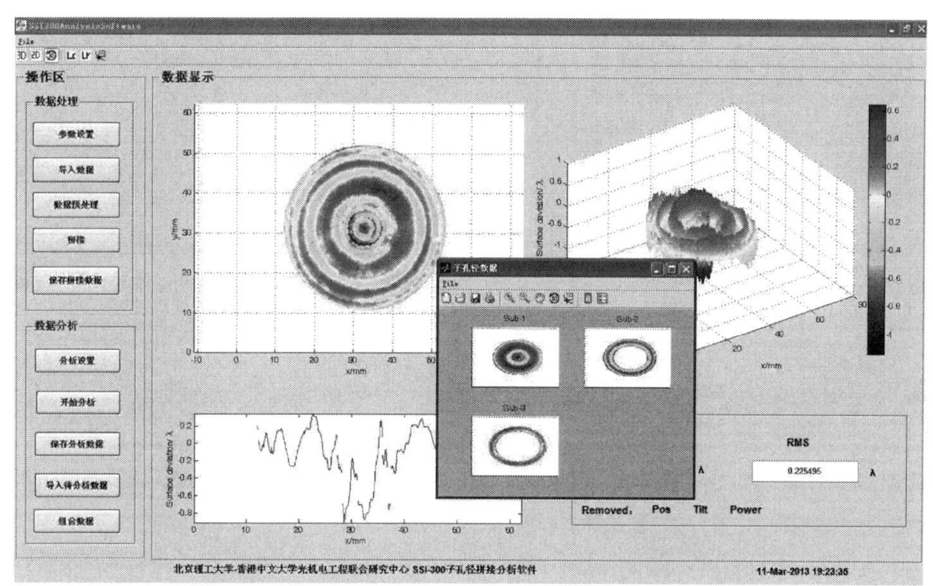

图 2.33　SSI 子孔径数据处理与分析软件的功能界面

2.6.2　实验研究

1. 平台稳定性测试

利用已搭建的数控子孔径干涉检测平台，进行了一系列实验工作，首先对设计的高精度移动平台的稳定性进行了测试。在确保移动平台的定位精度满足检测需要后，还应考虑移动平台在大范围移动过程中能否保证不移动、不抖动、不晃动，为此设计了一个平台稳定性测试实验。用50mm口径的干涉仪检测口径为130mm的平面镜中心部分。具体步骤是：首先调整好干涉仪对被检测镜中心部分进行零位调节，然后保持被测镜在平台上的位置不变，即保证元件相对于干涉仪的位置（倾斜和俯仰）不变，先后沿x和y方向移动一定距离后，再回到初始位置进行检测，反复多次后观察干涉仪检测的结果。图2.34~图2.36给出了其中三次测量结果。图2.34(a)、图2.35(a)和图2.36(a)都是干涉仪检测得到的平面镜中心面形误差，图2.34(b)、图2.35(b)和图2.36(b)是其x方向中心剖面图。

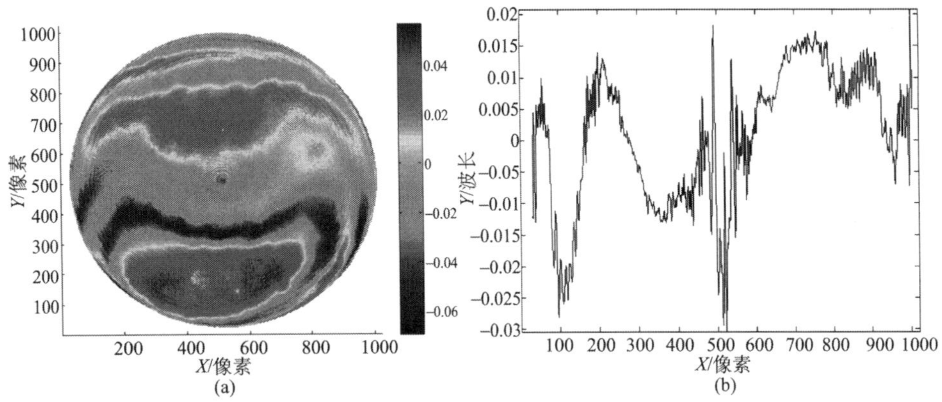

图 2.34　平台第一次检测结果：PV=0.125λ，RMS=0.025λ

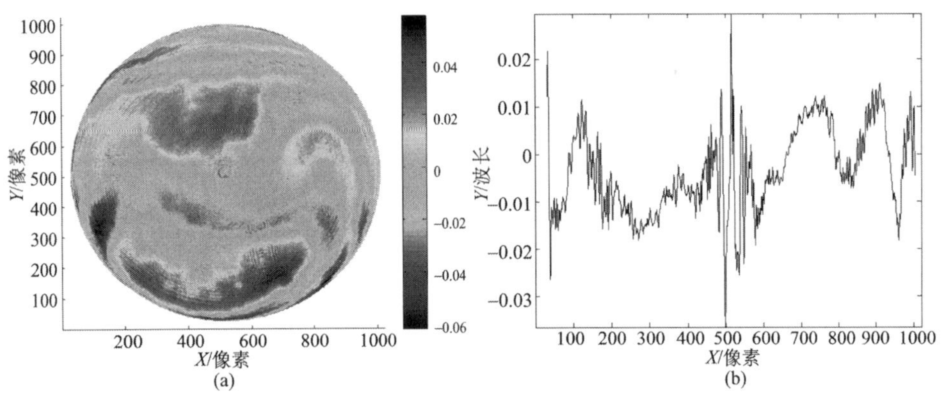

图 2.35　平台第二次检测结果：PV=0.120λ，RMS=0.018λ

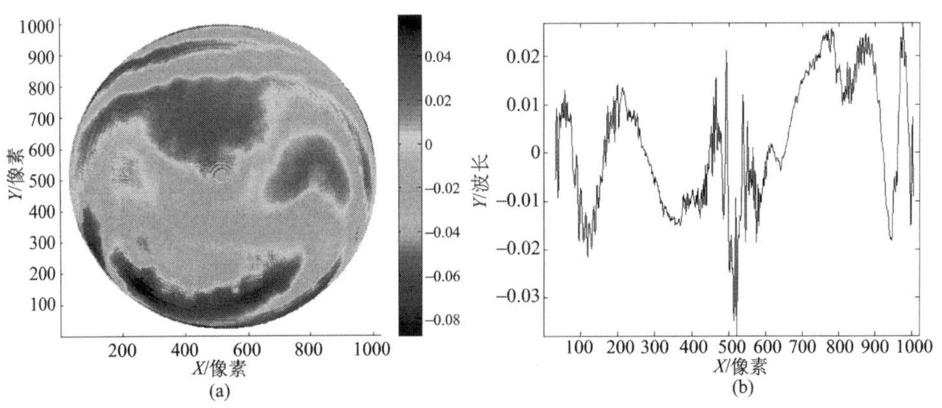

图 2.36　平台第三次检测结果：PV=0.147λ，RMS=0.020λ

经过多次稳定度测试结果与第一次检测结果相比较，可以看出，几次检测的结果基本一致，其 PV 值最大相差 0.022λ，且从二维图和截面图上看，虽然有细微变化，但考虑到干涉仪本身的重复性和检测环境的影响，这个误差是可接受的。这也说明了设计研发的移动平台具有很好的稳定性和检测重复性，能够满足子孔径拼接干涉检测的需要。

2. 旋转角度误差校正实验

在进行检测前，先采用上述提到的基于图像定位的旋转角度误差标定方法确定测量坐标系和工件坐标系间的旋转角度。实验中，干涉仪采用口径为 50mm 的标准平面镜头，被测镜则选择口径为 30mm 圆形平面镜，测量过程中，沿 X 轴方向移动了 11 次，每次移动 2mm，分别对每一个位置都进行干涉测量，得到 11 个位置处的干涉数据。应用上述方法对各个位置处的干涉数据进行二值化处理和圆拟合等操作，得到各个位置处被测平面镜在测量坐标系中的中心坐标（单位：像素），将其转换到工件坐标系中（单位：mm），再对其进行最小二乘线性拟合（如图 2.37 所示）得到运动轴直线方程为

$$y = -0.1147x + 0.2072 \tag{2.63}$$

$$\theta = \arctan(-0.1147) = -6.5432^\circ \tag{2.64}$$

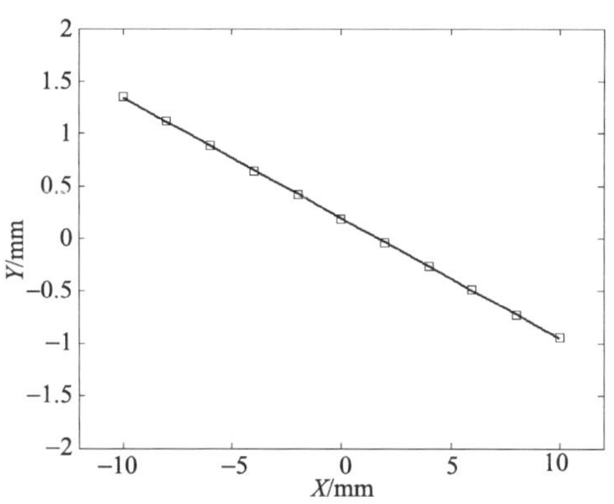

图 2.37　平面镜在 11 个位置处的中心坐标线性拟合结果

根据上述角度，即可校正测量坐标系和工件坐标系间的旋转角度和对心误差。在完成旋转角度标定后，基于 SSI-300 检测平台，首先对一平面镜进行实验以验证旋转角度标定效果。实验采用口径为 50mm 的标准平面镜头，用 9 个子孔径完成对口径为 80mm 的圆形平面镜的测量，子孔径间距为 22mm，具体子孔径测量路径规划如图 2.38 所示。干涉测量得到的 9 个子孔径数据如图 2.39 所示。

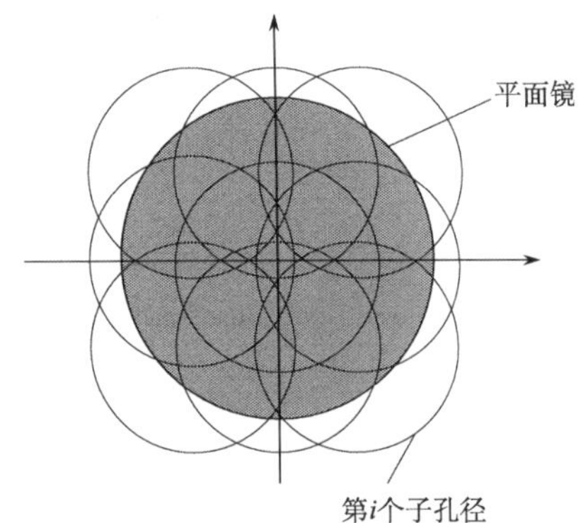

图 2.38 子孔径测量路径

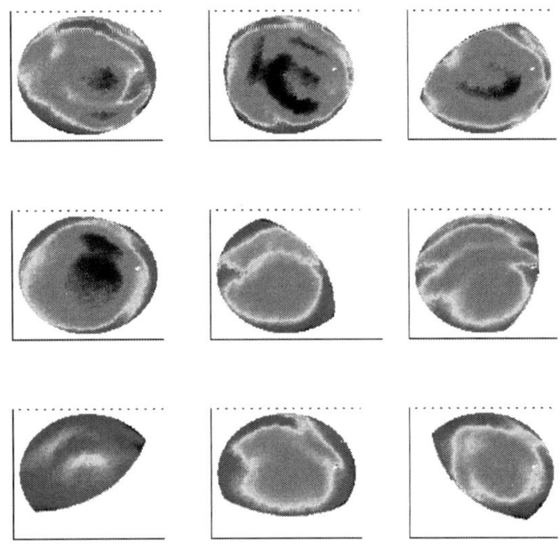

图 2.39 平面镜 9 个子孔径数据

旋转角度校正前后，9 个子孔径显示在统一的坐标系下的位置情况，如图 2.40 所示（此时并未进行拼接处理）。从图中可以直观地看出，未校正角度误差时，如图 2.40(a)所示，9 个子孔径位置边缘参差不齐，重叠区域存在严重的错配问题；而经过旋转角度补偿后，如图 2.40(b)所示，子孔径拼接结果边缘比较光滑，错配问题得到了很好解决，这为后续子孔径拼接算法的实施提供了准确的数据保障。图 2.41 为旋转角度误差校正前后拼接结果。

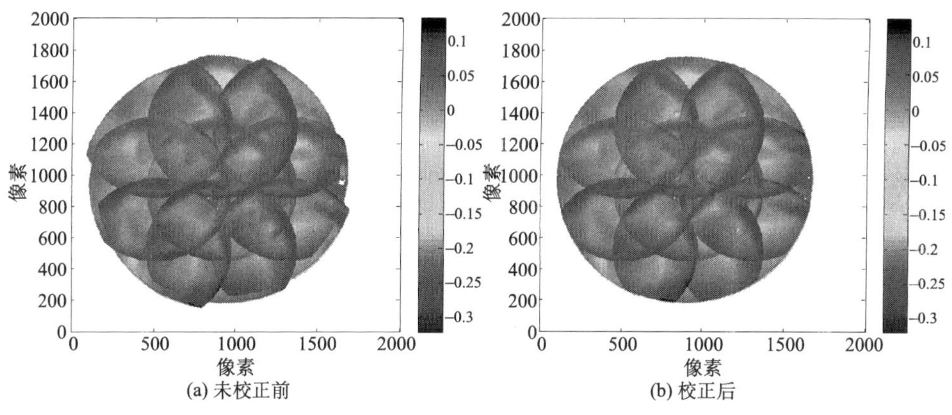

(a) 未校正前　(b) 校正后

图 2.40　旋转角度校正前后，各子孔径位置分布

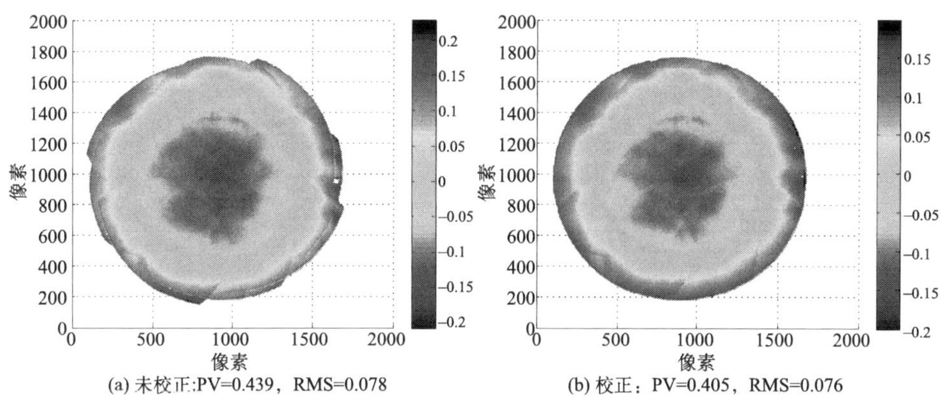

(a) 未校正:PV=0.439，RMS=0.078　(b) 校正：PV=0.405，RMS=0.076

图 2.41　旋转角度校正前后，子孔径拼接结果

3. 高次非一致曲率光学镜面测量

检测对象为实验室正在进行磁射流（Magnetorheological Jet Polishing，MJP）抛光实验的双曲面镜，其二次曲面参数为-1.77、口径为47mm、顶点曲率半径为150mm。根据非球面度近似公式可知，双曲面镜的非球面度约为1.4μm，所以可以直接用球面干涉仪进行全口径检测，如图2.42(a)所示，以此作为环形子孔径拼接结果检验标准。实验采用3个子孔径完成对双曲面的全口径检测，检测结果如图2.42(b)～图2.42(d)所示。

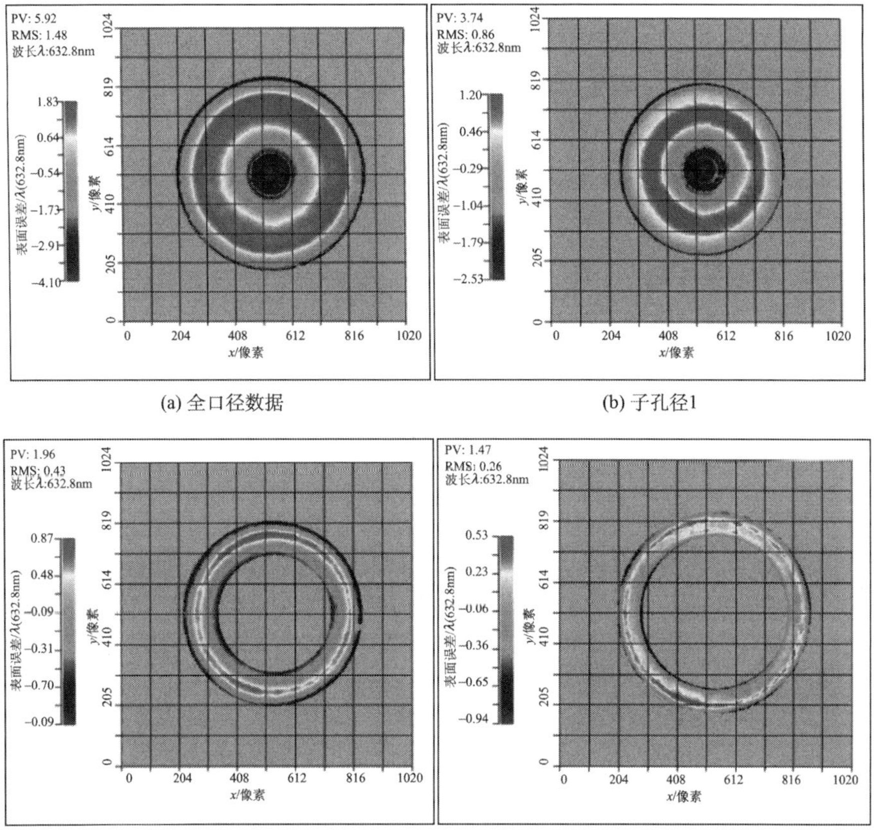

(a) 全口径数据　　(b) 子孔径1

(c) 子孔径2　　(d) 子孔径3

图 2.42　干涉仪采集的双曲面全口径和子孔径波像差数据

从双曲面全口径波像差数据中剔除相应的非球面理论偏差（非球面度）后即可得到双曲面镜的面形误差数据，如图 2.43(a)所示；图 2.43(b)为子孔径拼接获得

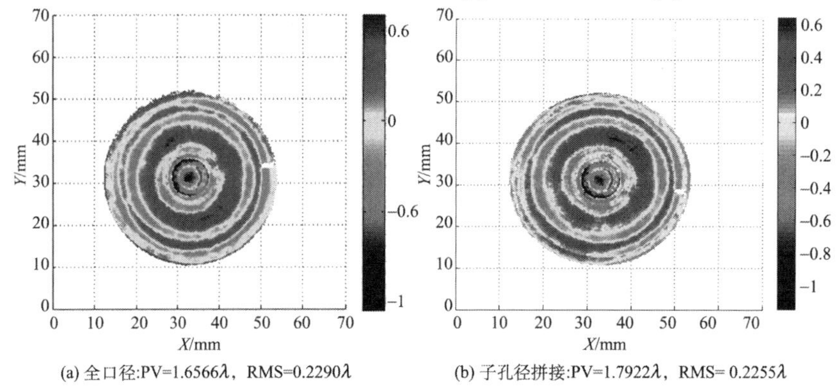

(a) 全口径:PV=1.6566λ，RMS=0.2290λ　　(b) 子孔径拼接:PV=1.7922λ，RMS= 0.2255λ

图 2.43　子孔径拼接和全口径检测结果

的双曲面全口径面形误差信息。拼接结果与全口径相比，RMS 值相对误差为 1.53%。从面形误差图上看，拼接得到的高低分布与全口径的结果基本一致。

2.7　超大口径拼接检测

目前对于测量大口径光学元件面形技术主要采用长轨面形仪、瞬态干涉仪和哈特曼检测法等。长轨面形仪、瞬态干涉仪等设备对检测环境要求高，而且口径要大于或等于被测光学元件，同时也只能测水平或垂直放置状态的光学元件，不能对任意倾斜放置的光学元件进行检测。国内外对超大口径光学平面的检测多采用干涉法，测试设备造价高，同时对口径超过 1m 的平面镜的面形检测也是难题。

2.7.1　方案设计

基于斐索干涉仪结合子孔径拼接软件搭建高分辨率专门用于测量高精度大口径的表面测量系统。亚利桑那大学用口径 1m 相移型斐索干涉仪进行高精度检测系统，如图 2.44 所示，该系统的测量精度约为 2nm。拼接所得全口径数据可以达到 RMS＜5nm。测量子孔径所得数据可以用拼接的方法进行融合，可以保留测量数据的全部分辨率。

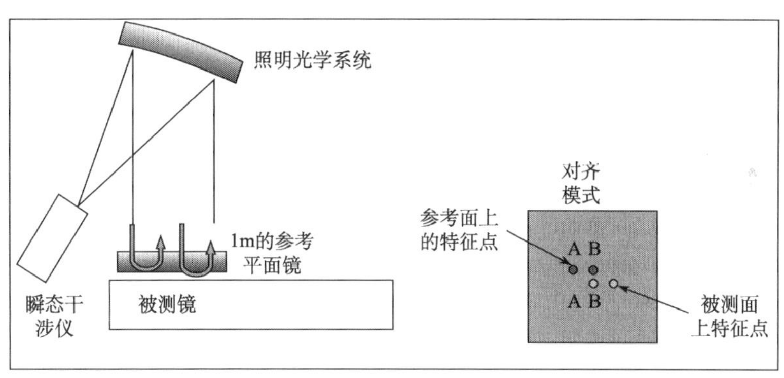

图 2.44　斐索型干涉仪测量子孔径拼接

由上述介绍可知，子孔径拼接检测的优点在于高效性、精确性。斐索干涉仪用反射的方法，被测镜面的物光波与参考镜面的参考光波进行干涉，两束光波之间的光程差用于测量。干涉仪的相移可以通过压电陶瓷（Piezoelectric Ceramic Transducer，PZT）进行控制参考相位面或通过同步相移干涉仪的极化来分离反射。这两束光分别从被测面、参考面反射回来。通过设置镜面的相对倾斜量，可以选择参考光束和被测光束合适的正交极化。于是通过极化光学干涉仪的相移生成

3～4 幅干涉图，相互之间产生 90°相对相移，同时可以读出相移值。波前相移可以通过干涉图计算，这样就减小了震动的影响。

标准的斐索干涉仪使用 1m 的口径干涉仪进行测量。系统选用 ESDI H-1000 瞬态斐索系统、离轴的抛物线照明，测量结果获取在 1m 孔径内直径方向上噪声水平为 RMS =3nm。

参照亚利桑那大学设计的相移型斐索干涉仪建立图 2.45 所示的大口径干涉检测平台。超过 1.6m 的大口径平面镜可以通过测量子孔径拼接实现高精度、超大口径的测量。

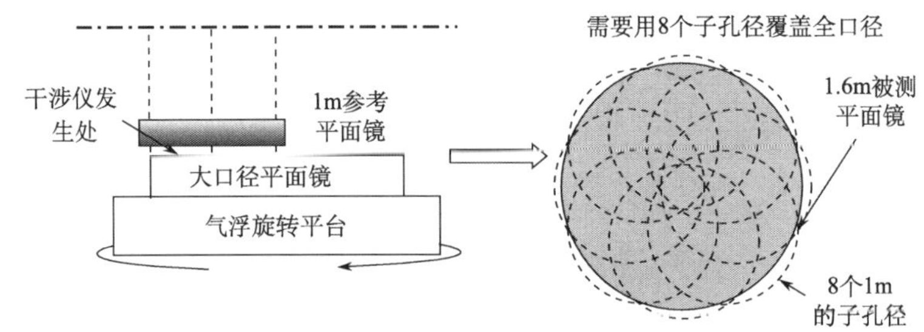

图 2.45　大口径平面镜子孔径拼接检测

具体拼接过程还是通过子孔径拼接软件将测量子孔径的数据进行数据融合、拼接获取，拼接的过程为一个典型的最小二乘处理的过程，不同测量面上的数据通过相对角度的自由调整来获取。具体软件算法流程如下。

(1) 测量子孔径和一个有效的数据 mask 用来合成数据。

(2) 每一个子孔径采集图有相同的数据图和有效的数据 mask。

(3) 子孔径 mask 大小确定了重叠区域的大小。

1. 大口径平面镜子孔径拼接

目前亚利桑那大学成功研制的世界上最大的震动敏感型斐索干涉仪，其实物装置如图 2.46 所示。用 1m 的标准平面镜可以测量出口径为 1m 的被测镜的精度达到RMS＜2nm。通过自行研制的软件算法实现斐索型子孔径干涉仪的系统标定，对口径为 1.6m 的平面镜进行检测，调整优化拟合系数，使最终拼接结果与全口径测量结果进行对比分析，实现精确的面形趋势相一致，如图 2.47 所示。

如图 2.46 所示，需要调整硬件结构来完成大口径平面镜的测量。子孔径测量需要在两个半径方向上覆盖全口径。图 2.48 展示了如何通过移动硬件测试装置完成 2.7m 口径的平面镜的测量。光学测量系统沿着两个不同径向方向移动。标准参考平面镜的测量如图 2.49 所示。

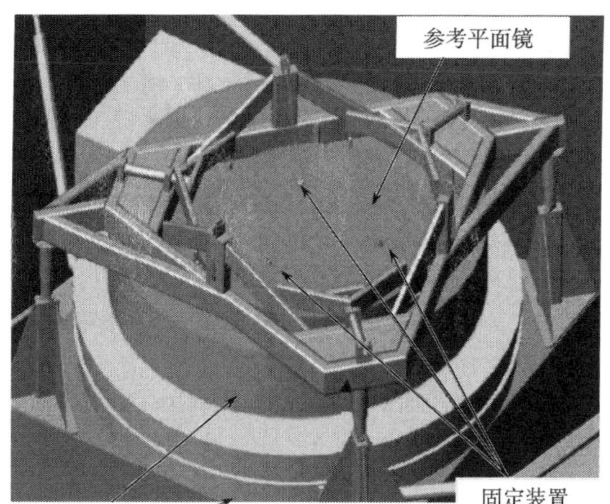

图 2.46　斐索型测量检测装置

去掉离焦和像散之后RMS = 6nm

(a) 全口径测量结果

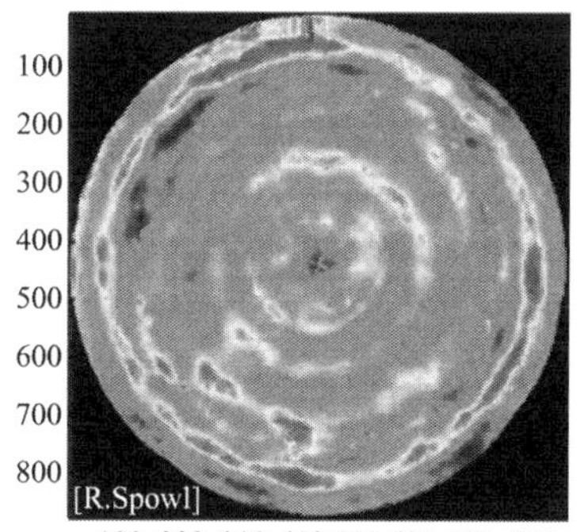

去掉离焦和像散之后RMS = 7nm

(b) 子孔径拼接结果

图 2.47　1.6m 平面镜测量数据与拼接结果对比

(a) 移动位置1

(b) 移动位置2

图 2.48　测量过程示意图

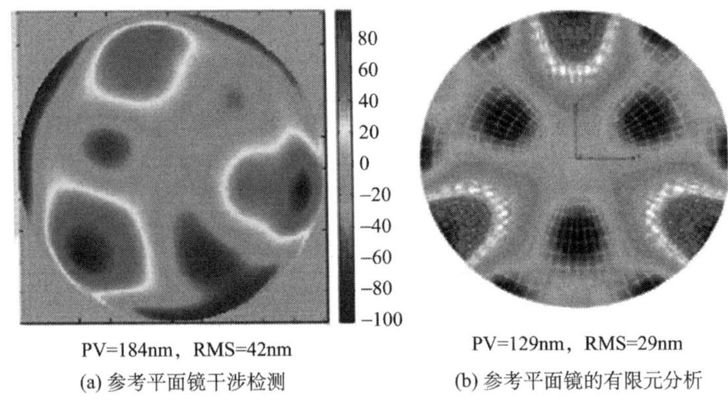

(a) 参考平面镜干涉检测　　(b) 参考平面镜的有限元分析

图 2.49　标准参考平面镜的测量

基于他们的方案，提出可以用于大口径平面镜检测的几何系统，如图 2.50 所示，测量更大口径的平面镜需要在两个半径方向上获取全部镜面信息。假设测量一个口径为 2.7m 的平面镜，需要通过硬件装置进行测量，因此提出如下方案。

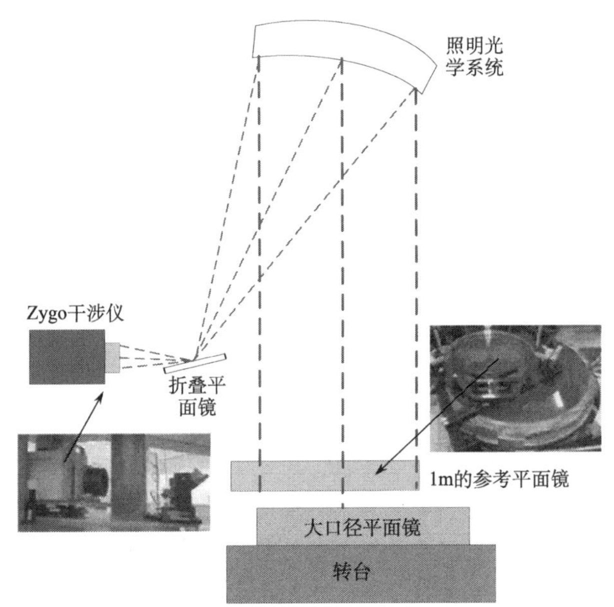

图 2.50　大口径平面镜检测的几何系统图

该系统由三大部分组成：工件支撑转台、离轴照明光学系统、Zygo干涉仪。来自离轴照明光学系统的部分平行光被一个1m口径的碳化硅透射光学元件的参考面反射回来。一部分光线经过参考平面镜透射，然后由被测镜反射回来。这两束光反射回干涉仪并发生干涉。干涉图由参考光与被测光之间的光程差决定，对于采集的干涉图用分析软件进行处理。此处对准直系统和离轴照明光学系统的要求并不是十分严格，原因在于它采用常规的光路结构，使得参考光与被测光路部分分离。

被测光学元件与参考镜面的相对位置如图 2.51 所示。参考平面的旋转位置与被测平面的旋转位置融合在一起提供充足的信息，将参考平面误差从被测平面的误差中分离出来。对于旋转对称系统，被测面的误差将会出现一个旋转，此变化跟随参考表面而改变。

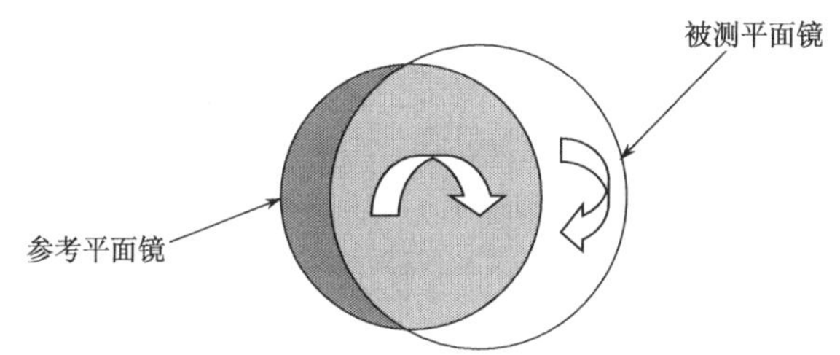

图 2.51　子孔径拼接几何位置关系建立

离轴照明光学系统，首先应将子孔径数据找到一个很好的映射关系去除变形量。为了获得更高精度的子孔径数据融合，每个子孔径相对于被测件的位置应明确知道。它们之间的相对位置由参考光与被测光之间发生干涉的旋转角度决定。

由于相邻子孔径之间存在数据重叠，它们之间的几何位置信息、旋转角度和中心坐标都取决于重叠面积之间的最大优化数据的一致性。在理想状态下，如果参考面坐标与被测面坐标相一致，则会遵循最大似然估计来解释，否则数据的不一致性将导致最大似然估计模型里的残余误差累积。蒙特卡罗模拟目的是在数据简化程序执行的过程中寻找最优化解。

镜面旋转误差在半径方向上标准偏移量表示为 1.6mm，以及随机水平偏移或者不确定性以 1.6mm 的标准差决定每个表面的中心，优化函数是基于数据的一致性来优化几何参数的。选用此种方法几何误差减小了，同时拼接误差可以控制在 RMS＜0.5nm。

Zygo 拼接测量 2.7m 的平面镜，其测试光学系统将在被测的两个半径方向移动不同的位置，同时融合两种不同的重建面形方法来研究一种混合技术，通过参考平面镜的高分辨率标定和被测镜的全局优化面形重建证实了该种方法的优越性。

2. 大口径非球面镜拼接方案

斐索型干涉仪提供高精度空间分辨率的测量，正如上述所阐述的用单个子孔径一次完成测量全口径的面形信息是很难实现的，平面镜如此，非球面镜更加难以实现，子孔径拼接测量可以用相对于被测镜口径范围小的干涉仪完成测量，通过子孔径测量获取的小口径的面形信息经拼接技术实现全部面形信息恢复。结合目前非球面子孔径拼接技术和计算全息法测量的相关的研究成果，设计如下测量结构以实现超大口径非球面镜的测量。

提出用非球面的斐索参考镜口径≥1m，它相对于计算全息法的优势如下：①非旋转对称的计算全息（Computer-Generated Hologram，CGH）结构中制造曲面参考镜比较困难；②非球面测试允许使用相移技术使得试验不敏感震动，放宽了对机械结构的要求。其初步结构如图2.52所示。

图2.52(a)为立式结构，它是根据亚利桑那大学提出用圆形子孔径拼接方案对天文望远镜次镜进行拼接的基础上进行简单结构的改进，以实现非球面的拼接。转台与工件为一体，实现多维运动控制。与平面子孔径拼接的基本结构类似，主要由三大部分组成工件支撑、离轴照明光学系统、Zygo。照明系统发出的光波一部分经过透射元件的参考面反射回来。一部分光线经过参考镜透射之后由被测面反射回来，参考镜与被测镜的焦点为同一点，才能使这两束光反射回干涉仪产生干涉。通过转台控制被测元件与干涉仪之间的距离，具体测试过程如下：首先，调整干涉仪和非球面的位置，使干涉仪产生的参考球面波的曲率中心与被测非球面的顶点曲率中心重合，此时得到的干涉图中心部分和附近的条纹稀疏，干涉仪容易分辨，但干涉图边缘部分偏离量较大，导致条纹密集，干涉仪难以分辨。其次，通过计算机精确控制位移平台进行重新聚焦、位置调整，在完成对整个被测表面的扫描测量后，利用逐次拼接或全局优化的拼接方式求得各个子孔径相对基准子孔径调整误差，从干涉仪测量得到面形数据，消除相对调整误差，从而把所有子孔径测量数据统一到相同的基准上。最后，将其进行全口径多项式拟合，恢复出全口径面形。

图2.52(b)采用卧式子孔径拼接结构示意图，可以实现环形子孔径拼接或圆形子孔径拼接。若为环形子孔径拼接，则通过逐步改变Zygo干涉仪距离被测大口径光学元件之间的相对位置，这样干涉仪将产生不同曲率半径的参考球面波，以此来匹配非球面镜上的不同环带区域，通过干涉仪软件提取出环带区域的子孔径面形数据，采用合适的子孔径拼接算法将各子孔径数据拼接出全口径面形。被测镜与Zygo干涉仪同时置于气浮平台上，多维运动架带动Zygo干涉仪实现多个自由度的调整。多维运动架实现Zygo干涉仪在x、y、z三个方向的平移运动，俯仰和倾斜可以通过微调机构实现。图2.52(c)表示子孔径与全孔径相对位置示意图。

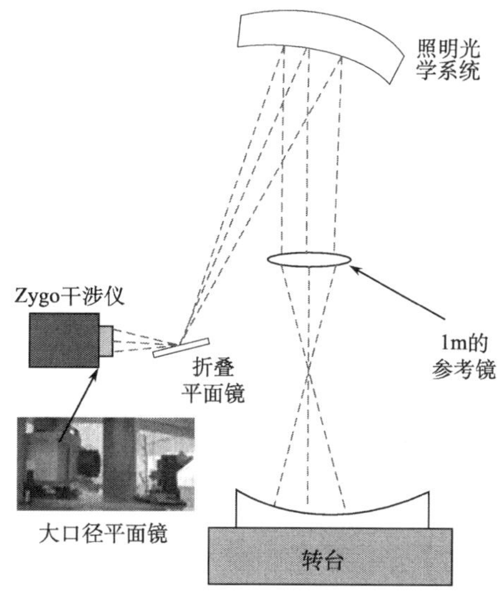

(a) 结构一：立式

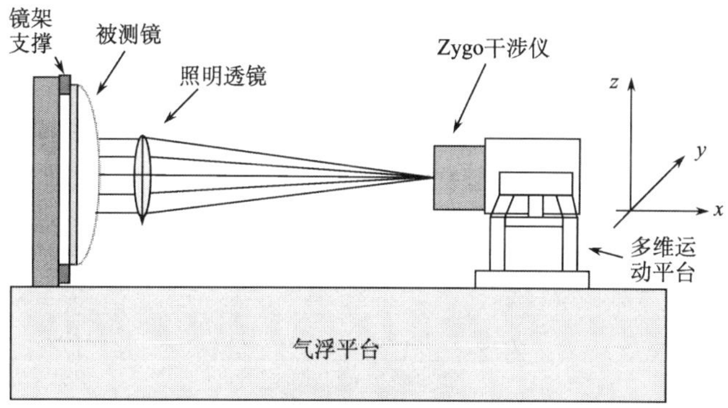

(b) 结构二：卧式

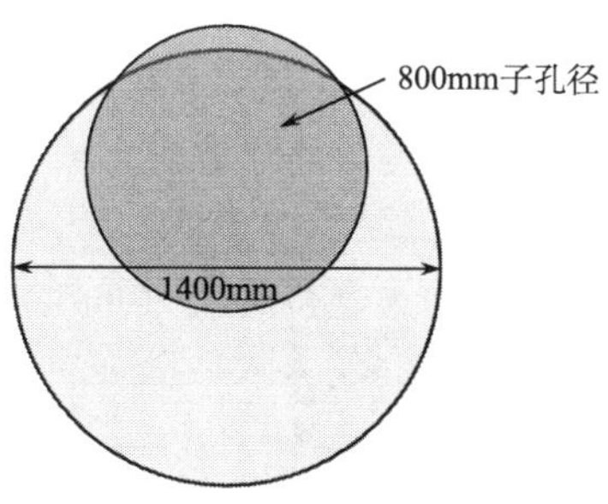

(c) 子孔径与全口径相对位置示意图

图 2.52　超大口径非球面镜拼接结构示意图

2.7.2　拼接算法

1. 子孔径拼接和标定混合算法

一种新的迭代算法可以使拼接图获得高的分辨率，同时可以使测量系统的高分辨率标定误差固定。基本的算法流程如图 2.53 所示。

(1) 初始估计参考面上的模式用来标定。

(2) 子孔径拼接参考面的模式估计是实时的。

(3) 评价残余误差作为测量结果融合与参考面标定之间的差值。

(4) 相关组件的残余误差在测量系统中体现出来，而非相关组件之间的残余误差，这种误差表现为噪声。

(5) 一直进行迭代运算，直到残余误差与噪声相一致。

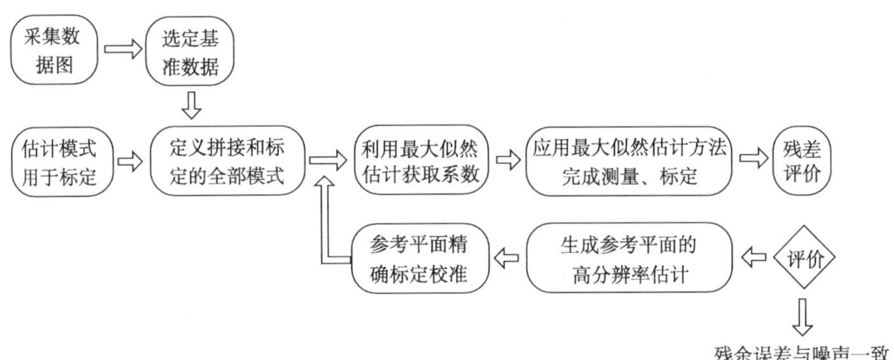

图 2.53　迭代算法

图 2.53 所示的迭代算法是将高分辨率拼接算法的优点与最大似然估计面形重建的自标定的算法相结合，该算法经斐索干涉仪测量大口径平面镜得到验证，数据的冗余项用来减小重建过程中的不确定性，冗余项也用来提供检验重建质量的优劣。像散是希望测量的最低级次的形状误差，全口径像散的特征在于子孔径测量过程中的像散值，随面积的大小按梯度分布式比例减小。一个特殊的存在像散减小的情况是光学检测无旋转的覆盖大口径平面镜，在此种情形下，像散是衰减的，此时很容易将像散从测量面与参考面分离。这种情形下测量过程并没有按照预期的旋转角度，像散必须单独标定。镜面的像散误差与子孔径标定过程中的像散误差的关系为

$$\mathrm{Error}_{\mathrm{Mirror}}=\left(\frac{D_{\mathrm{Mirror}}}{D_{\mathrm{subap}}}\right)^2\cdot\mathrm{Error}_{\mathrm{subap}}\tag{2.65}$$

式中，D_{Mirror} 为被测镜面直径；D_{subap} 为子孔径的直径。

如果被测镜按照测量系统期望的角度进行旋转，此时子孔径的像散可以用式(2.65)描述，表示像散项的噪声可以表示为

$$\text{Noise}_{\text{Mirror}} = \left(\frac{D_{\text{Mirror}}}{D_{\text{subap}}}\right)^2 \cdot \frac{1}{\sqrt{N_{\text{subaps}}}} \text{Noise}_{\text{subap}} \tag{2.66}$$

式中，N_{subaps} 为测量过程中所用子孔径个数。

2. 最大似然估计重建模型

最大似然估计方法提供了一个常规的可以融合多个干涉测量的方法，给出一些列的数组 $\{y\}$，以及一系列的物理参数 $\{x\}$ 是可估计的。如果一些统计数据 $\{y\}$ 可以求解，同时在相反的情况下问题可以求解（假设知道物理量 $\{x\}$，$\{y\}$ 的值可以求解），则可以假设一个统计函数 $L(x,y)$ 等同于概率密度函数 $\text{pr}(y|x)$。

1) 单个子孔径测量的随机模型

干涉测量的结果可以给出参考表面与被测表面的高度差值。该数据通常被噪声如空气扰动、震动或者干涉仪自身的误差掩埋。通常干涉测量随机分布的数据可以用一个正态分布的“大数定律”来描述。这项假设用在下面的讨论分析中。

参考面与被测面之间的高度差和相移量在每个子孔径的测量过程都不尽相同，假设 D_{ij} 为相移数据，其中，下标 i 为第 i 个子孔径，j 为在子孔径测量时第 j 个相移值，可以表示为

$$D_{ij} = D_{ij}^a + \text{residuals} = \text{surface}A + \text{surface}B + \text{alignments} + \text{residuals} \tag{2.67}$$

$$\text{surface}A = \sum_{p=5}^{m} A_p Z_p(\rho_a, \theta_a + \phi_{ai}) \tag{2.68}$$

$$\text{surface}B = \sum_{q=5}^{n} B_q Z_q(\rho_b, \theta_b + \phi_{bi}) \tag{2.69}$$

$$\begin{aligned}\text{alignments} = {} & P_i Z(\rho_a, \theta_a + \phi_{ai}) + T_{xi} Z_2(\rho_a, \theta_a + \phi_{ai}) + T_{yi} Z_3(\rho_a, \theta_a + \phi_{ai}) \\ & + D_{ei} Z_4(\rho_a, \theta_a + \phi_{ai})\end{aligned} \tag{2.70}$$

式中，D_{ij}^a 为分析数据；Z 为 Zernike 拟合多项式；m 和 n 为参考平面 A 和被测面 B 的最高拟合项；它们的值可以相同或者不同，取决于表面的质量，ϕ_{ai} 、ϕ_{bi} 是参考面和被测面的旋转角度；P_i、T_{xi}、T_{yi} 和 D_{ei} 为第 i 个子孔径平移项、x 方向倾斜、y 方向倾斜、离焦量的调整系数；A_p 、B_q 为参考面和被测面的 Zernike 系数。

当数据中的噪声是独立项或者均衡分布时，或者当残余误差足够小时，测量

子孔径的最大似然估计函数可以表示为

$$L(A_p, B_q \mid D_{ij}) = (\sqrt{2\pi\sigma})^{-uv} \times \exp\left[-\frac{1}{2\sigma^2}\sum_{i=1}^{u}\sum_{j=1}^{v}(D_{ij} - D_{ij}^a)^2\right] \tag{2.71}$$

式中，σ 为子孔径测量的标准偏差，此处假设在每次测量中的值都是相等的；u 为子孔径测量数目；v 为第 i 个子孔径测量中的相移数据。

最大化似然估计函数 $L(A_p, B_q \mid D_{ij})$ 通过式(2.72)可以寻找到 A_p、B_q，即

$$\sum_{i=1}^{u}\sum_{j=1}^{v}(D_{ij} - D_{ij}^a)^2 = \sum_{i=1}^{u}\sum_{j=1}^{v}(D_{ij} - \text{surface}\,A - \text{surface}\,B - \text{alignments})^2 = \min \tag{2.72}$$

如果每一个子孔径测量的标准偏移量是不相同的，每一个测量数据都会有不一样的权重因子，因此这个问题可以用加权法来解决。

2) 面形重建的最大似然估计的矩阵形式

上面的推导可以写成矩阵形式，参考面与被测面的拟合项系数可以表示成一个向量的形式，即

$$\boldsymbol{x} = [A_5, A_6, \cdots, A_m, B_5, B_6, \cdots, B_n, P_1, T_{x1}, T_{y1}, D_{e1}, \times\cdots, P_u, T_{xu}, T_{yu}, D_{eu}]^{\mathrm{T}} \tag{2.73}$$

式中，T表示矩阵转置。

每一个子孔径的相位数据形成一个数据矢量 $\boldsymbol{\phi}_i$（i 表示参考面第 i 个子孔径）。

$$\boldsymbol{\phi}_i = [D_{i1}, D_{i2}, \cdots, D_{iv}]^{\mathrm{T}} \tag{2.74}$$

在实验中，24 个子孔径中每一个都包含 600×600 个像素值，为减少数据存储和计算机处理过程中的计算，每一个子孔径的相位数据 $\boldsymbol{\phi}_i$ 被子孔径基准函数 $\boldsymbol{U}_i$ 拟合相位数据压缩为

$$\boldsymbol{y}_i = (\boldsymbol{U}_i)^{-1}\boldsymbol{\phi}_i \tag{2.75}$$

式中，$\boldsymbol{y}_i$ 为维数为 109×1 的压缩相位矢量。

基础函数 $\boldsymbol{U}_i$ 由奇异值分解法生成的在子孔径重叠区域是正交的并且是数据连续的。第一步是需要创造一个矩阵 $\boldsymbol{T}$，$\boldsymbol{T}$ 的每一列取值通过一个合适的 Zernike 拟合多项式评价参考平面和被测面的第 i 个子孔径测量而获得。利用矩阵 $\boldsymbol{T}$ 的值，通过 SVD 分析的方法来得到基础函数 $\boldsymbol{U}_i$，即

$$\boldsymbol{T} = \boldsymbol{U}_i\boldsymbol{S}_i\boldsymbol{S}_i' \tag{2.76}$$

$\boldsymbol{U}_i$ 在子孔径区域内是一个列正交的幺正矩阵，$\boldsymbol{S}_i$ 由奇异值和一个幺正矩阵组成。构造一个数据矢量 $\boldsymbol{y}$，即

$$\boldsymbol{y} = [y_1, y_2, \cdots, y_u]^{\mathrm{T}} \tag{2.77}$$

式中，u 代表子孔径测量的个数。

为满足式(2.72)，右边的项应该有合适的基础函数 $\boldsymbol{U}_i$，在第 i 个子孔径测量过程中，每一个拟合多项式是在相位数据坐标系下一次估计的。其值从列向量 $\boldsymbol{Z}_{it}$ 中得到（在参考面坐标系下，$t=1,2,3,4,5,\cdots,m$；在测量坐标系下，$t=5,\cdots,n$）。于是在式(2.78)中通过 $\boldsymbol{U}_i$ 拟合 $\boldsymbol{Z}_{it}$ 获得一个压缩向量 ZC_{it}，即

$$\mathrm{ZC}_{it}=(\boldsymbol{U}_i)^{-1}\boldsymbol{Z}_{it} \tag{2.78}$$

全部的 ZC_{it} 可以形成一个子阵 $\boldsymbol{M}_i$，即

$$\boldsymbol{M}_i=[\mathrm{ZC}_{i1},\mathrm{ZC}_{i2},\cdots,\mathrm{ZC}_{i4},\mathrm{ZC}_{i5A},\cdots,\mathrm{ZC}_{imA},\mathrm{ZC}_{i5B},\cdots,\mathrm{ZC}_{inB}] \tag{2.79}$$

式中，$\mathrm{ZC}_{i1},\mathrm{ZC}_{i2},\cdots,\mathrm{ZC}_{i4}$ 为对齐多项式（平移、倾斜和离焦）；$\mathrm{ZC}_{i5A},\cdots,\mathrm{ZC}_{imA}$ 为在参考平面坐标系内对 $\boldsymbol{Z}_{it}$ 的评价（$5\leqslant t\leqslant m$），$\mathrm{ZC}_{i5B},\cdots,\mathrm{ZC}_{inB}$ 为在测量坐标系内对 $\boldsymbol{Z}_{it}$ 的评价（$5\leqslant t\leqslant n$）。

对于整个面形测量过程中，$\boldsymbol{M}_i$ 的值形成了一个系数矩阵 $\boldsymbol{M}$，即

$$\boldsymbol{M}=[M_1,M_2,\cdots,M_u]^{\mathrm{T}} \tag{2.80}$$

由式(2.72)的关系可知其矩阵形式表示为

$$\boldsymbol{y}=\boldsymbol{M}\boldsymbol{x} \tag{2.81}$$

参考面 A 与被测面 B 的相关系数可以通过最小二乘求解矩阵得到，即

$$\boldsymbol{x}=(\boldsymbol{M}^{\mathrm{T}}\boldsymbol{M})^{-1}\boldsymbol{M}^{\mathrm{T}}\boldsymbol{y} \tag{2.82}$$

2.8 小　　结

目前大口径光学元件广泛应用于各类光学天文望远镜系统，制造大口径、高精度的光学元件需要与之相应的高精度加工设备和检测方法，这给光学加工和检测都迎来了新的挑战。本章围绕子孔径测量实验展开，简单介绍实验平台的基本装置，基于该实验平台做大量的研究性仿真模拟、测量实验验证算法的可行性，研究平面、抛物面与非一致曲率光学元件检测。对子孔径拼接测量进行拼接误差分析，分析各个过程中误差的来源和如何减小误差，实现抛光精修阶段的面形检测。对于超大口径光学平面的检测，提出 Zygo 拼接检测大口径平面镜测量系统，采用离轴照明方式初步进行设计，并研究超大口径子孔径拼接算法，对标定混合算法和最大似然估计进行简单研究。

参 考 文 献

白剑，程上彝. 1997. 子孔径检测及拼接的目标函数分析法[J]. 光学仪器，19(4-5):36-39.

陈善勇. 2006. 非球面子孔径拼接干涉测量的几何方法研究[D]. 长沙：国防科学技术大学.

程灏波，王英伟，冯之敬. 2004. 大偏离量非球面最接近球面的确定方法[J]. 清华大学学报(自然

科学版), 44(8): 1040-1042.
程灏波, 王英伟. 2004. 非球面零件光学检测技术研究[J]. 航空精密制造技术, 4:8-10.
程灏波, 冯之敬. 2006. 波像差法构建非球面干涉检测的误差分离模型[J]. 清华大学学报(自然科学版), 46(2): 187-190.
程维明, 陈明仪. 1993. 子孔径变换与多孔径扫描拼接技术[J]. 光学精密工程, 1(1):54-58.
戴一帆, 曾生跃, 陈善勇. 2009. 环形子孔径测试的迭代拼接算法及其实验验证[J]. 光学精密工程, 17(2): 251-256.
冯云鹏. 2012. 计算机控制七轴五联动非球面制造关键技术研究[D]. 北京:北京理工大学.
郝云彩. 2000. 空间详查相机光学系统研究[D]. 上海: 中国科学院上海药物研究所.
侯溪, 伍凡. 2006. 环形子孔径拼接算法的精度影响因素分析[J]. 光电工程, 33(8): 113-116.
季波. 2008. 子孔径拼接干涉检测非球面光学元件[D]. 南京: 南京理工大学.
刘崇. 2009. 非球面环形子孔径拼接干涉测试方法研究[D]. 南京: 南京理工大学.
刘华, 卢振武, 李凤有. 2006. 大口径非球面计算全息图检测系统[J]. 红外与激光工程, 35(2):177-182.
刘惠兰, 沙定国. 2004. 一种高次光学非球面度的计算方法[J]. 光电工程, 31(6): 44-47.
潘君骅. 1994. 非球面光学的设计、加工及检验[M]. 北京: 科学出版社.
乔玉晶, 谭久彬, 王伟波. 2008. 非球面拼接测量中偏置误差修正模型[J]. 光电子·激光, 19(11): 1497-1501.
乔玉晶. 2008. 非球面拼接测量中偏置误差作用机理与拼接方法研究[D]. 哈尔滨:哈尔滨工业大学.
王朝暄. 2007. 大口径光学平面干涉检测的子孔径拼接研究[D]. 南京: 南京理工大学.
王孝坤, 张学军, 王丽辉. 2006. 环形子孔径拼接干涉检测非球面的数学模型和仿真研究[J]. 光学精密工程, 14(4): 527-532.
王月珠, 田义, 李洪玉, 等. 2009. 环形子孔径拼接干涉检测非球面的建模与实验[J]. 光学学报, 29(11): 3082-3087.
韦资华, 沈卫星. 2007. 一种新的光学非球面度计算方法[J]. 光子学报, 36(4): 730-732.
阎茂盛. 1990. 二次曲面非球面度计算方法及公式[J]. 应用光学, 3(3): 46-51.
杨靖. 2008. 光学镜面子孔径拼接算法的性能研究[D]. 长沙: 国防科学技术大学.
杨力. 2009. 现代光学制造工程[M]. 北京: 科学出版社.
云宇. 2009. 基于子孔径拼接原理检测大口径光学元件技术的研究[D]. 长春:长春理工大学.
张蓉竹, 许乔. 2001. 大口径光学元件检测的主要误差及其影响[J]. 强激光与粒子束, 13(2): 133-136.
朱黎明. 2009. 基于子孔径拼接的非球面检测方法研究[D]. 哈尔滨: 哈尔滨工业大学.
Arnold S M. 1995. Figure metrology of deep general aspherics using a conventional interferometer with CGH null [J]. SPIE, 2536:106-116.

Bray M. 1999. Stitching interferometer for large optics: recent developments of a system[J]. SPIE, 3782:946-956.

Bray M. 1999. Stitching interferometry: how and why it works[J]. SPIE, 3739:259-273.

Bray M. 2001. Stitching interferometry and absolute surface shape metrology: similarities[J]. SPIE, 4451:375-383.

Burge J H, Kot L B, Martin H M. 2006. Alternate surface measurements for GMT primary mirror segments [J]. SPIE, 6273: 62732T-1.

Burge J H, Su P, Zhao C. 2008. Optical metrology for very large convex aspheres[J]. SPIE, 7018:701818-1.

Burge J H. 1996. Measurement of large convex aspheres[J]. SPIE, 2871:362-373.

Catanzaro B, Thomas J A. 2001. Comparison of full-aperture interferometry to sub-aperture stitched interferometry for a large diameter fast mirror[J]. SPIE, 4444:224-237.

Chen M Y, Cheng W M, Wang C W. 1992. Multiaperture overlap-scanning technique for large-aperture test[J]. SPIE, 1553: 626-635.

Chen S Y, Li S Y, Dai Y F. 2007. Testing of large optical surfaces with subaperture stitching[J]. Appl Opt, 46:3504-3509.

Cheng W M, Chen M Y. 1996. Surface measurement of optical cylinder using multiaperture overlap-scanning technique (MAOST)[J]. SPIE, 2860:321-328.

Cheng W M, Lin Y L, Chen M Y. 1993. Accuracy analysis of multi-aperture overlap-scanning technique (MAOST)[J]. SPIE, 2003:283-288.

Chow W W, Lawrence G N. 1983. Method for subaperture testing interferogram reduction [J]. Opt Lett, 8:468-470.

de Hainaut C R, Erteza A. 1986. Numerical processing of dynamic subaperture testing measurements[J]. Appl Optics, 25(4): 503-509.

Fleig J, Dumas P, Murphy P E. 2003. An automated subaperture stitching interferometer workstation for spherical and aspherical surfaces[J]. SPIE, 5188:296-307.

Granados-Agustin F. 2004. Testing parabolic surfaces with annular subaperture interferograms [J]. Optical Review, 11(2): 82-86.

He Y, Wang Z X, Wang Q. 2008. Testing the large aperture optical components by the sub-aperture stitching interferometer[J]. SPIE, 6624:66240D-1.

Hou X, Wu F, Yang L, et al. 2007. Experimental study on measurement of aspheric surface shape with complementary annular subaperture interferometric method[J]. Opt Express, 15:12890-12899.

Hou X, Wu F, Yang L. 2006. Full-aperture wavefront reconstruction from annular subaperture interferometric data by use of Zernike annular polynomials and a matrix method for testing large aspheric surfaces[J]. Appl Optics, 45(15): 3442-3455.

Huang J, Chang C H. 1992. A null test of aspheric surface in zone plate interferometer[J]. SPIE, 1720: 336-343.

Jensen S C, Chow W W, Lawrence G N. 1984. Subaperture testing approaches: a comparison[J]. Appl Optics, 23(5): 740-745.

Kim C J, Wyant J C. 1981. Subaperture test of a large flat or a fast aspheric surface[J]. J Opt Soc Am, 71:1587.

Küchel M F. 2009. Interferometric measurement of rotationally symmetric aspheric surfaces[J]. SPIE, 7389:7389161-73891634.

Lawrence G N, Day R D. 1987. Interferometric characterization of full spheres: data reduction techniques [J]. Appl Optics, 26(22):4875-4882.

Lawson J K. 1999. NIF optical specifications: the importance of the RMS gradient[J]. SPIE, 3492:336-343.

Liu Y, Lawrence G N, Koliopoulos C L. 1988. Subaperture testing of aspheres with annular zones[J]. Appl Opt, 27:4504-4513.

Macgovern J, Wyant J C. 1971. Computer generated holograms for testing optical elements [J]. Appl Optics, 10(3):619-624.

Malacara D. 1983. 光学车间检验[M]. 北京：机械工业出版社.

Melozzi M, Pezzati L, Mazzoni A. 1992. Testing aspherical surfaces using multiple annular interferograms[J]. SPIE, 1781:232-240.

Murphy P, Forbes G, Fleig J. 2003. Stitching interferometry: a flexible solution for surface metrology [J]. Optics and Photonics News, 14:38-43.

O'Donohue S, Devries G, Murphy P. 2005. New methods for calibrating systematic errors in interferometric measurements[J]. SPIE, 5869:58690T-1.

Otsubo M, Okada K. 1992. Measurement of large plane surface shape with interferometric aperture synthesis[J]. SPIE, 1720:444-447.

Petz M, Ritter R. 2001. Reflection grating method for 3D measurement of reflecting surfaces [J]. SPIE, 4399:35-41.

Qi Y, Wang P, Xie J. 2005. A novel method of measuring convex aspheric lens using hologram optical elements[J]. SPIE, 6024:60241F-1-60241F-7.

Schulz M. 2003. Low- and mid-spatial-frequency component measurement for aspheres[J]. SPIE, 5188: 287-295.

Stuhlinger T W. 1984. Optical Testing of Large Telescopes Using Multiple Subapertures[D]. Arizona: University of Arizona.

Tang S H. 1998. Stitching: high-spatial-resolution micro surface measurements over large areas[J].

SPIE, 3479: 43-49.

Thunen J G, Kwon O Y. 1982. Full aperture testing with subaperture test optics [J]. SPIE, 351:19-27.

Tomlinson R, Coupland J M. 2003. Synthetic aperture interferometry in-process measurement of aspheric optics[J]. Appl. Optics, 42(4): 701-707.

Turner Jr T S. 1992. Subaperture testing of a large flat mirror[J]. SPIE, 1752: 90-94.

Wang X K, Wang L H. 2007. Measurement of large aspheric surfaces by annular subaperture stitching interferometry[J]. Chin Opt Lett, 11(5): 645-647.

Wang X K. 2007. Annular sub-aperture stitching interferometry for testing of large aspherical surfaces[J]. SPIE, 6624: 66240A-1.

Williams R A, Kwon O Y. 1987. Three-dimensional interferometric testing of optical spheres[J]. J Opt Soc Am A, 4(10):1855-1860.

Wu F, Tang J G. 2001. Design and application of dall compensator for null testing of large aperture aspherical surface and convex lens[J]. SPIE, 4451: 368-374.

Yuan Y H, Hua J J, Pan J H. 2010. Design of a testing compensator for F/3 hyperbolic mirror[J]. SPIE, 7849: 78491T-1.

Zhang P, Zhao H, Zhou X, et al. 2010. Sub-aperture stitching interferometry using stereovision positioning technique[J]. Opt Express, 18(14):15216-15222.

第3章 接触式轮廓测量

3.1 概　　述

轮廓测量一般适用于测量精度在几微米量级的非球面元件和非球面加工过程检验。它只能测量被检表面有限点的矢高，一般来说检测精度较低。但轮廓测量法一般不要求被测表面为光学表面，因而可作为非球面成型、研磨、粗抛光阶段的检验手段。

轮廓测量的实现方式多种多样，各种实现方式之间的主要区别在于传感器（测头）的选取、基准坐标系的设定和被检工件相对于传感器的运动方式选择（测量机的框架结构）。比较典型的轮廓测量仪包括三坐标测量仪和专门设计的用于非球面检验的轮廓仪。

测量机的种类繁多、形式各异、功能多样，测量的对象和环境也不尽相同，但大体上皆由若干具有一定功能的部分组合而成。测量机可分为主机、测头、电气系统三大部分。其中，主机部分主要由框架结构、标尺系统、导轨、驱动装置、平衡部件、转台与附件组成。本章针对主机部分的框架结构做了详细说明，主要有由平板测量原理发展起来的坐标测量机（Coordinate Measuring Machine，CMM）、由镗床发展起来的万能测量机（Universal Measuring Machine，UMM）、由测量显微镜演变而成的三坐标测量仪，以及由美国提出的极坐标式摆臂测量机。

测量机的测头可视为结构较复杂的多功能传感器，测头的两大基本功能是测微和触发瞄准并过零发讯。其中，瞄准即是触碰被测工件时给出判断触发的信号，而测微是测出与给定的标准坐标值的偏差。测量机的测头主要有硬测头、电气测头、光学测头等，此外还有测头回转体等附件。测头有接触和非接触之分。按输出的信号分，有用于发信号的触发测头和用于扫描的瞄准式测头、测微式测头。

3.2 测量理论基础

3.2.1 测量原理

1. 线性轮廓仪

在各种测量方法中，最为经典的就是直角坐标测量方法，也称为线性轮廓测量方法，该方法将三维的面形误差检测转化为二维的数据采集，通过规划好的测量路径对待测量点进行逐点采集，并对采集后的数据进行处理和误差分析得到最终面形。根据测量路径的不同，所采用的坐标系也会有所不同，通常分为直角坐标路径（栅线）和极坐标路径（同心圆、螺旋线、子午线）。例如，针对子午线测量路径，即是通过测量多条子午线实现非球面面形的三维面形误差检测，其测量原理如图 3.1 所示。

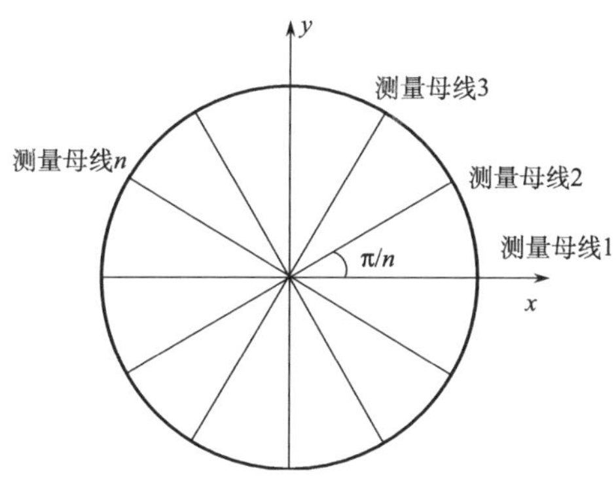

图 3.1　测量原理示意图

在柱面坐标系(ρ,θ,z)下，二次非球面方程可表达为

$$z=\frac{c\rho^2}{1+\sqrt{1-(k+1)c^2\rho^2}} \tag{3.1}$$

式中，$\rho^2=x^2+y^2$；c 为近轴曲率，且$c=1/R$，R 为顶点曲率半径；$k=-e^2$，e 为曲面的偏心率。

假设测量母线数为n，则对应于一条测量母线的测量数据为

$$\begin{cases}\rho_i=\left[\rho_{1j},\rho_{2j},\rho_{3j},\cdots,\rho_{mj}\right]^{\mathrm{T}}\\ z_j=\left[z_{1i},z_{2i},z_{3i},\cdots,z_{mi}\right]^{\mathrm{T}}\\ j=1,\cdots,n\end{cases} \tag{3.2}$$

式中，m 为测量点数目；ρ 为测量横坐标值。

但是，仅采集这些数据还不足以得到最终的三维面形误差，还要进行适当的数据处理和误差分析，如测头半径的补偿、直线度和定位精度的补偿，以及存在的各种调整误差的分析。

2. 非线性轮廓仪

与直角坐标测量方法（通常称为线性轮廓仪）不同的是，摆臂式测量方法通常称为非线性轮廓仪。它通过测量非球面与某一参考球面之间的偏离量来确定非球面的面形误差。任何一个非球面都可以通过其最接近球面和相应的偏离量（非球面度）来唯一确定。通过测量非球面与其最接近球面之间的非球面度实现非球面面形的高精度测量是摆臂式轮廓法的基本原理。

如图 3.2(a)所示，假设被测工件顶点曲率半径 $AC=R$，顶点为 O，曲率中心为 C，工件坐标系 XYZ 的原点为工件的顶点 O，Z 轴为工件的光轴，X、Y、Z 三轴满足右手规则。CO_1 为测量回转轴，BD 为测量臂，AB 为传感器部分，A 为测量点，$AO_1 \perp CO_1$，$AO_1=L$ 为测量臂长，测量臂长为测量点 A 到测量回转轴 CO_1 的垂直距离。测量坐标系 $X_1Y_1Z_1$ 原点为 O_1，Z_1 为 CO_1 方向，X_1 为 AO_1 方向，X_1、Y_1、Z_1 三轴满足右手规则。回转轴 CO_1 与光轴 AC 夹角为 θ，同时回转轴 CO_1 与光轴 AC 相交于 C 点。当测量系统 ABD 绕回转轴 CO_1 转动时，A 的轨迹即为测量轨迹 AA_1MNA_2。测头 A 的读数即为非球面与半径为 R 的球面之间的偏离量，其中 $R=L/\sin\theta$。图 3.2(b)为测量凸非球面时的测量原理图，与凹非球面测量原理是相同的，此处不再赘述。

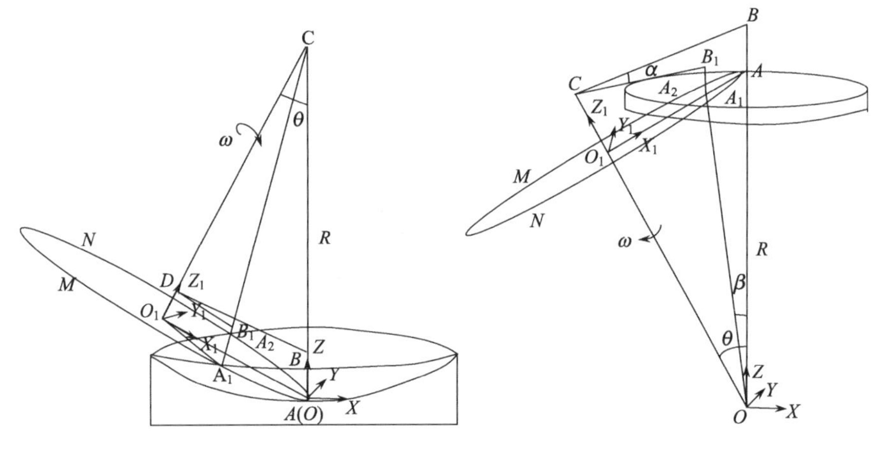

(a) 摆臂轮廓仪测量凹非球面原理图　　(b) 测量凸非球面原理图

图 3.2　非球面测量原理图

测量点 A 在测量坐标系 $X_1Y_1Z_1$ 下的运动轨迹为

$$\begin{cases} x_1^2+y_1^2=L^2 \\ z_1=0 \end{cases} \tag{3.3}$$

测量坐标系 $X_1Y_1Z_1$ 与工件坐标系 XYZ 之间的相互关系为

$$\begin{bmatrix} x_1 \\ y_1 \\ z_1 \end{bmatrix} = \begin{bmatrix} \cos\theta & 0 & \sin\theta \\ 0 & 1 & 0 \\ -\sin\theta & 0 & \cos\theta \end{bmatrix} \begin{bmatrix} x \\ y \\ z \end{bmatrix} + \begin{bmatrix} -L \\ 0 \\ 0 \end{bmatrix} \tag{3.4}$$

测量点 A 在工件坐标系 XYZ 下的运动轨迹为

$$\begin{cases} y^2 + (z\sin\theta + x\cos\theta - L)^2 = L^2 \\ z\cos\theta - x\sin\theta = 0 \end{cases} \tag{3.5}$$

由式(3.5)可知，测量点的轨迹总是处在半径为 $R = L/\sin\theta$ 的球面上。

二次非球面的理想面形为

$$z(x,y) = \frac{c(x^2+y^2)}{1+\sqrt{1-(1+k)c^2(x^2+y^2)}} \tag{3.6}$$

式中，c 为近轴曲率；k 为二次项系数。

由工件坐标系和测量坐标系之间的转换关系可得，测量值 $S(\alpha)$ 和测量点在 XY 平面内的位置关系为

$$\begin{cases} S(\alpha) = \sqrt{x^2 + y^2 + (z(x,y) - R)^2} - R \\ x(\alpha) = L\cos\alpha\cos\theta - R\cos\alpha\sin\theta \\ y(\alpha) = L\sin\alpha \end{cases} \tag{3.7}$$

利用式(3.7)就建立了测量值、位置分布与扫描角度之间的关系，据此可以实现对非球面形的测量。在实际测量过程中针对不同的被测非球面，通过调整倾斜角度 θ 和测量臂长 L，使得测量参考球面半径近似等于被测非球面的最接近球面半径，就可以减小所需测量的量程，从而实现利用高精度小量程的传感器测量大口径、大相对口径非球面。

在用非球面轮廓仪检测非球面面形的研究中，需要进行波面拟合、波面相减等技术处理，以获得实际非球面的面形误差数据。曲面拟合的方法有很多，如 Zernike 多项式拟合、双三次 B 样条曲面插值拟合、非统一有理 B 样条（Non-Uniform Rational B-Splines，NURBS）曲面拟合等。

在计算实际非球面与理想非球面的偏差时，运用的是Zernike多项式进行波面拟合。Zernike多项式是Zernike在 1934 年构造的，后来由Brinkman、Nijborer进一步研究而得到发展。Bezdidko在分析波像差时，通过Zernike多项式的系数阐述了高级像差对初级像差的补偿程度；Fried利用该多项式对大气扰动光谱进行了描述；Noll等也对Zernike多项式进行了相关研究。Zernike多项式在圆域上具有正交特性，而且它和经典像差公式相联系，可用常见的多项式来描述带有像差的波面。

1) Zernike 多项式定义及其特点

Zernike 多项式是由无穷数量的多项式完全集组成的，它有两个变量(ρ 和 θ)，它在单位圆内部是连续正交的。需要注意的是，Zernike 多项式仅在单位圆的内部连续区域是正交的，通常在单位圆内部的离散坐标上不具备正交性质。Zernike 多项式写成极坐标的表达式为

$$U_n^t(\rho,\theta)=R_n^t(\rho)\Theta_n^t(\theta) \tag{3.8}$$

式中，$R_n^t(\rho)$ 为仅与径向有关的项；$\Theta_n^t(\theta)$ 为仅与幅角有关的项；n 为多项式的阶数，取值为 0，1，2，…；t 为任意正或负的整数，其值恒与 n 同奇偶性，$t \leqslant n$ 。

(1) Zernike 多项式在连续的单位圆上是正交的。

$$\int_0^1 \int_0^{2\pi} U_n^t(\rho,\theta)U_{n'}^{t'}(\rho,\theta)\rho\,\mathrm{d}\rho\,\mathrm{d}\theta=\frac{\pi}{2(n+1)}\delta_{nn'}\delta_{tt'} \tag{3.9}$$

(2) Zernike 多项式的径向函数 $R(\rho)$ 必须是 ρ 的 n 次多项式，并且不包含幂次低于 t 的项。并且它的径向项也满足如下的正交关系：

$$\int_0^1 R_n^l(\rho)R_{n'}^l(\rho)\rho\,\mathrm{d}\rho-\frac{1}{2(n+1)}\delta_{nn'} \tag{3.10}$$

式中，$\delta_{nn'}=\begin{cases}1, & n=n'\\ 0, & n\neq n'\end{cases}$。由于 n 与 t 同为奇数或偶数，所以 $n-t$ 总为偶数，且 $t\leqslant n$，定义一个正整数 $m=\dfrac{n-t}{2}$，则

$$R_n^t(\rho)=R_n^{n-2m}(\rho)=\sum_{s=0}^{m}(-1)^s\frac{(n-s)!\,\rho^{n-2s}}{s!(m-s)!(n-m-s)!} \tag{3.11}$$

(3) 关于角度的函数 $\Theta_n^t(\theta)$ 是一个以 2π 弧度为周期的连续函数，并且满足当坐标系旋转 α 角度之后，其形式不发生改变，也就是旋转不变性。

$$\Theta(\theta+\alpha)=\Theta(\theta)\Theta(\alpha) \tag{3.12}$$

其三角函数集形式为

$$\Theta(\theta)=\mathrm{e}^{\pm\mathrm{i}m\theta} \tag{3.13}$$

这里 m 是任意正整数或0。$\Theta_n^t(\theta)$ 的表达式为

$$\Theta_n^t(\theta)=\mathrm{e}^{\mathrm{i}t\theta}=\begin{cases}\cos(n-2m)\theta, & n-2m<0\\ \sin(n-2m)\theta, & n-2m\geqslant 0\end{cases} \tag{3.14}$$

因此，Zernike 多项式可表示为

$$U_n^t(\rho,\theta)=R_n^t(\rho)\Theta_n^t(\theta)=R_n^{n-2m}(\rho)\begin{cases}\cos(n-2m)\theta, & n-2m<0\\ \sin(n-2m)\theta, & n-2m\geqslant 0\end{cases} \tag{3.15}$$

2) Zernike 的波面拟合

在光学表面检测的绝大多数情况中，被测光学表面或光学系统的出射波面总是趋于光滑且连续的。因此，这样的波面函数一定可以表示成一个完备的基底函数的线性组合，或一个线性无关的基底函数的线性组合。Zernike 多项式的指导思想就是将一个任意波面看成由无穷多个基面的线性组合。

设被检光学表面的波面分布函数为$W(\rho,\theta)$，则它可以表示为

$$W(\rho,\theta)=\sum_{n=0}^{K}\sum_{t=-n}^{n}A_{nr}U_n^t(\rho,\theta) \tag{3.16}$$

若定义L是多项式的项数，t是变量，并且有$L=\dfrac{(k+1)(k+2)}{2}$，　$t=\dfrac{n(n+1)}{2}+m+1$。例如，$k=7$阶时$L=36$项，则波面又可记为

$$W(\rho,\theta)=\sum_{t=1}^{L}A_tU_t(\rho,\theta) \tag{3.17}$$

式中，A_t为 Zernike 系数；U为 Zernike 多项式的各个项。当数据点采样完成后，$U_t(\rho,\theta)$可以马上计算出来，成为已知量。因此，只要求出系数A_t，波面即可确定。

3) Zernike 多项式与像差

很多早期的用 Zernike 多项式对干涉图样进行计算机分析的工作，是在 20 世纪 70 年代由亚利桑那大学光学科学中心（Optical Sciences Center，OSC）的 Loomis 进行的。OSC 的 Zernike 多项式采用了 n 从 1 到 5，以及 n=6，m=0 的项。n=m=0 的常数项（piston term）也用来进行干涉图样分析，但是这一项并不包含在 Zernike

表 3.1　Zernike 多项式前八项表达式

n	m	No.	多项式	代表项
0	0	0	1	平移
1	1	1	$\rho\cos\theta$	X 轴倾斜
		2	$\rho\sin\theta$	Y 轴倾斜
	0	3	$2\rho^2-1$	离焦
2	2	4	$\rho^2\cos2\theta$	像散@ 0°&离焦
		5	$\rho^2\sin2\theta$	像散@ 45°&离焦
	1	6	$(3\rho^2-2)\rho\cos\theta$	慧差& X 轴倾斜
		7	$(3\rho^2-2)\rho\sin\theta$	慧差& Y 轴倾斜
	0	8	$6\rho^4-6\rho^2+1$	球差&离焦

多项式中。因此，OSC 的 Zernike 多项式包含 36 项，外加一项平移项。这也是在光学设计软件 OSLO 和 Code V 中采用的形式。表 3.1 给出前八项的 Zernike 表达式，并给出其中几项的波面图，如图 3.3 所示。

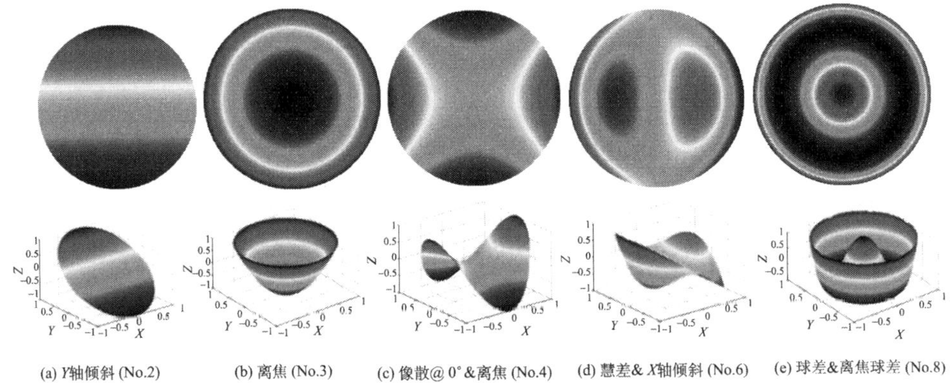

(a) Y轴倾斜 (No.2)　(b) 离焦 (No.3)　(c) 像散@ 0°&离焦 (No.4)　(d) 慧差& X轴倾斜 (No.6)　(e) 球差&离焦球差 (No.8)

图 3.3　Zernike 多项式误差表示(2D 和 3D 图)

3.2.2　坐标系和坐标变换

1. 坐标系类型

对于三坐标测量机，其测量区别于传统测量方法，除了测量空间大、精度高和通用性强，还有测量效率高。效率高主要有两点：一是测量机通常都具有数据自动处理程序；二是待测工件易于安装定位，不需要像传统仪器那样调整找正，费时费劲，而通过测量软件系统对任意安放的待测工件建立坐标系，测量时由软件系统进行坐标变化，实现自动找正。

目前，三坐标测量中常使用的坐标系为直角坐标系、极坐标系（柱坐标系）和球坐标系。这三种坐标系用于测量不同的测量目的和对象。由于直角坐标系可用线性转换矩阵实现坐标变换，所以在测量中大都以直角坐标系作为坐标转换的基础。但对于圆柱类零件、球类零件等，采用极坐标系和球坐标系表示测量结果更为简洁明确。因此在测量过程中，需要两种坐标系的转换，来便捷简明地表达测量结果。

根据坐标系形成的先后顺序，通常三坐标测量软件中至少设有三个坐标系。

(1) 机床坐标系：该坐标系是以测量机工作台上一固定不变的点位基准建立的一个参考基准，使得在变换了测头甚至是关机后重新启动的情况下，仍能根据它重新恢复各个要素之间的位置关系。通常该固定位置为 X、Y、Z 三个导轨方向的限位位置。

(2) 测量坐标系：以开机时测头所在位置为原点，以 X、Y、Z 三个导轨方向为坐标轴所构成的直角坐标系。

(3) 工件坐标系：这是建立在被测工件上的坐标系，为了修正被测工件摆放误差而建立的坐标系。

2. 坐标系变换公式

1) 直角坐标系与极坐标系的关系

在直角坐标系中测量的 P 点的坐标为 (x,y,z)，在极坐标系中的表示形式为 (ρ,φ,z)，如图 3.4 所示，两者的数学关系式为

$$\begin{cases} \rho = \sqrt{x^2 + y^2} \\ \varphi = \arctan \dfrac{y}{x} \\ z = z \end{cases} \tag{3.18}$$

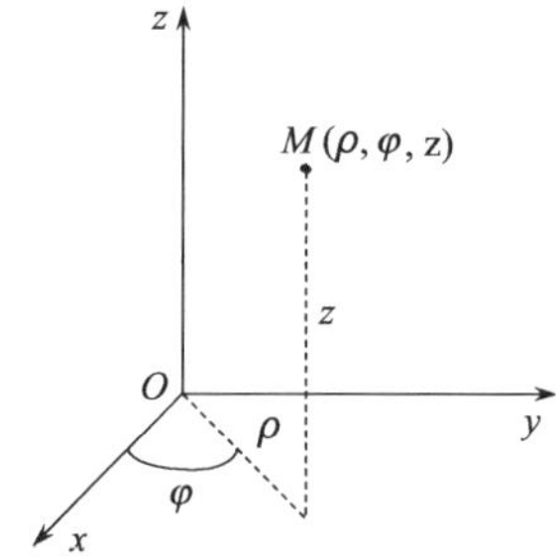

图 3.4　极坐标系与直角坐标系的关系

逆变换为

$$\begin{cases} x = \rho\cos\varphi \\ y = \rho\sin\varphi \\ z = z \end{cases} \tag{3.19}$$

2) 坐标系的平移

在机床坐标系与测量坐标系之间需要坐标系的平移，同样如上面所说，在修正被测工件摆放位置时也需要坐标系的平移。所谓坐标系的平移就是坐标轴的方向和长度均不改变，只改变原点的位置。坐标轴平移不改变曲线的大小和形状，只改变曲线上点的坐标和曲线的方程。

如上所述，坐标系的平移就是求出新、旧坐标系之间各点坐标的对应关系。如图 3.5 所示，设 $X'Y'Z'$ 和 XYZ 分别为新、旧坐标系，并设置新坐标系的原点 O'

在旧坐标系的坐标为 (x_0, y_0, z_0)，则坐标系的平移可表示为

$$\begin{cases} x' = x - x_0 \\ y' = y - y_0 \\ z' = z - z_0 \end{cases} \tag{3.20}$$

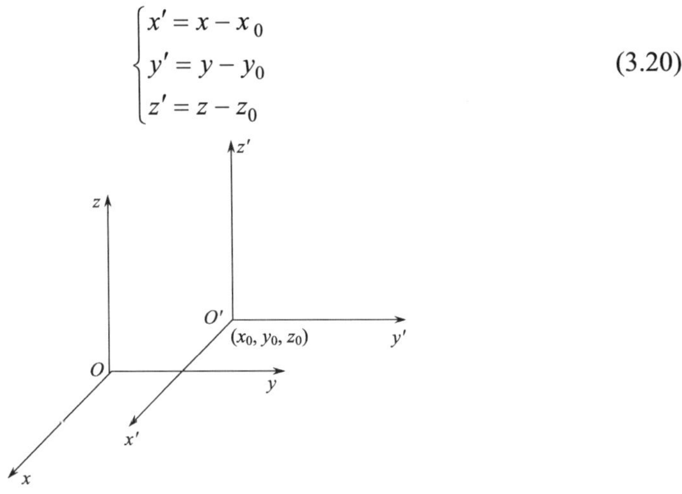

图 3.5　直角坐标系的平移

3) 一点绕坐标轴旋转、平移后的坐标

点 $A(x,y,z)$ 在坐标系 $OXYZ$ 中绕 X、Y、Z 轴分别旋转 $(\theta_x,\theta_y,\theta_z)$ 后，且存在 $(\mathrm{d}x,\mathrm{d}y,\mathrm{d}z)$ 方向的平移，则经过旋转平移后的点 $A(x,y,z)$ 的新坐标 $A'(x',y',z')$ 为

$$\begin{vmatrix} x' \\ y' \\ z' \\ 1 \end{vmatrix} = T_{\mathrm{dx,dy,dz}} \cdot \mathrm{rot\_}z \cdot \mathrm{rot\_}y \cdot \mathrm{rot\_}x \cdot \begin{vmatrix} x \\ y \\ z \\ 1 \end{vmatrix} \tag{3.21}$$

式中

$$T_{\mathrm{dx,dy,dz}} = \begin{vmatrix} 1 & 0 & 0 & \mathrm{d}x \\ 0 & 1 & 0 & \mathrm{d}y \\ 0 & 0 & 1 & \mathrm{d}z \\ 0 & 0 & 0 & 1 \end{vmatrix} \quad \mathrm{rot\_}x = \begin{vmatrix} 1 & 0 & 0 & 0 \\ 0 & \cos(\theta_x) & -\sin(\theta_x) & 0 \\ 0 & \sin(\theta_x) & \cos(\theta_x) & 0 \\ 0 & 0 & 0 & 0 \end{vmatrix}$$

$$\mathrm{rot\_}y = \begin{vmatrix} \cos(\theta_y) & 0 & \sin(\theta_y) & 0 \\ 0 & 1 & 0 & 0 \\ -\sin(\theta_y) & 0 & \cos(\theta_y) & 0 \\ 0 & 0 & 0 & 1 \end{vmatrix} \quad \mathrm{rot\_}z = \begin{vmatrix} \cos(\theta_z) & -\sin(\theta_z) & 0 & 0 \\ \sin(\theta_z) & \cos(\theta_z) & 0 & 0 \\ 0 & 0 & 1 & 0 \\ 0 & 0 & 0 & 1 \end{vmatrix}$$

4) 同一点在不同坐标系中的关系式

在旧坐标系 XYZ 中 OX 、OY 、OZ 三轴的单位矢量为 $(\boldsymbol{u}_x, \boldsymbol{u}_y, \boldsymbol{u}_z)$，在新坐标

系 $X'Y'Z'$ 中 $O'X'$、$O'Y'$、$O'Z'$ 三轴的单位矢量为 $(\boldsymbol{u}'_x,\boldsymbol{u}'_y,\boldsymbol{u}'_z)$，新坐标系的原点 O' 在旧坐标系中的位置为 (x_0,y_0,z_0)，对于在旧坐标系中的点 $P(x,y,z)$ 在新坐标系中的坐标为 $P(x',y',z')$。

$$\begin{bmatrix} x' \\ y' \\ z' \\ 1 \end{bmatrix}=\begin{bmatrix} \cos(\boldsymbol{u}'_x,\boldsymbol{u}_x) & \cos(\boldsymbol{u}'_y,\boldsymbol{u}_x) & \cos(\boldsymbol{u}'_z,\boldsymbol{u}_x) & x_0 \\ \cos(\boldsymbol{u}'_x,\boldsymbol{u}_y) & \cos(\boldsymbol{u}'_y,\boldsymbol{u}_y) & \cos(\boldsymbol{u}'_z,\boldsymbol{u}_y) & y_0 \\ \cos(\boldsymbol{u}'_x,\boldsymbol{u}_z) & \cos(\boldsymbol{u}'_y,\boldsymbol{u}_z) & \cos(\boldsymbol{u}'_z,\boldsymbol{u}_z) & z_0 \\ 0 & 0 & 0 & 1 \end{bmatrix}^{-1}\begin{bmatrix} x \\ y \\ z \\ 1 \end{bmatrix} \tag{3.22}$$

式(3.22)中，在旧坐标系 XYZ 中 OX、OY、OZ 三轴的单位矢量分别为 $\boldsymbol{u}_x=(1,0,0)$、$\boldsymbol{u}_y=(0,1,0)$ 和 $\boldsymbol{u}_z=(0,0,1)$，它们绕 X、Y、Z 分别转过 $(\theta_x,\theta_y,\theta_z)$ 后在新坐标系中的单位矢量分别表示为

$$\boldsymbol{u}'_x=\mathrm{rot\_}z\cdot\mathrm{rot\_}y\cdot\mathrm{rot\_}x\cdot\begin{vmatrix} 1 \\ 0 \\ 0 \end{vmatrix}=\begin{vmatrix} \cos(\theta_z)\cos(\theta_y) \\ \sin(\theta_z)\cos(\theta_y) \\ -\sin(\theta_y) \end{vmatrix} \tag{3.23}$$

$$\boldsymbol{u}'_y=\mathrm{rot\_}z\cdot\mathrm{rot\_}y\cdot\mathrm{rot\_}x\cdot\begin{vmatrix} 0 \\ 1 \\ 0 \end{vmatrix}=\begin{vmatrix} \cos(\theta_z)\sin(\theta_y)\sin(\theta_x)-\sin(\theta_z)\cos(\theta_x) \\ \sin(\theta_z)\sin(\theta_y)\sin(\theta_x)+\cos(\theta_z)\cos(\theta_x) \\ \cos(\theta_y)\sin(\theta_x) \end{vmatrix} \tag{3.24}$$

$$\boldsymbol{u}'_z=\mathrm{rot\_}z\cdot\mathrm{rot\_}y\cdot\mathrm{rot\_}x\cdot\begin{vmatrix} 0 \\ 0 \\ 1 \end{vmatrix}=\begin{vmatrix} \cos(\theta_z)\sin(\theta_y)\cos(\theta_x)+\sin(\theta_z)\sin(\theta_x) \\ \sin(\theta_z)\sin(\theta_y)\cos(\theta_x)-\cos(\theta_z)\sin(\theta_x) \\ \cos(\theta_y)\cos(\theta_x) \end{vmatrix} \tag{3.25}$$

将式(3.23)、式(3.24)、式(3.25)代入式(3.22)，即可求出在新坐标系中的点 $P(x',y',z')$ 的坐标。

3.2.3　检测路径

1. 圆形口径的光学元件

对于圆形口径的光学元件，图3.6列出了轮廓检测中常用的检测路径。图3.6(a)为子午线式测量路径，是多条经过非球面表面的子午线，如每隔15°取一条子午线，每条子午曲线上可按照固定步长均匀取点，步长的设定与元件口径和检测精度有关；图3.6(b)为同心圆测量路径，与子午线路径相似，每隔固定步长取一圆环，每个圆环上每隔10°取样一个点；图3.6(c)为栅线式，在X和Y方向上分别取不同的步长，测量点较多，精度较高，适于直线轴机床；图3.6(d)为螺旋线式，这里步长指螺旋线每增加一圈极径的增量，弧长为沿螺旋线方向的增量；步长和弧长的选择

可以直接设定，也可以根据元件的加工误差来确定。此外，图中的子午线、同心圆与螺旋线均为极坐标路径，即测量时存在水平 X 轴的横向移动和转台的转动，而栅线则为直角坐标路径，即测量时存在水平 X 轴的横向移动和水平 Y 轴的纵向移动。

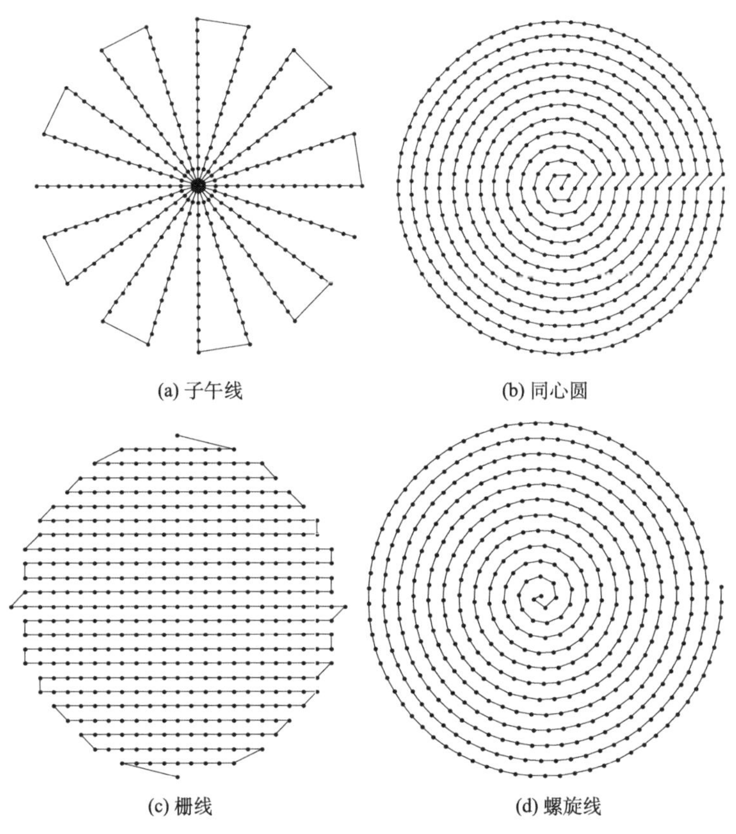

图 3.6　圆形口径元件轮廓测量路径

对于子午线式测量路径，测量点相对较少，能反映大致面形情况。但是子午式测量需要转动元件，这要求配备高精度转台实现不同方向的子午线测量。另外由于在不同的方向测量子午线时，极径轴需要往复运动，容易引入机床的回程误差。

子午线式检测路径克服了检测路径只测量一条或两条经过非球面光学元件对称轴的子午线的缺点。对于非球面元件，这种测量方式可以方便地对顶点曲率半径和二次曲面常数做出估计，有利于提高补偿加工中数据曲线拟合的精度。

为了避免引入回程误差可以采取同心圆式测量路径，当它和子午线式路径的生成规则相同时，可以实现转台和极径只朝一个方向运动就能完成整个面形的测量；但是这样的路径，对顶点曲率半径R和二次曲面常数K的估计将会出现偏差。

栅线式测量路径，测量点较多，精度较高。相对于子午线式检测路径，光栅式检测路径可以均匀测量整个非球面的面形，得到非球面元件的表面形貌。缺点是测量过程只有一条或者两条路径经过非球面光学元件对称轴的子午线。

螺旋线式测量路径测量点数最多，效率较差，但是精度较前者有较大提高，是一种相对更为全面和精确的非球面检测路径。

由上面分析可知：子午线式和同心圆式检测路径检测效率最高，精度最低；螺旋线式检测路径精度最高，效率最低；栅线式检测路径的效率和精度居中。因此，用于指导非球面光学元件加工阶段的检测可以采用子午线式检测路径或螺旋线式检测路径；针对非球面光学元件的表面质量评价可以采用栅线式检测路径或螺旋线式检测路径。

2. 矩形口径的光学元件

对于矩形口径的光学元件，有图3.7所示的检测路径。与圆形口径相类似，图3.7(a)和图3.7(b)的生成规则与圆形口径相同。由于矩形元件没有圆对称性，这两种测量路径将失去在圆对称测量上的优点，但仍然保留在子午线方向测量的优点。图3.7(c)为螺旋线式测量路径，与圆形口径相似，是相对更为全面和精确的非球面检测路径。该路径在X、Y方向上采用相同的进给步长，图3.7(d)为栅线式测

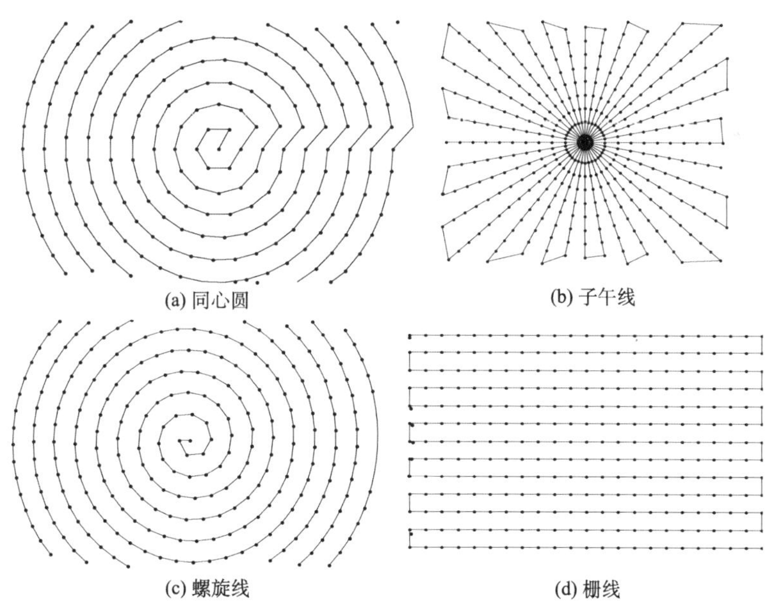

图 3.7　矩形口径元件轮廓测量路径

量路径，这种路径采样灵活；在定位准确的情况下，不需要判断检测点是否位于检测区域内，特别适合测量矩形区域元件。此外，与上面的介绍相同，图中的子午线、同心圆与螺旋线均为极坐标路径，而栅线则为直角坐标路径。

对于其他异形口径的光学元件（如多边形、体育场形等），应根据具体情况讨论分析。总的来说，子午线式和同心圆式测量路径效率较高；栅线式测量路径是一种比较均衡的路径；螺旋线式测量路径精度最高，但效率最低。

3.2.4　二次曲面系数研究

非球面的加工与检测技术是一个整体，在某种程度上，获得高质量的非球面的关键技术在于能否提供可靠的、行之有效的检测结果指导加工。研磨阶段除了去除大的局部误差，还要对工件的顶点曲率半径和二次项常数进行控制。因此对测量的面形数据，需要拟合出其顶点曲率半径和二次项常数，供面形评价使用。受光学非球面制造过程中诸多工艺参数的影响，能否保证非球面顶点曲率和二次曲面常数的精度是一个重要问题。基于二次曲面方程，本节推导出确定光学非球面二次曲面常数 k 和顶点曲率半径 R 的一组算法。

二次非球面方程已经在上面介绍过，这里直接使用。

$$z = \frac{c(x^2+y^2)}{1+\sqrt{1-(k+1)c^2(x^2+y^2)}} \tag{3.26}$$

式中，$c=1/R$ 为顶点曲率；k 为二次曲面常数。为了便于构建顶点曲率半径 R 与二次曲面常数 k 之间的线性函数关系，将式(3.26)变换为

$$2zR - z^2(1+k) = x^2+y^2 \tag{3.27}$$

这样，根据式(3.27)而确定的关于顶点曲率半径 R 和二次曲面常数 k 的方程就具有了线性关系，从而便于构建下面的参数求解模型。

1) 已知二次曲面常数 k

在二次非球面的二次曲面常数 k 为已知的条件下，根据式(3.27)，可以很容易地确定其顶点曲率半径 R，即

$$R = \frac{z^2(1+k)+x^2+y^2}{2z} \tag{3.28}$$

2) 已知顶点曲率半径 R

在二次非球面的顶点曲率半径 R 为已知的条件下，根据式(3.27)，可以很容易地确定其二次曲面常数 k，即

$$k = \frac{2zR-(x^2+y^2)}{z^2} - 1 \tag{3.29}$$

3) 二次曲面常数 k 和顶点曲率半径 R 均未知

在二次非球面的顶点曲率半径 R、二次曲面常数 k 均为未知的条件下，将式(3.27)变换为

$$\begin{cases} x^2+y^2=z\cdot m-n\cdot z^2 \\ m=2r \\ n=(1+k) \end{cases} \tag{3.30}$$

这样对 R、k 的求解就转化为求解式(3.30)的解m、n，实际测量中，由于获得的离散测量点数目较多（大于2），在这种情形下，式(3.30)为一二元超定方程组。对该方程组的解法如下。

设现有 n 个测量散点数据 $(x_i,y_i,z_i)(i=1,\cdots,n)$，并表示为

$$A=\begin{vmatrix} x_1^2+y_1^2 \\ x_2^2+y_2^2 \\ \vdots \\ x_n^2+y_n^2 \end{vmatrix}_{n\times1},\quad D=\begin{vmatrix} z_1 & -z_1^2 \\ z_2 & -z_2^2 \\ \vdots & \vdots \\ z_n & -z_n^2 \end{vmatrix}_{n\times2},\quad E=\begin{vmatrix} m \\ n \end{vmatrix}_{2\times1}$$

则式(3.30)可转化为

$$D\cdot E=A \tag{3.31}$$

对于式(3.31)超定方程，其解可以表示为

$$E=(D^{\mathrm{T}}\cdot D)^{-1}\cdot D^{\mathrm{T}}\cdot A \tag{3.32}$$

最后得

$$\begin{cases} R=E(1,1)/2 \\ k=-(E(2,1)+1) \end{cases} \tag{3.33}$$

3.2.5　离轴镜测量模型

在工程应用中，离轴镜的应用分为削平模式和母镜平移模式两种用法，铣磨成型之后，研磨阶段的测量大多采用三坐标测量技术进行测量，由于三坐标测量机的固有误差和各种调整误差的存在，测量完成后的数据不能直接反映镜面的误差数据。因此要建立相应的误差补偿模型，实现各种固有误差和随机调整误差的分离去除，得到镜面的真实误差数据。若在原有非球面的基础上测量具有一定离轴量的镜面，则记为母镜平移子模式；若是将具有一定离轴量的非球面放平进行测量，则称为削平模式。

1. 母镜平移测量模式

离轴镜母镜平移模式的测量示意图如图 3.8 所示，O_M、O_P 分别为原有非球面母镜测量中心和具有一定离轴量的平移子镜。离轴镜参数如表 3.2 所示。

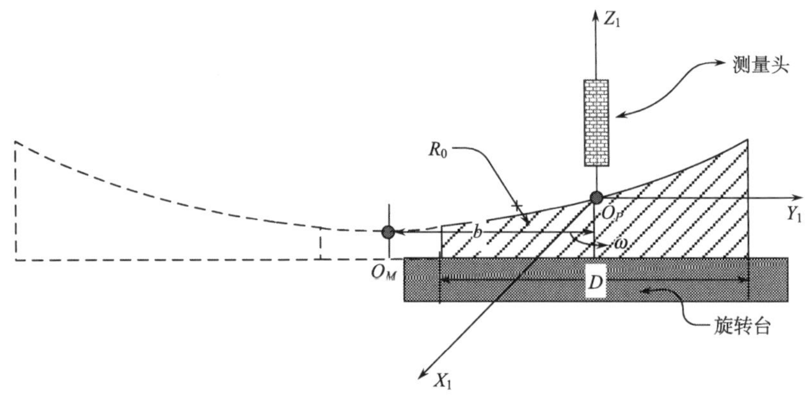

图 3.8　离轴镜母镜平移模式的测量示意图

表 3.2 离轴镜参数列表

参数	口径	顶点曲率半径	二次项系数	离轴量
数值	D	R	k	b

以底面的中心线与曲面的交点 O_1 为原点，建立坐标系 O_1 - $X_1Y_1Z_1$。测量模式采取母镜平移模式，测量点 (x_{1i}, y_{1i}) $(i=1,2,3,\cdots,N)$ 的理论矢高数据为

$$z_1 = f_1(x,y) = \frac{c({x_1}^2 + (y_1+b)^2)}{1+\sqrt{1-(k+1)c^2({x_1}^2+(y_1+b)^2)}} - z_0 \tag{3.34}$$

式中，z_0 为在母镜坐标系中的中心点高度。实测数据 $z'_{1i}(i=1,2,3,\cdots,n)$。

2. 母镜削平测量模式

削平子镜模型如图3.9(b)所示，是由图3.9(a)中削出来的子镜。一般情况下，削平方法为：在 Y 方向上取得两个端点 A、B，做连接线 AB，削平后子镜的下表面与直线 AB 平行，这样削平后，子镜在 Y 方向的两个端点 A、B 在 Z 方向上高度相等，其转角为 α 为（参数见表3.3）

$$\tan(\alpha) = \frac{z_B - z_A}{y_B - y_A} = \frac{f(b+D_1/2) - f(b-D_1/2)}{D_1} \tag{3.35}$$

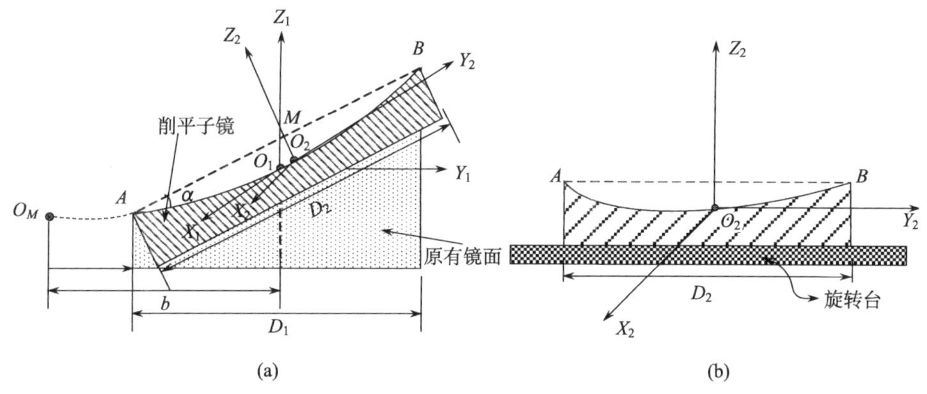

图 3.9　削平前的模型示意图

表 3.3　带有转角的离轴镜参数列表

参数	口径	顶点曲率半径	二次项系数	离轴量	转角
数值	D	R	k	b	α

如图 3.9(b)所示，削平后的子镜，以底面的中心点的垂线与曲面的交点 O_2 为原点，建立坐标系 O_2 - $X_2Y_2Z_2$。以二次曲面削平之后的方程为例，就是绕 X_2 轴旋转 α 角度，整理可得

$$mz_2{}^2 + nz_2 + l = 0 \tag{3.36}$$

$$\begin{cases} m = (c + kc\cos^2(\alpha)) \\ n = (-2cy_2\sin(\alpha)\cos(\alpha) - 2cy_{o2}\sin(\alpha) - 2\cos(\alpha) \\ \quad + (k+1)c(2z_{o2}\cos(\alpha) + 2y_2\sin(\alpha)\cos(\alpha))) \\ l = -2y_2\sin(\alpha) + (k+1)c(2y_2z_{o2}\sin(\alpha) + y_2{}^2\sin^2(\alpha)) \\ \quad + c(x_2{}^2 + y_2{}^2\cos^2(\alpha) + 2y_2y_{o2}\cos(\alpha)) \end{cases} \tag{3.37}$$

式(3.37)可进一步化简，得

$$\begin{cases} m = (c + kc\cos^2(\alpha)) \\ n = -2cy_{o2}\sin(\alpha) - 2\cos(\alpha) + 2(k+1)cz_{o2}\cos(\alpha) \\ l = -2y_2\sin(\alpha) + (k+1)c(2y_2z_{o2}\sin(\alpha) + y_2{}^2\sin^2(\alpha)) \\ \quad + c(x_2{}^2 + y_2{}^2\cos^2(\alpha) + 2y_2y_{o2}\cos(\alpha)) \end{cases} \tag{3.38}$$

3.3 测量系统

从测量机应用的机械材料种类来看，由原来的铸铁结构发展到低碳钢焊接结构和花岗岩导轨结构。三坐标测量机的结构形式可归纳为七大类：由平板测量原理发展起来的桥框式、龙门式和悬臂式，这三类一般称为坐标测量机；由镗床发展起来的立柱式和卧镗式，这两类测量机一般称为万能测量机；由测量显微镜演变而成的仪器台式，又可称为三坐标测量仪；极坐标式是由极坐标原理发展起来的，如 20 世纪 90 年代美国提出的摆臂式测量机。

3.3.1 测头系统

1. 测头简介

1) 分类

如前面所述，测量头可视为一种结构较复杂的多功能传感器，它的两大基本功能是测微和触发瞄准并过零发讯。测头按照不同的要求，分类也各不相同。

(1) 按结构原理分类，测头可分为机械式、光学式和电气式等。机械式主要用于手动测量；光学式多用于非接触测量；电气式多用于接触式的自动测量。由于坐标测量机的自动化要求，新型测头主要采用电气与光学原理进行信号转换。

(2) 按功能用途分类，可将测头分为用于瞄准的测头和用于测微的测头。用于瞄准的测头有全部硬测头、电气测头中的开关式测头和光学测头中的光学点位测头等。用于测微的测头有电气测头中的电感测头、电容测头，光学测头中的三角法测头、激光共聚焦测头、视像测头等。

(3) 按测量方法分类，测头有接触式和非接触式两类，接触式测头便于拾取三向尺寸信号，测量数据可靠，环境适应能力强，但测量力有划伤工件表面的危险，而且在曲面测量中侧向力也可能会对测量精度产生影响。非接触式测量多采用光学探针法来实现，避免了接触式测头由于测量力的存在而产生的问题，但容易受到工件表面粗糙度和灰尘等影响。

以上的分类方法间是互相关联的，一个实际的测头可同时属于几种类型。例如，电感测头既是电气测头，又是接触式测头、软测头和测微测头。

2) 三坐标测头的特点

与一般测量仪器中使用的测头相比，三坐标测头具有以下特点。

(1) 由于测量曲线、曲面、深孔、复杂箱体等工作的需要，要求测头自身能多向运动，并可补偿测头的测端半径。它的结构远比单向（单轴）测头或传感器复杂，有的采用多层结构，并且往往是多个传感器的组合。

(2) 由于坐标测量机要求测量速度快，自动化程度高，能测量各种工件与参数，所以结构上常采用多探针形式。

(3) 由于坐标测量机与数显、计算机数据处理和数控联系在一起，所以测头一般采用电气和光电系统。测头的回转、更换，测头紧锁和测力机构也是由电气控制的，这既便于操作，又便于遥控和自动化。

(4) 测头的精度高。它的单向精度一般能达到单向测头的精度，重复精度可达 0.1μm。三向测头的综合重复精度也能达到 0.2～0.5μm。

(5) 为适应各种任务需要，例如，进行扫描测量，在有些情况下，要求测量有很大量程。例如，光栅式三维测头，实际上就相当于一台小的三坐标测量机。

近年来，三坐标测头主要向以下方向发展。

(1) 研究开发新型、高精度三维测头。随着坐标测量机精度不断提高，特别是误差补偿技术的广泛应用，测头误差，或更确切地说是探测误差，在三维测量中占有很大的份额。特别是重复性误差很大一部分来自测头。这里也包括对测头误差的补偿。传统的三维模拟测头结构复杂、体积大、价格昂贵，因此研究开发新型、高精度三维测头，就成为一项十分迫切的重要任务。

(2) 提高探测速度。在三坐标测量机的整个测量时间内，探测时间占有较大比重。研究三坐标测头的动态性能，改进探测方法，包括扫描与飞跃测量，对提高探测速度有重要意义。在这方面，采用非接触测量有明显优越性，而接触探测是提高探测速度的重要障碍。

(3) 发展测头附件。测头附近对扩大三坐标测量机功能有重要意义。附件包括各种探针、接长杆、测头回转体、测头自动更换装置等。

(4) 发展非接触式测头。非接触测量是测头发展的一个重要方向。它不仅可以大大提高测量速度，而且在扩大量程，测量柔软与易变形的被测件中均有重要意义。

2. 电气测头

在现在的三坐标测量机中，使用最多、应用范围最广的是电气测头。电气测头多采用电触、电容、电感、应变片、压电晶体等作为传感器来接收测量信号，可以达到很高的测量精度，所以电气测头在各类测头中占主要地位。按触发原理的不同，现在比较常见的有电触发式触发测头、压电式触发测头、应变片式触发测头和振动式触发测头。

1) 电触发式触发测头

电触发式触发测头结构简单、使用方便，又有较高的发讯精度，是各种三维测头中应用最为广泛的测头。该测头通常称为触发测头，是利用电触头的开合进行瞄准的，主要用于“飞跃测量”中。所谓的“飞跃”测量就是在检测零件时，测头缓缓前进，当过“零点”时，测头自动发信号，未等到测头停止运动或退回，就已经“瞄准”完毕。

电触发式触发测头是利用电路的通断来判断测端是否与被测工件接触，其原理如图 3.10 所示。图 3.10(a)中，测端没有接触工件时电路为闭合状态，当接触工件后，电路断开，由此可判断测端与工件接触与否。然而现实中，在接触的瞬间，开关电阻不会从零直接变为无穷大，而是符合图 3.10(b)中所示曲线的变化。这就需要设置一个触发阈值，当电阻超过此阈值时，说明测端已有效接触工件，此时发讯电路可以发讯。

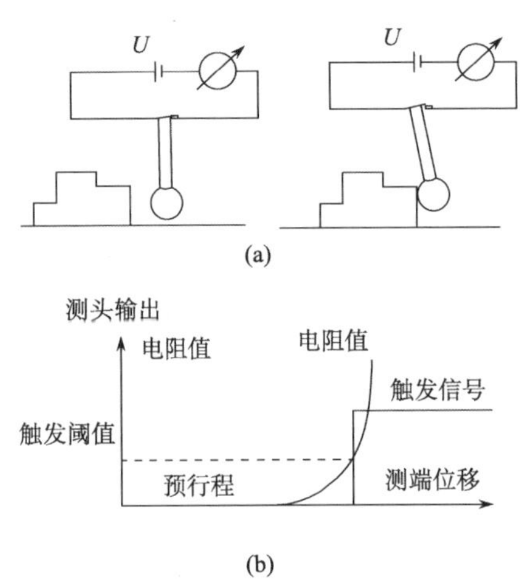

图 3.10　电触发式触发测头工作原理图

2) 压电式触发测头

压电式触发测头是利用压电晶体的压电效应发讯的，而压电效应是将机械测力转换成电信号。在检测工件时，电触发式触发测头的测力达到一定值才能在内部形成开路，从而发出瞄准信号；而压电式触发测头在测工件时只要有很小的测力即可被压电晶体感知，并发出瞄准信号。图3.11是该类型测头的工作原理图。当测端靠近工件时，测杆由于弯曲变形产生应力，与之相连的压电晶体产生电荷，从而形成触发信号。

压电式触发测头比电触发式触发测头的灵敏度高很多，同时压电元件是有源元件，所以传感器可不接外电源，结构简单，不必附设稳压等设施，也避免了外电源带来的干扰。由于压电传感器非常灵敏，微小的振动都能引起触发信号，尤其测量机机身传来的振动更是不可避免，所以常使测头误发信号。除了加必要的隔振装置，还要在后续电路中采取适当措施，以防误发信号。

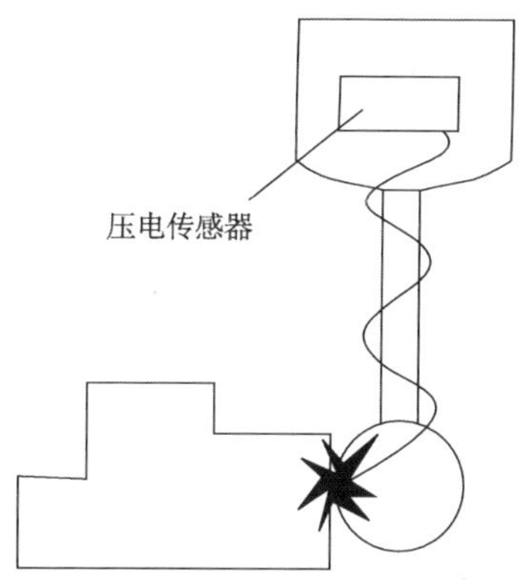

图 3.11　压电式触发测头工作原理

3) 应变片式触发测头

在图3.12所示的应变片式触发测头中，在测杆座4上沿一定方向贴有应变片2，而应变片2接入桥路中。当测杆1触测工件时，应变片2发生变形，输出触发信号。为了提高灵敏度，通常采用两种措施：一是将测杆座的三个区域B挖去，只留下三根筋3，使其容易变形；二是采用掺杂单晶硅制造半导体应变片，使其在相同的应变下，电阻有较大的变化。这种测头在受力时即可发出触发信号。从理论上来讲，该类型的测头也可以发出随位移连续变化的模拟信号，但测量范围较小，通常用于触发测头。

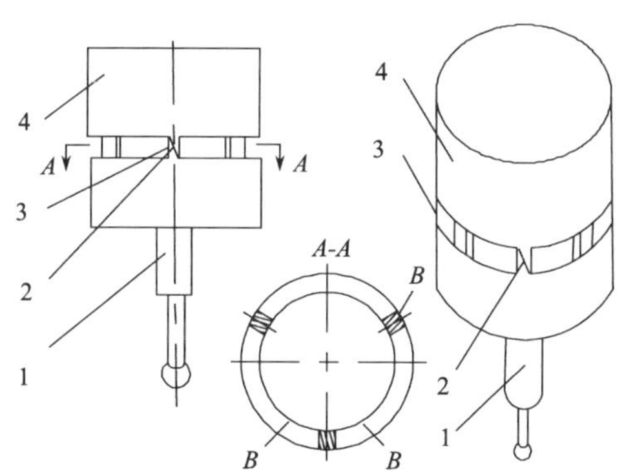

图 3.12　应变片式触发测头

温度对应变片式触发测头的精度有重要影响。由于测杆座与应变片的线膨胀系数不同，温度变化会使应变片中产生应力，引起触发误差，温度梯度更会引起触发误差。为消除此误差，需要在应变片的布局与控制电路中采取适当措施。

4) 振动式触发测头

振动式触发测头是为了某些特殊测量的需要，特别是测量小孔与易变形工件的需要而研制的触发式测头，工作原理如图 3.13 所示。在激励源 3 作用下，探针 2 按其固有频率振动。在 X 向驱动装置 4 作用下测端 1 接近被测工件 8。当测端 1 接触工件 8 时，振动频率发生变化。当探针的振荡周期 D 达到设定值 D_0 时发出触发信号。如果在 Z 向驱动工件使它与测端 1 相对移动，还可以测出孔在轴向的形状误差，或对曲线进行测量。这种测头的测力可做到小于 1mN。

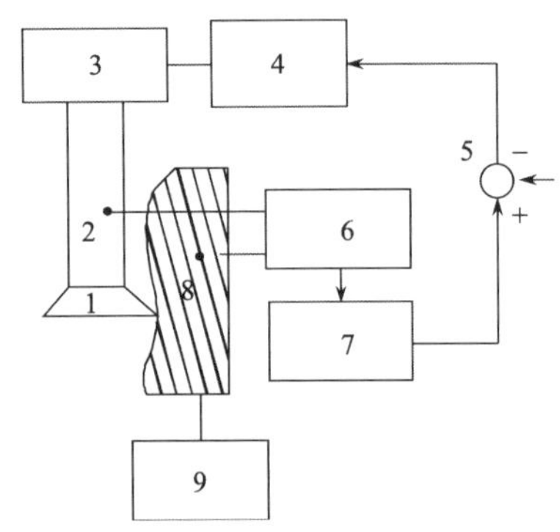

图 3.13　振动式触发测头

1．测端；2．探针；3．激励源；4．X 向驱动装置；5．比较器；6．接触鉴别电路；7．频率测量电路；8．工件；9．工件台

3. 光学测头

大部分的光学测头属于非接触式测头。其没有测量力，测量速度高，测头量程大，探测信息丰富，在有些场合具有明显优势。近年来，光学测头发展非常迅速，是探测技术的一个重要发展方向。下面主要介绍一些光学测量的方法。

1) 激光三角法测头

激光三角法测头为最常见的光学测头之一，工作原理如图3.14所示。由激光器发出的光，经光学系统形成细光束，照到被测工件表面上。由工件表面漫反射回来的光经成像系统落到光学检测器上。照明光轴与成像光轴间有一夹角，称为三角成像角。常用的光电检测器有位置敏感器件(Position Sensitive Detector，PSD)、电荷耦合器件（Charge-coupled Device，CCD）等。被测表面处于不同位置时，漫反射光斑按照一定三角关系成像于光电检测器的不同位置，从而探测出被测表面的位置。物体位置与光斑在光电检测器上的位置对应关系通过标定得到。由于三角测头中光束与成像系统的光轴间有一夹角，在测量范围的不同位置，投影到物体上的光斑与成像透镜距离不同。为使在光轴上所有的点都有清晰的像，按照斯凯普夫拉格条件（Scheimpflug条件，即成像面、物面和透镜主面必须相交于同一直线），检测器相对于成像透镜应有一定倾角。这就是说，在测量范围内不同处，像的大小不一样，即系统的响应灵敏度是非线性的，系统在测量范围的不同区域有不同的灵敏度。

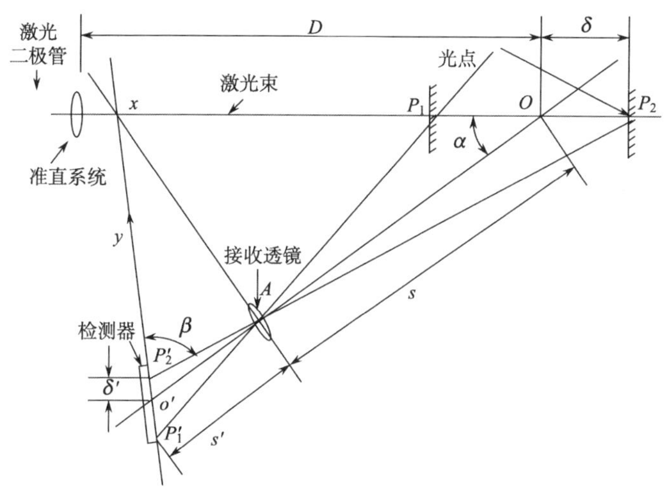

图 3.14　激光三角测量原理

激光三角测距系统根据入射方式可分为直光学入射法和斜光学入射法两种。这两种系统都可以对被测面进行高精度、高速度的非接触测量。斜光学入射法可接收来自被测物体的正反射光，比较适合测量散射性能好的表面；直光学入射法具有光斑较小、光强集中的优点，不会因被测面不垂直而扩大光斑，而且一般系统体积较小。斜光学入射法分辨率高于直光学入射式，但它的测量范围较小，系统体积较大。

根据透镜成像原理，光路方向与接收屏的方向共轭，光路与透镜主光轴的夹角是α，光屏与透镜主光轴的夹角为β，s、s'分别为物距和像距，d为传感器上的成像点的偏移，而δ为实际的物体表面的偏移。根据图 3.14 中的几何关系，被测点P_2的位移δ与对应像点在接收屏上的位移d的关系为

$$\delta=\frac{d\cdot s\cdot\sin\beta}{s'\cdot\sin\alpha-\sin(\alpha+\beta)\cdot d} \tag{3.39}$$

又可以写为

$$\delta=\frac{d\cdot A}{B-d} \tag{3.40}$$

式中，$A=\dfrac{s\cdot\sin\beta}{\sin(\alpha+\beta)}$，$B=\dfrac{\sin\alpha}{\sin(\alpha+\beta)}$为三角测量系统的固定参数。当物体偏移$\delta$较小时，式(3.40)可以近似为线性关系，即

$$\delta=\frac{d\cdot s\cdot\sin\beta}{s'\cdot\sin\alpha} \tag{3.41}$$

该方法的主要优点有：与接触测量相比，它消除了接触测量中接触测头与工件之间的接触压力，解决了接触测头半径较大带来的横向分辨率问题，提高了检测速度；与其他非接触方法相比，具有大的偏置距离和大的测量范围，对待测表面要求较低，不仅适合小件物体的轮廓测量，也非常适合大型物体的形貌体积测量，而且测量系统的结构非常简单，维护也非常方便，是一种高速、高效、高精度的非接触测量方法。由于该方法具有结构简单、测试速度快、实时处理能力强、使用灵活方便等优点，所以在工业中的长度、距离和三维形貌等检测中有着广泛的应用。

但该方法也有其不足之处：首先，原理上存在非线性，即探测器上光点的位移量与被测面实际位移不呈线性关系；其次，若用PSD作为光电探测器件，PSD的非线性会导致测量误差。另外，被测面的倾斜、凹凸变化、表面色泽、加工方法、光泽度的变化一般可使接收能量发生几倍，甚至几十倍的剧烈变化。

2) 激光共聚焦测头

激光共聚焦测头有时称为离焦测头。其含义为照在被测物体上的光斑处于聚焦状态或焦平面附近。图3.15为离焦测量的原理之一。由激光器发出的光经分光镜3、聚光镜2后，会聚在被测物体的表面1。激光束经被测表面1反射后，经聚光镜2、分光镜3、聚光镜6照到两个光电二极管5上。当被测表面1正好在聚光镜2的焦平面上时，光斑对于两个光电二极管5是对称的。两个光电二极管采用差接形式，输出为零。利用刀口4将入射光束挡住一半，这样当被测表面偏离焦平面时，照在两个光电二极管5上的光强度不等，并且按一定方向偏离。当被测表面1在焦平面上时，照在两个二极管5上的光斑也往上偏，如图3.15所示。

这一偏离信号有两种用法。一种是利用两个光电二极管输出的光电流之差来确定被测表面偏移量，基于这种方法的测头量程很小，只有几微米到几十微米。另一种就是利用这一差值信号，控制坐标测量机或其他伺服机构运动，让激光束正好聚焦在被测平面上。这种方法量程很大，但动态响应能力差。由于在焦点附近光斑大小和位置的变化很灵敏，这种方法的测头有很高的分辨力，可达亚微米级乃至纳米级精度。不足之处是难以用于曲面的快速测量，在快速测量时只有很小的量程，且仅适用于具有镜面反射的物体测量。

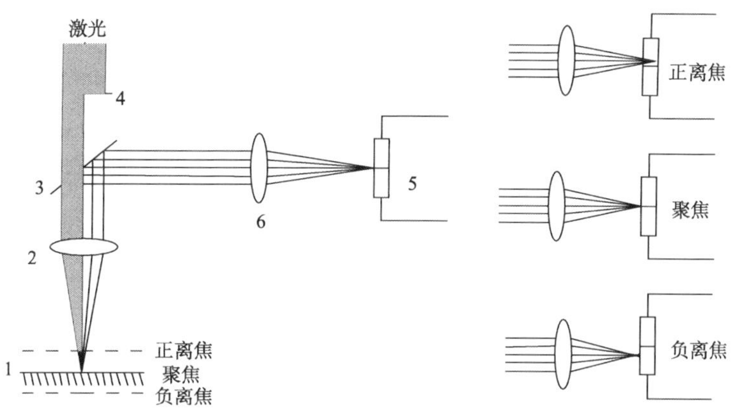

图 3.15　激光共聚焦测量原理

与激光共聚焦类似地，还有日本基恩士公司生产的 LT-9000 系列激光共焦位移传感器，其测量原理如图 3.16 所示。激光束穿过依靠音叉快速上下振动的物镜聚集在目标表面。从目标表面反射的光束汇集在小孔处，随后进入受光元件。通过测量光线进入受光元件时物镜的确切位置，就可以确定目标高度。音叉模块和振荡模块组合在一起，产生表面扫描激光。从而达到高级位移和轮廓测量，该测量丝毫不受目标颜色、材质和角度的影响。该产品适用于各种应用的多种测量模式，如轮廓测量、透明物体厚度测量、角度测量和测量横截面积等。

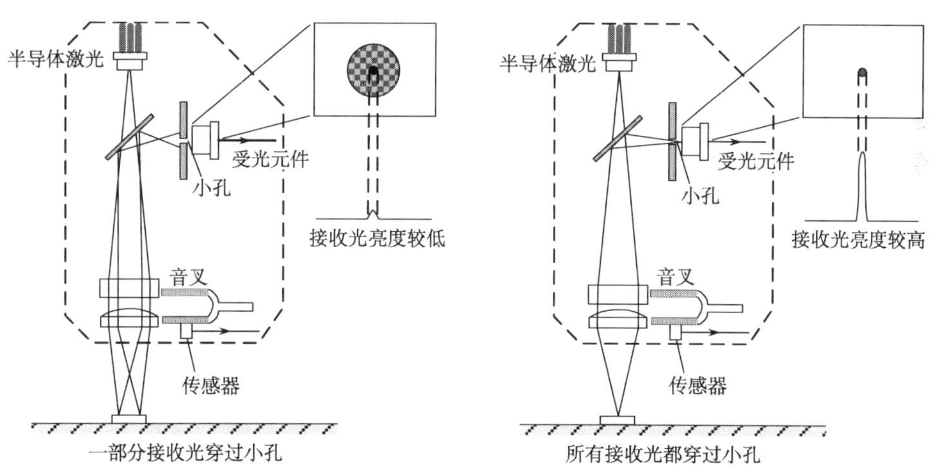

图 3.16　共焦原理

3) 视像测量原理

视像测头是采用显微镜和投影的方法进行瞄准的发展。视像测头通常由照明、放大镜组、CCD 摄像头与监视器等部分组成。通过一定方式的照明，将物体的几何轮廓变为光学轮廓。为了提高分辨力，采用具有一定放大率的镜组放大后，由 CCD 摄像头拾取并存储光学轮廓的信息。

用视像测头瞄准工件边缘时，利用光学扫描的方法可以将几何轮廓转化为视像信号。图 3.17 中(a)为被测工件，(b)为视像信号。在视像轮廓边缘出现了一段过渡区。用一定的算法对黑白、亮暗间的过渡区进行内插处理，可以确定轮廓边缘点的位置，达到亚像素的分辨力。

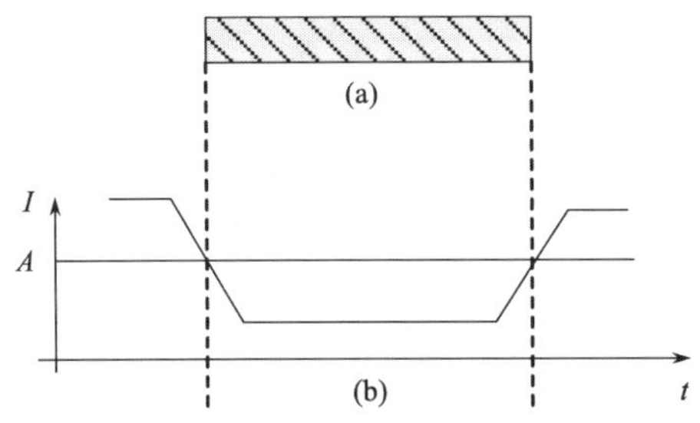

图 3.17　被测工件及其视像信号

视像法虽然有很大优越性，可以实现非接触测量，可同时获得整个视野内的测量信息等，但影响视像法的精度因素较多：照明对视像法的测量精度有较大影响；工件表面粗糙度、光学性能、工件是否与照明光束垂直、轮廓边缘是否与 CCD 像素平行、光学系统畸变等都对测量结果有影响。视像测头的精度一般在微米级。

视像测头一般用于二维边缘轮廓测量。如果将图像的聚焦信号也利用起来，则可构成三维测头。可以利用 Z 轴跟踪的方法，使被测面位于视像测头的焦平面上，这样可以测得被测面的 Z 向位置，实现曲面形状测量。

4) 光纤式测量原理

光纤传感器具有尺寸小、不受电磁干扰、光路可挠曲、便于遥测等许多优点。用于测头的光纤传感器多为反射光调制型，其工作原理如图 3.18 所示，激光经光导纤维 2 引入，照射到被测工件 1 的表面，由工件表面反射，部分光束进入接收光纤 3。进入到光纤 3 的光强 I_ε 与光纤和工件之间的距离 δ 大致呈图 3.19 所示的关系。δ 很小时，几乎没有光能进入接收光纤 3。随着 δ 的增大，进入接收光纤 3 的光束能量逐渐增大，到达某一距离 δ_0 时，光强 I_ε 达到峰值，随着距离 δ 的进一步增大，接收光纤 3 中接收的光强减小。显然，光纤 3 中接收的光强不仅与距离 δ 有关，而且与工件表面粗糙度、反光性能等有关。在用于测量表面粗糙度时，光纤测头应工作在 $\delta=\delta_0$ 位置，这时 I_ε 对距离变化不敏感，而只是由于工件表面粗糙度不同，漫反射情况不一样，接收光纤接收的光强不同。在用于测量位移时，测头应工作在 P 点附近，这时测头有最高灵敏度。

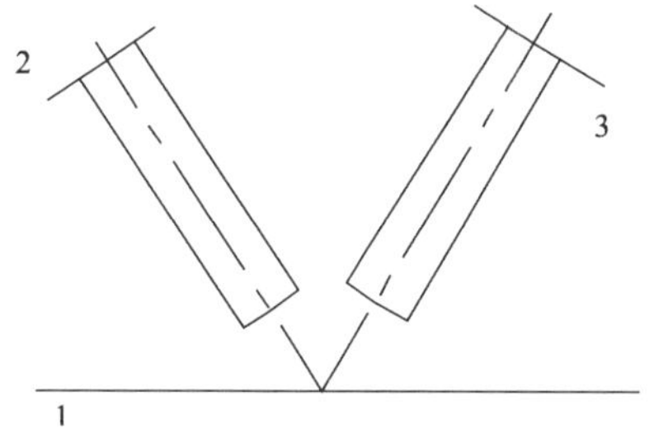

图 3.18　光纤测头工作原理

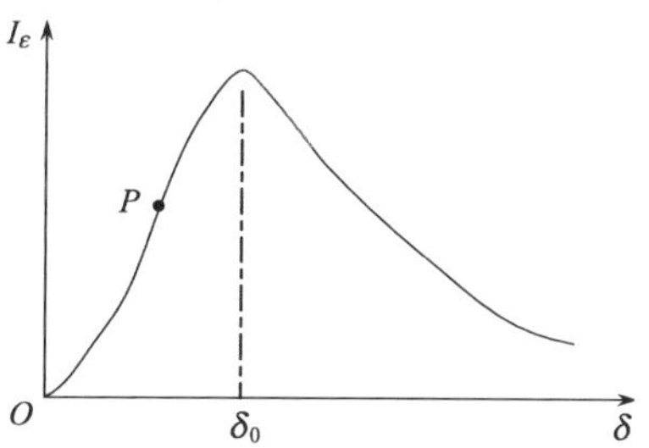

图 3.19　接收光强与被测物距离的关系

在使用中常将发射光纤与接收光纤做成一体，并且采用多个发射光纤与接收光纤，这样有利于提高测量精度。发射光纤与接收光纤的分布有图 3.20 所示的三种方案。图中涂黑的圆圈表示发射光纤，未涂黑的表示接收光纤。图 3.20(a)为发射光纤与接收光纤分别位于光纤束的两侧；图 3.20(b)为同心分布，中心为发射光纤，四周为接收光纤；图 3.20(c)为随即分布。实际中以采取图 3.20(b)和图 3.20(c)所示同心分布和随即分布为多。

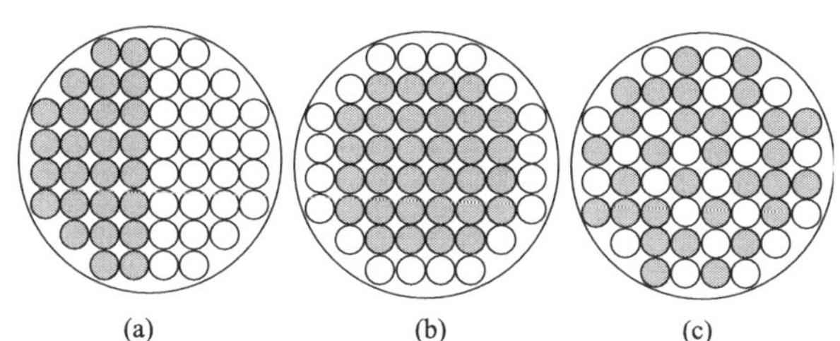

图 3.20　发射光纤与接收光纤的分布

如果被测物体材料、表面状态不变，光纤测头可以达到亚微米级的分辨力与测量精度。但随着材料与表面状态变化，会带来较大误差。针对不同材料与表面状态经过仔细标定，并引入修正，可达到微米级精度。

5) 基于多波长干涉的测头

多波长干涉测量主要是针对具有大曲率半径的被测元件的测量。如果非球面曲率半径很大，则干涉条纹将很密。当条纹密集到一定程度时，干涉条纹的测量变得非常困难甚至不可能。减小干涉条纹的方法之一是由 Wyant 提出的双波长干涉。该方法扩大了深度测量范围，但是随着被测表面越来越深，等效波长要求越来越长。当等效波长很大时，由于误差放大效应，采用双波长测量结果校正单波长测量结果将变得越来越困难。为了解决这个问题，可以采用三波长或多波长测量方法。多波长干涉的基本思想是：采用单波长如 λ_a、λ_b、λ_c 的位相测量数据计算出相应于最长和最短等效波长 λ_{eql}、λ_{eqs} 的位相数据，然后用这些数据相互校正各等效波长或单波长的测量结果。对于三波长测量方法，λ_a、λ_b、λ_c（设 $\lambda_a < \lambda_b < \lambda_c$）较好的组合是使 $\lambda_{\mathrm{eql}}/\lambda_{\mathrm{eqs}}$ 和 $\lambda_{\mathrm{eqs}}/\lambda_{\mathrm{eqb}}$ 等于 3 或 4。数据校正分两步运行：首先用 λ_{eql} 的测量结果校正 λ_{eqs} 的数据，再用 λ_{eqs} 的数据校正 λ_a、λ_b 或 λ_c 的测量结果。对于更多波长的测量，可采用更多的校正步骤。

目前德国的Luphos公司生产的LuphoScan就是基于多波长干涉（Multi-Wave-Length Interferometry，MWLI）技术的干涉扫描计量系统，它能够实现超高精度、非接触的3D测量，可测量平面、球面、非球面、自由曲面，尤其针对旋转对称表面（如非球面透镜）。

6) 基于光谱共焦式的测头

光谱共焦传感器采用复色光为光源，其测量精度能够达到微米量级，可实现对漫反射或镜面反射物体的测量，还可以对透明物体进行单向厚度测量。其基本原理是光源发出的多色光（呈白色）通过探头中一系列的光镜组后，就会产生光谱色散，再经过一系列的光学反射后，便形成不同波长的单色光，然后在光轴的一定范围内聚焦，并且形成一个连续的焦点组，由传感器接收每个焦点的反射信号，从而确定每个单色光谱对应的相应位置。正是基于这种独特的原理，光谱共焦位移传感器在位移测量上拥有高精度，无论单层透明物体还是多层透明物体，除了能够测量该物体位移，还可以测量其厚度，如薄玻璃片、平行平板等。如图 3.21

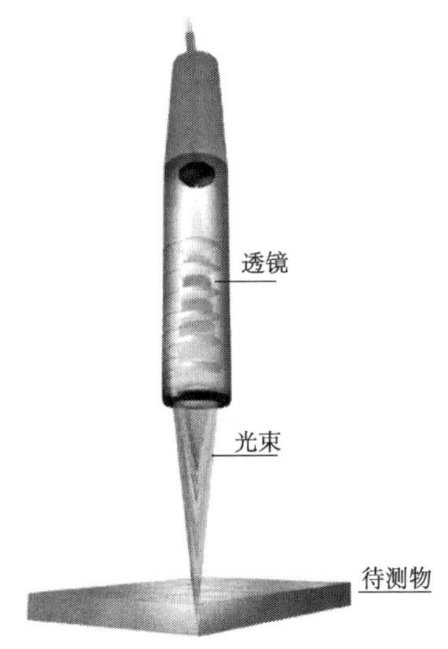

图 3.21　光谱共焦式精密位移测量原理

所示，德国米铱公司 optoNCDT 系列光谱共焦式精密位移测量仪是由控制器和光学探头组成的，这两部分采用光纤电缆连接。该系列的光谱共焦测量仪具有极高的分辨率，其最大分辨率可达 10nm，最大测量范围可达 30mm，位移线性度可达 0.25μm。

3.3.2　系统设计

1. 框架结构

1) 移动桥式

移动桥式三坐标测量机是目前应用最广泛的一种结构形式，如图 3.22 所示。它主要由四部分组成：工作台、桥框、滑架和主轴。工作台是固定不动的，桥框可沿工作台上的导轨沿 X 向运动，滑架可沿着横梁上的导轨沿 Y 向运动，主轴 5 可沿 Z 向运动。被测工件安放在工作台上，测头装在主轴 Z 上。

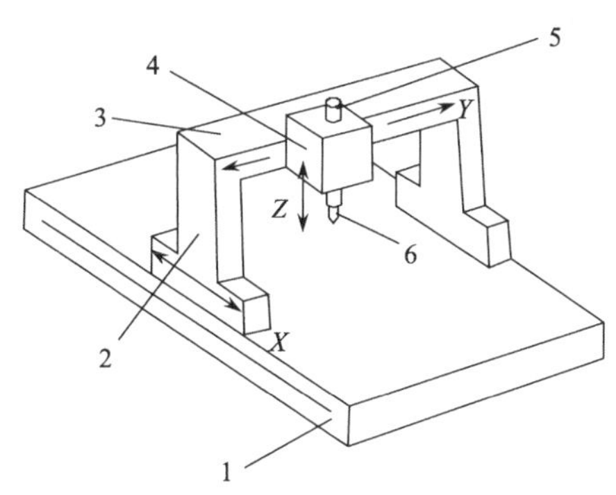

图 3.22　移动桥式三坐标测量机

1. 工作台；2. 支架；3. 横梁；4. 测量机构；5. 主轴；6. 测头

移动桥式三坐标测量机结构简单、紧凑，刚性好，具有较开阔的空间。工件安装在固定的工作台上，承载能力较强，工件质量对测量机的动态性能没有影响，无论手动还是数控的中小型测量机，多数采用这种结构形式。

但是这种结构形式还是有一定缺点：①X向标尺在工作台的一侧，在 Y向存在较大的阿贝臂；②X向的驱动从一侧进行，容易引起爬行现象，并造成较大的绕Z轴偏摆。在Y向存在较大的阿贝臂，偏摆会引起较大的阿贝误差，对测量机的精度有一定的影响。移动部分不仅包括桥框的横梁，还包括左右两根立柱。对于大型测量机，不仅立柱很高，而且跨度很大，为保持刚性，横梁与立柱的界面均较大。因此桥式不便用于大型的三坐标测量机。

2) 固定桥式

固定桥式三坐标测量机如图 3.23 所示。它与移动桥式三坐标测量机的主要区别为：桥框是固定不动的，直接与基座链接；而工作台可沿着基座的导轨移动。这种结构的主要优点是：X 相反的标尺与驱动机构可以设置在工作台下方中部，Y 向阿贝臂小；从中间驱动，绕 Z 轴偏摆小；整个测量结构刚性很好，容易保证较好的精度。精密性的三坐标测量机大多采用固定桥式的结构。

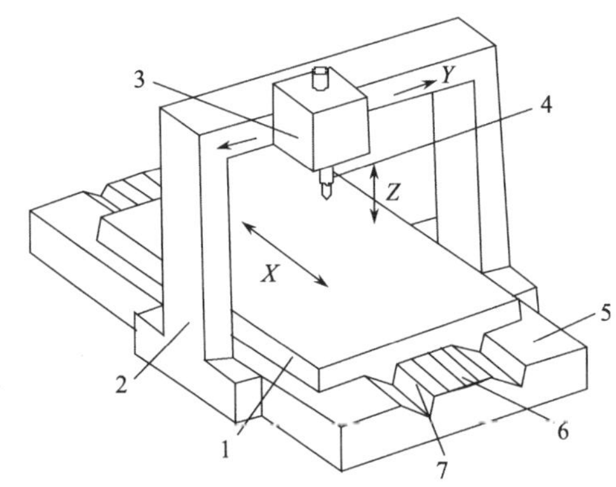

图 3.23 固定桥式三坐标测量机

1. 工作台；2. 支架；3. 测量机构；4. 测头；5. 基座；6. 滑台；7. 滑槽

这种结构的不足之处为：①工作台移动，要求被测工件质量不宜太大。②若三坐标测量机的 X 向量程为 L_x，则工作台的尺寸不应小于 L_x，工作台又要移动 L_x，基座占据总工件长度不能小于 $2L$，在同样量程下，它占据的空间比移动桥式要大很多，这使它不宜用于大型三坐标测量机。③由于桥框位于测量机的中部，不能移动，操作空间不如移动桥式开阔。

3) 龙门式

龙门式三坐标测量机如图3.24所示。它与移动桥式三坐标测量机的主要区别为其移动部分只是横梁。对于大型三坐标测量机，Z向尺寸很大，采用这种结构有利于减小活动部分的质量。立柱是固定的，靠立柱将两根X向导轨高高架起，形成Z向测量空间。需要指出的是，龙门式的结构只适用于大型三坐标测量机。其结构远比移动桥式复杂。它需要两根截面很大的X向导轨，一根是主导轨，限制横梁在Y向和Z向的位移，使横梁沿直线运动；另一根是辅助导轨，其作用只是限制横梁沿X向运动时绕X轴自身的滚转运动。由于这两根导轨是架在几根立柱上的，为保证有很好的刚度，导轨必须有很大的截面。立柱的数目由X向行程确定，一般每隔2～3m需要一根立柱。由于立柱与导轨均为固定不动的，这就限制了空间的开阔性。只有大型测量机的两根X向导轨之间才能形成足够开阔的空间。从结构形式看，X向标尺与驱动装置只能在侧面。同样会带来较大的阿贝臂与绕Z轴偏摆，造成较大的阿贝误差，驱动也不易平稳。为了改善测量机驱动性能、减小阿贝误差，对于Y向行程在2.5m以上的测量机，常采用双驱动与双标尺的方案。靠双标尺反馈回来的信号控制左右两侧同步运动；根据标尺的示数求出测头所在直线上的X向位移，还能消除阿贝误差的影响。但需指出，这种双侧同步驱动的方式在技术上是较为复杂的，只有在Y向跨距很大、对精度要求较高的测量机才采用。

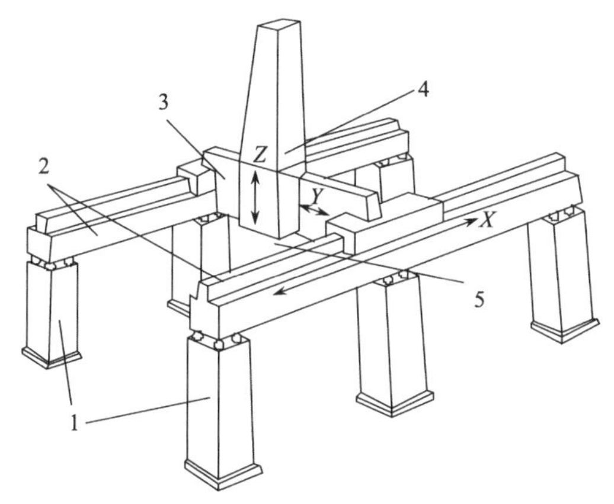

图 3.24　龙门式三坐标测量机

1. 基座工作台；2. 横梁；3. 移动支架；4. 测量机构；5. 测头

图 3.24 所示的测量机，横梁的截面要求很大，以减小滑架沿 Y 向运动时的变形。横梁的质量常达几吨，这将影响其动态性能。

在龙门式三坐标测量机中，工作台经常是与测量机分离的。工作台与立柱分别与地基相连。在这种情况下地基的整体性与稳定性具有特别重要的意义。

4) 悬臂式

悬臂式三坐标测量机如图3.25所示。图3.25(a)中滑架可沿 X 向运动，悬臂沿 Y 向运动，主轴沿 Z 向运动。测头安装在主轴上，被测工件放置在工作台上。在这种结构中，悬臂沿 Y 向运动时，作用在悬臂上力的位置发生变化，产生不同的变形。这使得这种结构形式只能用于精度要求不太高的小型测量机中。其优点是结构简单、测量空间开阔。图3.25(b)是悬臂式三坐标测量机的另一种结构形式。与图3.25(a)的主要不同是悬臂进行 X 向运动时长度固定不变。滑架在悬臂上进行 Y 向运动时，同样会使悬臂的变形发生变化。这种结构的测量空间不如图3.25(a)开阔。

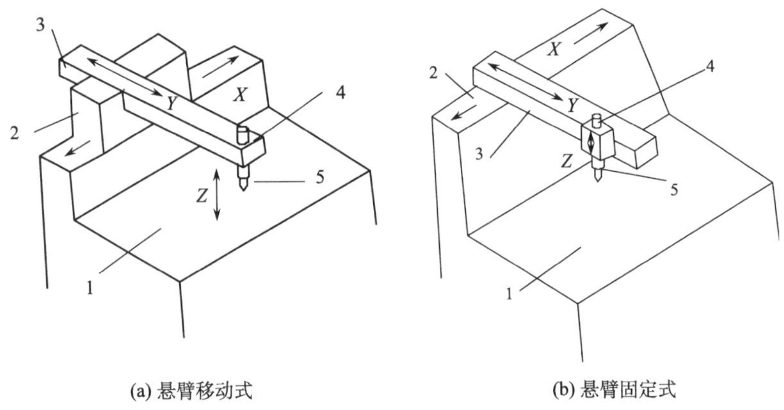

图 3.25　悬臂式三坐标测量机

1. 基座工作台；2. 悬臂支架台；3. 悬臂；4. 主轴；5. 测头

5) 摆臂式

摆臂式测量法最早是由美国亚利桑那大学的 Anderson 和 Burge 于1990年提出的。经过十几年的发展，摆臂式测量方法最终成功应用在多种直径为1～2m 次镜在位检测过程中，测量精度达到50nm（RMS）。根据摆臂式轮廓法的测量原理，测量实验系统结构图如图3.26所示。系统通过精密转台实现高精度的测量回转运动；通过倾斜调整系统实现转台倾斜角度的调节，可以实现对不同顶点曲率半径的凹凸非球面镜测量。测量臂采用硬质合金铝空心管状结构，以减轻质量提高刚度。利用四自由度微调系统实现所示坐标系中沿 X、Y、Z 方向的平移和绕 Y 轴方向的旋转。调整 X、Y 方向平移可以调整测头与非球面顶点的对齐；Z 方向的平移调整可以保证传感器处于合理量程范围内。绕 Y 方向的旋转调整可以减小传感器与被测非球面光轴之间的倾斜。由于摆臂式测量方法大大减小了测量所需的传感器量程，所以可以使用高精度小量程的接触式传感器，典型的如轴向电感扫描测量传感器，分辨率为10nm，量程为 ± 300μm。

非球面摆臂轮廓测量仪具有如下优点：①可在抛光机上进行在线测量。②设备制造成本相对较低。测头可采用短行程的长度传感器，唯一的移动部件是一个高精度的空气轴承。③由于测量时小的偏离误差仅引入离焦（Power），在数据处理时可将其去掉。④全口径范围内的测量精度较高（小于 1μm）。同时存在如下缺点：①每次对测头调整后都需要重新标定摆臂的长度；②得不到测量点的矢高数据，曲率半径不能测量。

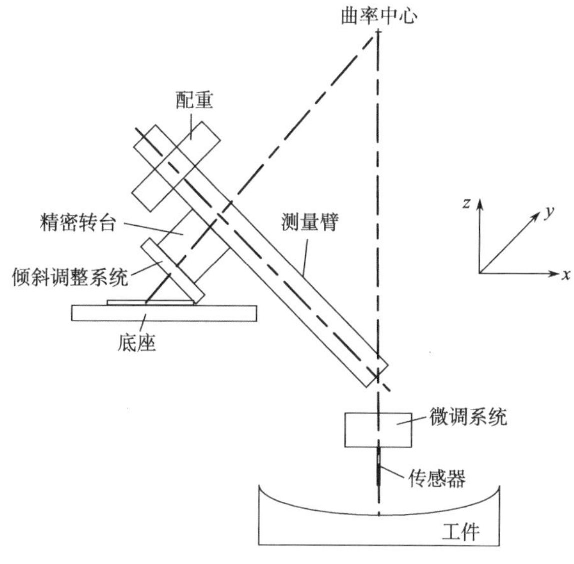

图 3.26　测量实验系统结构图

2. 系统开发

作者课题组在此方面进行了大量的研究，并获取了大量的成果。不仅设计开发了集研磨抛光、轮廓测量于一体的光学非球面精密数控研磨抛光机床CCOS1200，还开发了具有在线测量与数据分析处理相分离特性的表面轮廓测量仪PMI700，具有接触与非接触两种测量模式，其测头参数如表3.4所示。JRCODE-PMI700表面轮廓测量仪（如图3.27所示），拥有在线测量与数据分析处理相分离的两套软件功能。机床主体为龙门式结构，运动部件采用精密导轨结合高精度光栅反馈，横梁与转台的配合即可完成各种面形的测量。工艺系统

表 3.4　不同模式测头参数

测头	MT60	LG5000
原理	光栅尺	激光三角
分辨率	—	0.025μm
精度	±0.5μm	±1μm
量程	60mm	10mm
测头尺寸	3.2mm	50μm

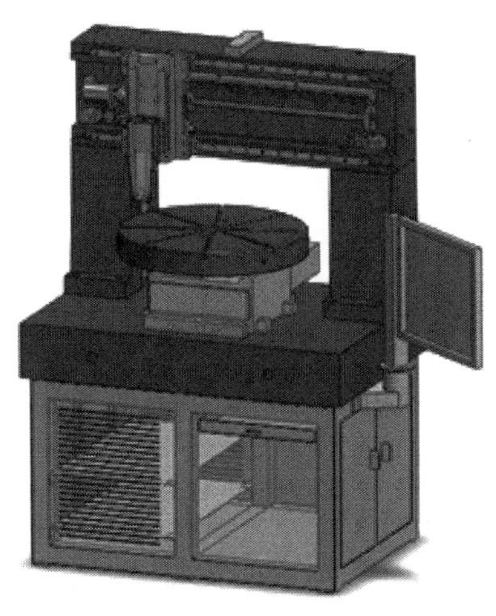

图 3.27　PMI700 框架结构

开放，具有多轨迹选择、多格式数据兼容、变参量操控与优化功能，能够实现平面、球面和非球面度的精确测量，测量的面形精度可达到 2～3μm，可有效指导进一步的实验。

系统的测量流程可简要描述为：首先进行测头的选择，根据元件的几何特征和加工机床的运动形式规划测量路径，然后交由控制程序生成数控代码，通过伺服系统执行规划的测量路径，完成面形误差的数据采集，对原始测量数据进行处理，最后得到面形测量结果，如图 3.28 所示。

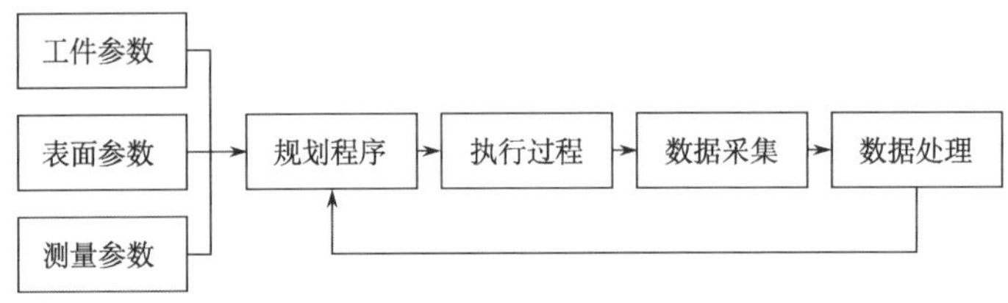

图 3.28 在线测量轮廓流程

该平台可以实现水平 X、转台 C 方向的运动，可采用极坐标路径进行测量。光学机械平台 X 轴定位精度为 0.01mm，重复定位精度均为 0.01mm，水平和垂直方向的直线度均为 0.005mm；转台重复定位精度为 0.003mm，转台的回转精度（轴向、径向）为 0.005mm。

3.4　误 差 分 析

要完全通过提高制造精度、严格控制环境条件与使用条件来实现测量精度是很困难的。即使技术上可能，在经济上也要付出巨大的代价。为了经济地达到高的测量精度，误差补偿技术在测量机中得到了广泛的应用。很明显，不同的测量机存在的误差不同，所采用的误差补偿方法不同。不同的误差需要不同的补偿方法。固有误差是本身存在的，不会随着环境的改变而改变，可以进行精确补偿。但调整误差是由系统的不完善而造成的，每次测量装卡所造成的误差不同。针对调整误差，采用两种不同的补偿策略，一个是序列化补偿，逐一分析各个误差（主要是倾斜误差和平移对心误差）并进行补偿；另一个是非序列化补偿，采用误差分离和最小二乘原理同时补偿倾斜误差和对心误差。图 3.29 所示为误差补偿流程图。误差补偿可分为正向补偿和逆向补偿。正向补偿的思路是将理论曲面先倾斜，后平移，然后与经过测头半径补偿后的实测数据做差求出面形误差。这种补偿方式得到拟合后数据点构成的曲面不是二次曲面的标准方程；与正向补偿相反，逆向补偿的思路是将经过测头半径补偿后的实测数据先补偿平移误差，后补偿倾斜误差，然后与理论曲面做差求出面形误差。

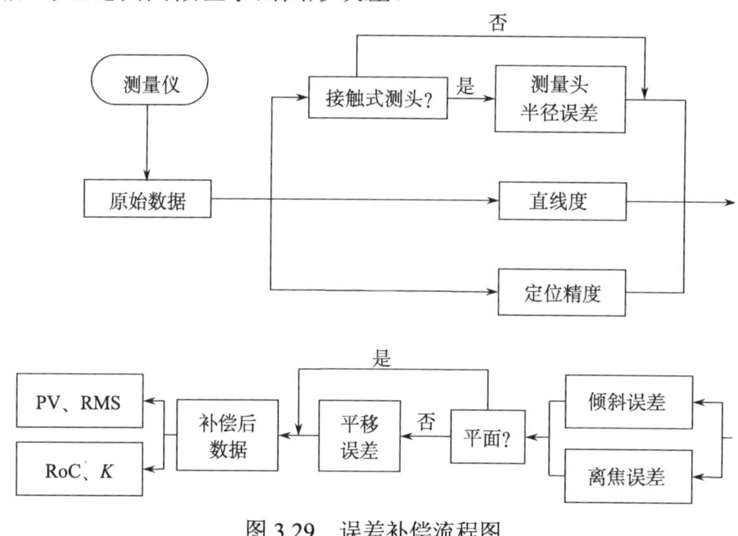

图 3.29　误差补偿流程图

3.4.1　误差源分类

影响仪器检测精度的误差有很多种，按照误差出现的规律性，可分为固有误差和随机偶然误差。传统的测量方法对镜子的放置有极严格的要求。镜子中心与探测头零点间微小的偏移，镜子轴线与测量仪旋转平台的不垂直等因素都会造成很大的测量误差；测量时提供镜子的曲率半径与实际镜子的曲率半径往往有很小的偏差，也会影响测量结果；另外，在实际工程应用中发现轮廓仪的零点会在某一极小的范围内波动，这一因素在三维轮廓的测量中造成的误差会直接影响测量结果的重复性。

对测量结果产生较大影响的机床误差主要有各轴直线度、定位精度、垂直度。这些误差属于固有误差，通过反复多次的测量，都可以对各个误差进行较为精准的标定，并能够在补偿算法中对这些误差造成的影响进行消除。

而调整误差主要是工件的安放位置所造成的误差，以及工件本身或者旋转台的倾斜误差。这些误差都是随机误差，不能通过标定的方式去除。也不可能通过直接测量的方式测出这些随机误差。

1. 固有误差

固有误差是由固定不变的或按确定规律变化的因素所造成的误差。有些固有误差是由仪器本身引起的，如伺服驱动的稳定度、导轨的直线度和测量读数的精度，这些都是无法改变的；而有些固有误差是可以由后续的数据处理得到改善的，从而提高仪器的精度，如仪器装备或数据模型等引起的误差。固有误差决定了检测的准确度，系统误差越小，检测结果越准确，偏离测量实际值的程度越小。

(1) 直线度：由于导轨系统的不完善，导轨的实际运动轨迹可能偏离直线，这一误差称为直线度运动误差。直线度运动误差是由导轨的综合作用引起的，沿不同直线测量时，测得的误差值不同。当测量机沿X向运动时，会产生在Y方向直线度运动误差$\delta_y(x)$和在Z向偏移$\delta_z(x)$；同理，当它沿Y向运动时，会产生在X方向直线度运动误差$\delta_x(y)$和在Z向的直线度运动误差$\delta_z(y)$；当它沿Z向运动时，会产生在X方向直线度运动误差$\delta_x(z)$和在Y向的直线度运动误差$\delta_y(z)$。

(2) 定位精度：当测量机的指令系统让某运动部件移动x时，运动部件的实际位移往往不是恰好为x，此时测量机运动部件的实际位置与指令位置之差称为定位误差。对于现在的三坐标测量机一般为全闭环系统，只有当标尺读数系统指示的值与指令值相符时，才停止运动，因此标尺误差是产生定位误差的主要原因。这里的标尺误差不仅包括标尺的刻画引起的误差，还包括读数系统的误差，以及电路与细分造成的误差。

(3) 测头误差：主要包括测头精度误差和测头半径所引起的误差。现在用于形貌测量的测头种类各异，不同的测头对测量能力和测量精度有很大的影响。例如，对于接触式测量头，德国海德汉公司的 MT60M 型长度计，其精度达到±0.5μm，测量范围为 60mm，测头半径为 1.6mm；对于非接触测量，日本 Keyence 公司的用于测量镜面的 LK-H057K 型传感器，其参考距离和测量范围为(46.3±5.2)mm，再现性为 0.025μm，光斑直径为 50μm。

2. 随机调整误差

在实际的测量系统中工件安装的不精确，使得被测工件表面坐标系与测量坐标系之间总是不能完全重合，从而在测量结果中引入了调整误差。由于随机因素的影响，测量误差的出现没有一定的规律性，数值和符号也不固定，但其平均值随检测次数的增加而逐渐趋于零，这样的误差为随机误差。随机误差包括测量装置方面的因素、环境方面的因素和人员方面的因素。由于测量过程采用极坐标方式，轮廓测头在装配时必然存在工件回转轴与测头运动轴间的不垂直度误差，同时工件装卡后实际测量表面与理论表面间也必然存在倾斜误差，这些误差将对测量结果产生线性影响。随机误差决定了检测的精密度，增加检测次数可以一定程度地提高检测的精密度。

在此分析的误差主要包括：被测工件的中心与转台回转中心之间的偏离、转台回转中心与测头的偏差、测头与工件的平移误差、工件轴线与测量仪旋转平台平面的不垂直度误差、实际镜面曲率半径的偏差等，这些误差都会对测量结果产生影响。对于调整误差的补偿将在后面详细介绍。

3.4.2　固有误差

1. 直线度误差的测量

为了测量坐标测量机的直线度运动误差，需要有直线基准。通常，一种方式是将直线基准设置在测量机的基座上，在滑座上装一个检测头，它指示运动轨迹对于直线基准的偏差，这种测量方式称为F式，即定式。另一种方式是将直线基准装在滑座上，而在基座上装一个检测头，称为M式。图3.30所示为采用雷尼绍激光校准仪XL-80和最小二乘拟合，测量出的X轴直线度误差，其值为4.69μm/1600mm。

测量直线度运动误差的方法，常根据所采用的直线基准分类，主要包括平尺法、光学平尺法、激光准直仪等。

1) 平尺法

平尺法的工作原理如图3.31所示。平尺1固定在测量机的基座5上，提供直线基准。在滑座3上装一个检测头2。滑座3沿导轨4运动时，检测头2指示其相对不直线基准的偏差。这种方法的精度主要由平尺的精度决定。由于高精度平尺难以制作，而且由自重产生的变形与平尺长度的四次方成正比，所以平尺法难以用于大行程的直线度运动误差测量。

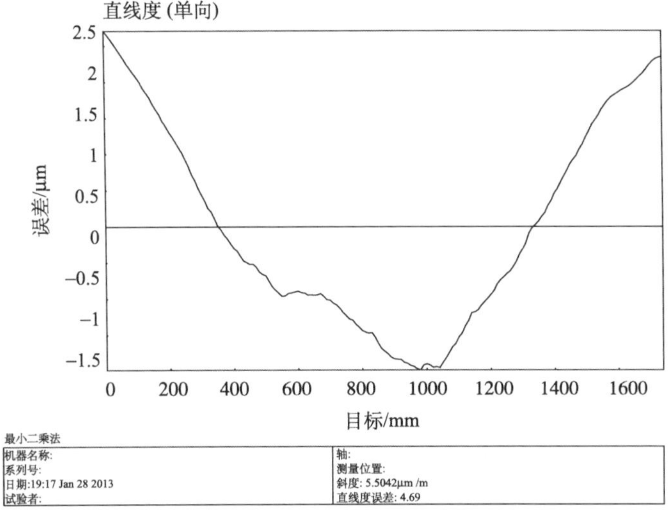

图 3.30　X 轴直线度误差 4.69μm/1600mm

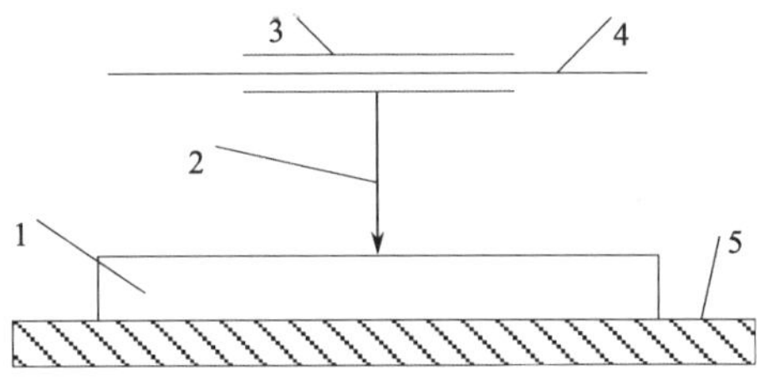

图 3.31　平尺法测量直线度运动误差

2）光学平尺法

光学平尺法的工作原理与机械平尺法十分相似，如图3.32所示。由微晶玻璃制成的光学平尺1安装在测量机基座上，用作检测头的是平面激光干涉仪，它固定在测量机的滑座上。由激光器3发出的光，经过分光镜4分成两路：一路透过分光镜4，经角隅棱镜6反射返回；另一路由分光镜4反射，经过$\lambda/4$波片7后，由光学平尺1反射回，再经过$\lambda/4$波片7，进入角隅棱镜5反射，再次经过$\lambda/4$波片7后，由光学平尺1反射回，再经过$\lambda/4$波片7反射回，并与由角隅棱镜6反射回的光束相汇形成干涉。干涉条纹由光电元件2接收，转换成电信号。这种测量装置具有很高的测量精度，但由于长光学平尺难以制作，而难以用于大行程的直线度误差测量。

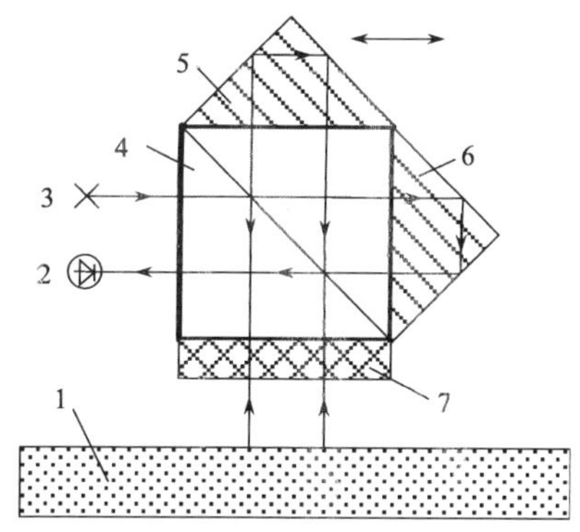

图 3.32　光学平尺法原理

1.光学平尺；2.光电接收元件；3.激光器；4.分光镜；5.角隅棱镜；6.角隅棱镜；7. $\lambda/4$ 波片

2. 测头半径补偿

在使用测长仪进行测量过程中，由于接触式测头测量时反馈的是测头中心的坐标值，而不是被测点的坐标值，即理论测点与实际测点不一致，并对最终的拟合顶点曲率半径和二次项系数造成很大的影响，所以必须对测头的半径误差进行补偿。如图 3.33 所示，AM 是曲线在点 A 处的切线，OA 垂直于 AM，θ 为测量点法线与 Z 轴夹角，r 为测头半径。测头在测量 $B(x_B, y_B, z_B)$ 点矢高时，实际与曲线接触位置为 $A(x_A, y_A, z_A)$ 点，反馈回的数据值则是测头球心 $O(x_o, y_o, z_o)$ 的值。对测头半径的补偿有两种方法，一是补偿理论点矢高，二是求解实际接触点。

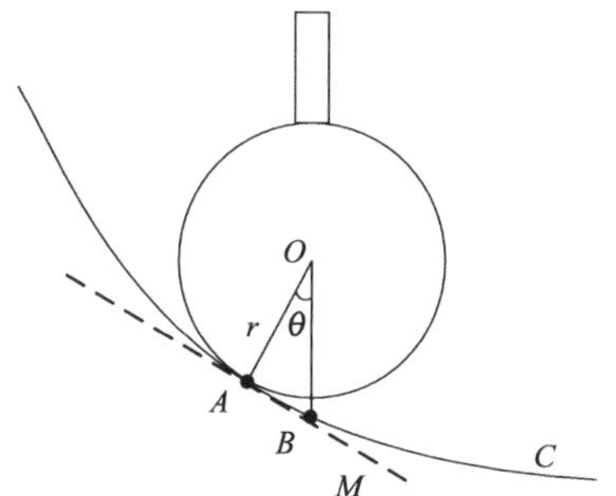

图 3.33　测头半径补偿

1) 补偿理论点的矢高

如图 3.33 所示，补偿理论点 $B(x_B, y_B, z_B)$ 的矢高。点 $A(x_A, y_A, z_A)$ 是测头与曲线的切点，根据几何关系可以求得

$$\begin{cases} x_B = x_o \\ y_B = y_o \\ z_B = z_o - r \cdot (1/\cos(\theta_i) - 1) \end{cases} \tag{3.42}$$

针对二次曲面有

$$z(x,y) = \frac{c(x^2+y^2)}{1+\sqrt{1-(1+k)c^2(x^2+y^2)}} \tag{3.43}$$

式中，c 为曲率；k 为二次项系数。

设有 n 个测量点。第 i 个数据点 (x_i, y_i, z_i) 法线与 Z 轴夹角 θ_i 的求解公式为

$$\theta_i = \arccos(\sqrt{\frac{1-(1+k)c^2(x_i^2+y_i^2)}{1-kc^2(x_i^2+y_i^2)}}) \tag{3.44}$$

2) 求解实际接触点

如图 3.33 所示，求解实际接触点 $A(x_A, y_A, z_A)$ 的坐标。反馈回的数据值测头球心 $O(x_o, y_o, z_o)$ 转化为极坐标系为 (ρ, φ, z_o)；点 $A(x_A, y_A, z_A)$ 是测头与曲线的切点，根据几何关系可以求得三维数据测头半径补偿公式为

$$\begin{cases} x_A = x_o + r \cdot \sin(\theta) \cdot \cos(\varphi) \\ y_A = y_o + r \cdot \sin(\theta) \cdot \sin(\varphi) \\ z_A = r \cdot (1 - \cos(\theta)) \end{cases} \tag{3.45}$$

3.4.3 随机调整误差

在此主要介绍调整误差的补偿，调整误差的补偿主要采用两种策略：一种是序列化补偿，另一种是非序列化补偿。

1. 随机调整误差之序列化研究

1) 对心误差补偿建模

对心误差又称为平移误差，主要包括转台与测头的对心误差和工件与转台的误差。在直角坐标系中执行测量，运动不牵扯转台的运动，主要由 X 轴和 Y 轴运动完成测量周期。主要对心误差是测头与工件中心的对心误差。

(1) 测头与工件中心的对心误差造成的影响。

首先考虑直角坐标系下由测头与工件引起的对心误差造成的影响。以栅线路径为例，进行直角坐标系测量，前提是测头与转台已完全对心，不存在其他的误差。假设工件相对于测头存在对心误差 $(\mathrm{d}x, \mathrm{d}y)$，对心精度的存在导致工件在测量坐标系 $OXYZ$ 中的 X 轴方向上平移 $\mathrm{d}x$ 了 $\mathrm{d}x$，则在测量坐标系 $OXYZ$ 中，平移后的曲面方程为

$$z' = \frac{c((x-\mathrm{d}x)^2+(y-\mathrm{d}y)^2)}{1+\sqrt{1-(1+k)c^2((x-\mathrm{d}x)^2+(y-\mathrm{d}y)^2)}} \tag{3.46}$$

则由测头与转台之间产生的对心误差 $(\mathrm{d}x,\mathrm{d}y)$ 所引起的测量误差 $\mathrm{d}z_{(\mathrm{d}x,\mathrm{d}y)}$ 为

$$\mathrm{d}z_{(\mathrm{d}x,\mathrm{d}y)} = z'-z = \frac{c((x-\mathrm{d}x)^2+(y-\mathrm{d}y)^2)}{1+\sqrt{1-(1+k)c^2((x-\mathrm{d}x)^2+(y-\mathrm{d}y)^2)}} - \frac{c(x^2+y^2)}{1+\sqrt{1-(1+k)c^2(x^2+y^2)}} \tag{3.47}$$

经过一系列的化简，式(3.47)简化为

$$\mathrm{d}z_{(\mathrm{d}x,\mathrm{d}y)} = -\frac{cx}{\sqrt{1-(1+k)c^2(x^2+y^2)}}\mathrm{d}x - \frac{cy}{\sqrt{1-(1+k)c^2(x^2+y^2)}}\mathrm{d}y \tag{3.48}$$

假设 $\mathrm{d}x=\mathrm{d}y=-0.5\mathrm{mm}$，采用栅线路径，模拟半径 $r=20\mathrm{mm}$ 口径圆内的对心误差数据的三维分布如图 3.34 所示。

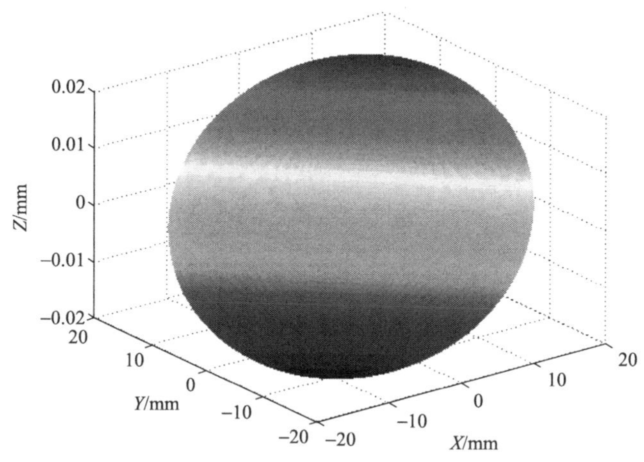

图 3.34　测头与工件对心误差三维分布

(2) 转台与测头的对心误差造成的影响。

转台与测头的对心误差存在于极坐标测量路径内。所谓的极坐标测量路径，即是测头沿 X 轴移动，同时伴随转台的转动，两者一起配合完成极坐标下的测量过程，其测量模型如图 3.35 所示。

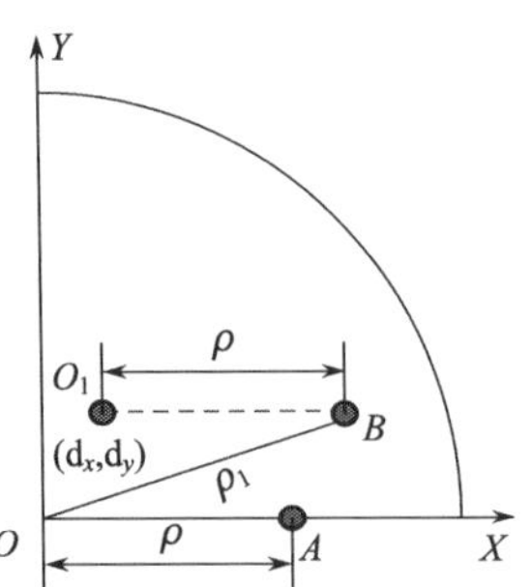

图 3.35　转台与测头对心误差

假设工件与转台精确对心，而测头相对于转台之间的对心位置为 $O_1(\mathrm{d}x,\mathrm{d}y)$ 点，对于某一理论测量点 $A(\rho,\theta)$，实际的测量点打在了 $B(\rho+\mathrm{d}x,\mathrm{d}y)$，则在极坐标下因对心误差 $(\mathrm{d}x,\mathrm{d}y)$ 引起的点 (x,y) 处的测量误差为

$$\mathrm{d}z_{(x,y)}=\frac{c((\rho+\mathrm{d}x)^2+\mathrm{d}y^2)}{1+\sqrt{1-(1+k)c^2((\rho+\mathrm{d}x)^2+\mathrm{d}y^2)}}-\frac{c\rho^2}{1+\sqrt{1-(1+k)c^2\rho^2}} \tag{3.49}$$

最后化简得

$$\mathrm{d}z_{(x,y)}=\frac{c\cdot\rho}{\sqrt{1-(1+k)c^2\rho^2}}\mathrm{d}x \tag{3.50}$$

由式(3.50)可知，由转台与测头的对心误差造成的测量误差与极径 ρ 呈简单的线性关系，并且该误差只与 X 轴方向的误差 $\mathrm{d}x$ 有关，这是由于采用的路径沿 X 轴移动的极坐标路径。下面给出一个仿真实例。对心误差 $\mathrm{d}x=-0.5\mathrm{mm}$，半径 $r=20\mathrm{mm}$ 口径圆内的理论误差如图 3.36 所示。

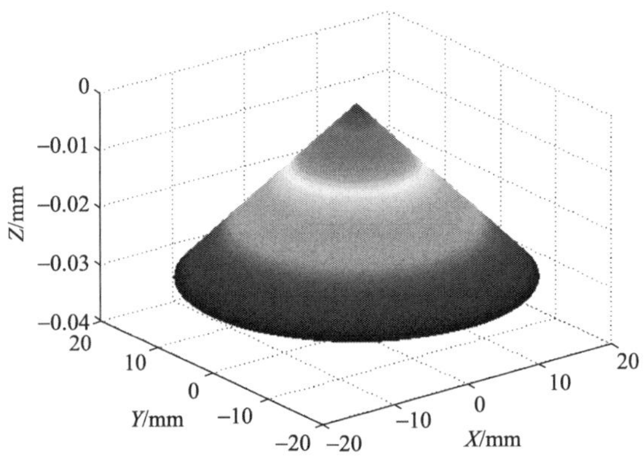

图 3.36　转台与测头对心误差三维分布

(3) 工件与转台对心误差的影响。

转台与工件的对心误差会造成工件本身绕转台的中心进行公转运动，对于平面来说，该测量结果不会产生大的影响；但对于非球面来说，该测量结果对最终的测量结果产生很大的影响。这里只讨论转台与工件在极坐标路径下存在对心误差时对测量数据产生的影响，前提是已经假设测头与转台精确对心，其他的误差一概忽略不计。

如图 3.37 所示，O 是转台的中心，O_1 是工件的中心，工件相对于转台的对心误差为 $(\mathrm{d}\rho,\mathrm{d}\theta)$，$O_2$ 是工件绕转台旋转 θ 后工件的中心，图中的工件中心轨迹指的是当转台旋转时，工件中心绕转台中心所做的公转运动轨迹。图中理论测量点 $A(\rho,\theta)$，工件中心绕 O 点由 O_1 点转到 O_2 点，夹角 $\angle O_2OO_1=\theta$，夹角 $\angle O_1OA=\mathrm{d}\theta$，$OO_1=OO_2=\mathrm{d}\rho$，$OA=\rho$，$O_2A=\rho'$，$A$ 点的理论值为 z_A，实测值为 z'_A，则有

$$\mathrm{d}z_{(\mathrm{d}x,\mathrm{d}y)}=z'_A-z_A=\frac{c\rho'^2}{1+\sqrt{1-(1+k)c^2\rho'^2}}-\frac{c\rho^2}{1+\sqrt{1-(1+k)c^2\rho^2}} \tag{3.51}$$

式中，$\rho'=\sqrt{\mathrm{d}\rho^2+\rho^2-2\rho\cdot\mathrm{d}\rho\cdot\cos(\theta+\mathrm{d}\theta)}$。

式(3.51)可化简为

$$\mathrm{d}z_{(\rho,\theta)}=z'_A-z_A=\frac{c\rho^2-2\rho\cdot\mathrm{d}\rho\cdot\cos(\theta+\mathrm{d}\theta)}{2\sqrt{1-(1+k)c^2\rho^2}} \tag{3.52}$$

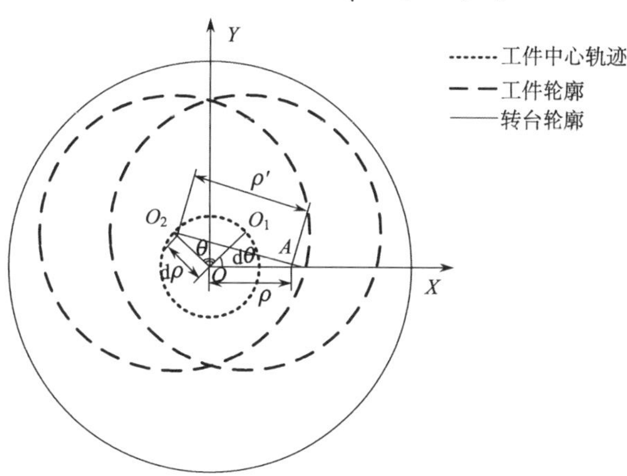

图 3.37　转台与工件对心误差

下面给出一个仿真实例。对心误差 $\mathrm{d}\rho=1\,\mathrm{mm}$，$\mathrm{d}\theta=\pi/3$，半径 $r=20\,\mathrm{mm}$ 口径圆内的理论误差分布如图 3.38 所示，此图和像差中的离焦像差相似，但会存在一定的倾斜程度。说明在采用极坐标路径的情形下，转台与工件的对心误差会产生类离焦像差的误差分布。

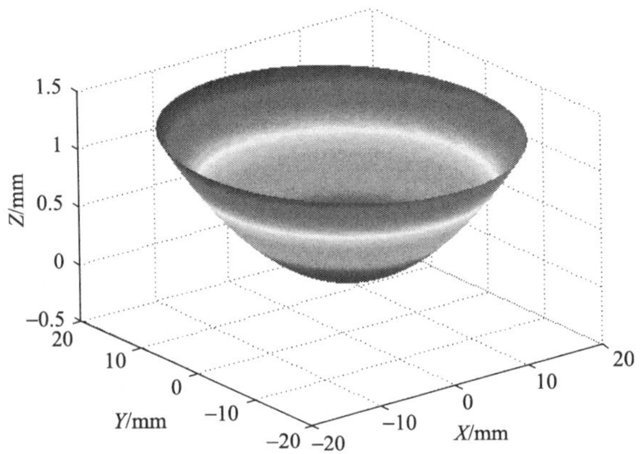

图 3.38　转台与工件对心误差三维分布

2) 倾斜量/离焦量的补偿

以上仅分析了对心误差造成的影响，而调整误差中还存在倾斜误差。所谓的倾斜误差指的就是转台自身的精度要求和待测工件自身非被测面表面的误差，都会导致工件的放置存在一定程度的倾斜。这里仅讨论如何分离去除倾斜量。

假设测量所得的待测工件的曲面数据为 x 、 y 、 z 三组列向量，将曲面按照二次曲面进行拟合，得

$$z' = ax + by + c(x^2 + y^2) + d \tag{3.53}$$

定义函数为

$$W = \sum_1^N (z - z')^2 = \sum_1^N [z - (ax + by + c(x^2 + y^2) + d)]^2 \tag{3.54}$$

要使 W 最小，采用最小二乘法则有

$$\frac{\partial W}{\partial a} = \frac{\partial W}{\partial b} = \frac{\partial W}{\partial c} = \frac{\partial W}{\partial d} = 0 \tag{3.55}$$

即

$$\begin{cases} \dfrac{\partial W}{\partial a} = 2\sum [z - (ax + by + c(x^2 + y^2) + d)](-x) = 0 \\ \dfrac{\partial W}{\partial b} = 2\sum [z - (ax + by + c(x^2 + y^2) + d)](-y) = 0 \\ \dfrac{\partial W}{\partial c} = 2\sum [z - (ax + by + c(x^2 + y^2) + d)](-(x^2 + y^2)) = 0 \\ \dfrac{\partial W}{\partial d} = 2\sum [z - (ax + by + c(x^2 + y^2) + d)] = 0 \end{cases} \tag{3.56}$$

矩阵形式为

$$\begin{vmatrix} \sum x^2 & \sum xy & \sum x(x^2+y^2) & \sum x \\ \sum xy & \sum y^2 & \sum y(x^2+y^2) & \sum y \\ \sum x(x^2+y^2) & \sum y(x^2+y^2) & \sum (x^2+y^2)^2 & \sum (x^2+y^2) \\ \sum x & \sum y & \sum (x^2+y^2) & N \end{vmatrix} \begin{vmatrix} a \\ b \\ c \\ d \end{vmatrix} = \begin{vmatrix} \sum zx \\ \sum zy \\ \sum z(x^2+y^2) \\ \sum z \end{vmatrix} \tag{3.57}$$

求解式(3.57)，得出 a 、 b 、 c 、 d 四个系数，就可以得到补偿倾斜量和离焦量后的曲面的面形。上面的函数 W 是基于同时去除倾斜量与离焦量定义的。

(1) 若单独去除倾斜量，则有 $W=\sum_1^N (z-z')^2=\sum_1^N [z-(ax+by)]^2$ ；

(2) 若只去除离焦量，则有 $W=\sum_1^N (z-z')^2=\sum_1^N [z-c(x^2+y^2)]^2$ 。

2. 随机调整误差之非序列化研究

1) 直角坐标系下误差分离模型

图 3.39 所示为直角坐标系下的测量模型。以机床测量状态下零位位置为原点建立测量坐标系 $OXYZ$ ，图中工件的理论位置记为 Surface_flat，而由各种调整误差造成了工件测量时存在对心误差和倾斜误差，倾斜平移后的工件位置记为 Surface_error，对心误差为 $(\mathrm{d}x,\mathrm{d}y)$，倾斜误差为 (α,β) 。以实际工件的中心点 O' 为原点，建立坐标系 $O'X'Y'Z'$ 。这样一来，理论上要测量的点为 Surface_flat 面上点 $A(x_A,y_A,z_A)$，而实际测量的是 Surface_error 面上点 $B(x_B,y_B,z_B)$ 。测杆垂直打下，则

$$x_A=x_B, \quad y_A=y_B \tag{3.58}$$

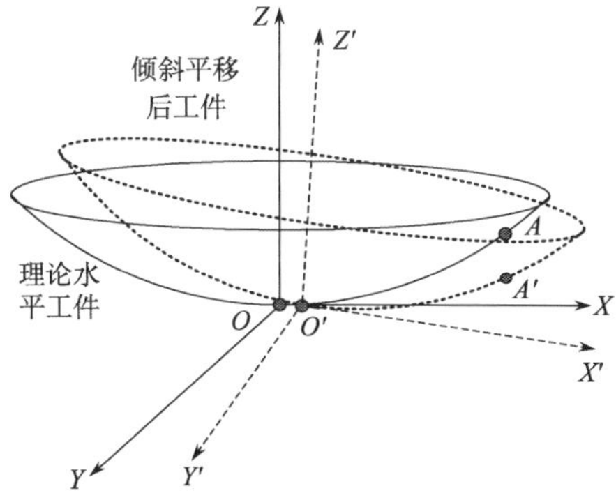

图 3.39　同时存在倾斜误差与对心误差

点 A 和点 B 在坐标系 $O'X'Y'Z'$ 中的坐标值为 $A'(x'_A, y'_A, z'_A)$ 和 $B'(x'_B, y'_B, z'_B)$。这样一来，调整误差引入的测量误差 $\mathrm{d}z$ 就是 A、B 两点的测量值之差，即

$$\mathrm{d}z = z_B - z_A \tag{3.59}$$

式中，Z_A 为理论曲面上点 (X_A, Y_A) 对应的矢高，是已知量。只要求得 Z_B，就可以求出对心误差 $(\mathrm{d}x, \mathrm{d}y)$ 和倾斜误差 (α, β) 对应的测量调整造成的误差 $\mathrm{d}z$。而在坐标系 $O'X'Y'Z'$ 中的 $B'(x'_B, y'_B, z'_B)$ 正是坐标系 $OXYZ$ 中 $B(x_B, y_B, z_B)$ 由于存在对心和倾斜误差后的测量点，根据坐标变换即可求出 $B(x_B, y_B, z_B)$ 经过对心和倾斜后的测量点 $B'(x'_B, y'_B, z'_B)$ 的坐标。

由坐标系的转换关系式可得

$$\begin{vmatrix} x'_B \\ y'_B \\ z'_B \\ 1 \end{vmatrix} = \begin{bmatrix} \cos(\beta) & 0 & -\sin(\beta) & -\mathrm{d}x\cos(\beta) \\ \sin(\beta)\sin(\alpha) & \cos(\alpha) & \cos(\beta)\sin(\alpha) & -\mathrm{d}y\cos(\alpha) - \mathrm{d}x\sin(\alpha)\sin(\beta) \\ \sin(\beta)\cos(\alpha) & -\sin(\alpha) & \cos(\beta)\cos(\alpha) & \mathrm{d}y\sin(\alpha) - \mathrm{d}x\cos(\alpha)\sin(\beta) \\ 0 & 0 & 0 & 1 \end{bmatrix} \begin{vmatrix} x_B \\ y_B \\ z_B \\ 1 \end{vmatrix} \tag{3.60}$$

在坐标系 $O'X'Y'Z'$ 中，$B'(x'_B, y'_B, z'_B)$ 位于理论二次曲面上，恰好满足二次曲面理论方程，将由式(3.60)所得的 $B'(x'_B, y'_B, z'_B)$ 的坐标代入标准的二次曲面方程，并约去高阶小量，化简得到关于 z_B 的公式为

$$\begin{aligned} &(1+k)z_B^2 + 2(kx\sin(\beta) - ky\sin(\alpha) - R)z_B + x_B^2 + y_B^2 \\ &-2x_B\,\mathrm{d}x - 2y_B\,\mathrm{d}y - 2Rx_B\sin(\beta) + 2Ry_B\sin(\alpha) = 0 \end{aligned} \tag{3.61}$$

式(3.61)就是旋转后曲面 Surface_error 的标准方程。

不失一般性，将式(3.61)记为

$$az'^2 + bz' + c = 0 \tag{3.62}$$

式中

$$\begin{cases} a = 1 + k \\ b = 2kx\sin(\beta) - 2ky\sin(\alpha) - 2R \\ c = x^2 + y^2 - 2x\,\mathrm{d}x - 2y\,\mathrm{d}y - 2Rx\sin(\beta) + 2Ry\sin(\alpha) \end{cases} \tag{3.63}$$

则可求出对心倾斜后 Surface_error 面在坐标系 $OXYZ$ 中的曲面方程为

$$\begin{cases} z' = \dfrac{-b - \sqrt{b^2 - 4ac}}{2a}, & k \neq -1 \\ z' = -c / b, & k = -1 \end{cases} \tag{3.64}$$

则式(3.64)表示为

$$
\begin{cases}
\mathrm{d}z=\dfrac{1}{k+1}[(k+\dfrac{1}{\sqrt{1-(1+k)c^2(x^2+y^2)}})y\sin(\alpha) \\
\quad -(k+\dfrac{1}{\sqrt{1-(1+k)c^2(x^2+y^2)}})x\sin(\beta)]-\dfrac{x\,\mathrm{d}x+y\,\mathrm{d}y}{\sqrt{1-(1+k)c^2(x^2+y^2)}}, & k\neq -1 \\
\mathrm{d}z=[-x-\dfrac{(x^2+y^2)}{2R^2}x]\sin(\beta)+[y+\dfrac{(x^2+y^2)}{2R^2}y]\sin(\alpha)-cx\,\mathrm{d}x-cy\,\mathrm{d}y, & k=-1
\end{cases}
\tag{3.65}
$$

式(3.65)分离出了四个误差量 $(\mathrm{d}x,\mathrm{d}y,\alpha,\beta)$，可以看出，这四个误差量是线性关系的。应用式(3.65)，就可以使用最小二乘原理求出四个误差量，从而补偿测量的调整误差，分离出工件的真实面形误差。

2) 极坐标系下误差分类模型

实际测量中，转台与工件的对心误差和转台与测头的对心误差，以及工件的倾斜误差同时存在着，如图 3.40(a)所示，O 是转台中心，也是整个测量模型的基准。假设初始情况下，工件中心 O_2 位于图 3.40(a)所示位置，O_2 点初始时刻坐标为 $(\mathrm{d}x_2,\mathrm{d}y_2)$，极坐标数据为 $(\mathrm{d}\rho_2,\mathrm{d}\theta_2)$，而测头与转台对心在 O_1 点，初始时刻 O_1 点坐标为 $(\mathrm{d}x_1,\mathrm{d}y_1)$，极坐标数据为 $(\mathrm{d}\rho_1,\mathrm{d}\theta_1)$。初始时刻，工件的倾斜状态相当于以 O_2 为中心，绕 X、Y 轴分别转了 (α,β) 角度。某时刻，理论测量点是点 $A(\rho,\theta)$，工件的倾斜状态相当于以 O_2 为中心，绕 X、Y、Z 轴分别转了 (α,β,θ)。测头与转台的对心误差，造成测头实际打在 $B(\rho+\mathrm{d}x_1,\mathrm{d}y_1)$，并且有 $OA=OB=\rho$，而工件中心转到 $O_2'(\mathrm{d}\rho_2,\theta+\mathrm{d}\theta_2)$。测得矢高值实际上是工件上极径为 $\rho'=O_2'B$ 处的矢高值。

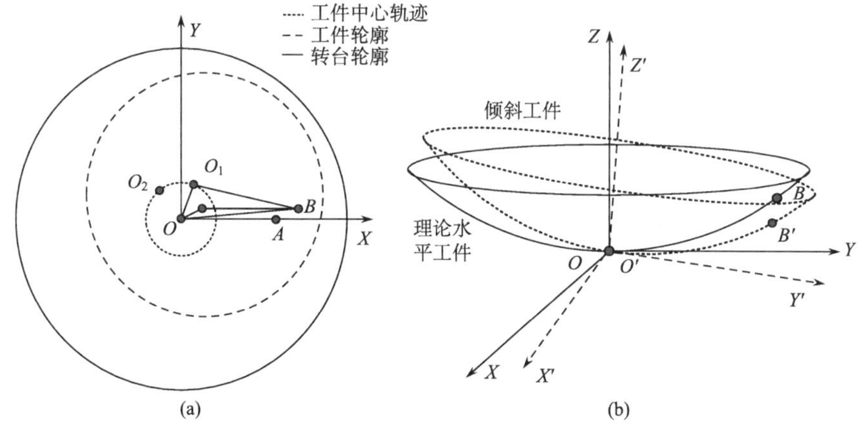

图 3.40　极坐标系下对心误差

$$\rho' = \sqrt{(\mathrm{d}\rho_2 \cdot \cos(\theta + \mathrm{d}\theta_2) - (\rho + \mathrm{d}x_1))^2 + (\mathrm{d}\rho_2 \cdot \sin(\theta + \mathrm{d}\theta_2) - (\mathrm{d}y_1))^2} \tag{3.66}$$

若只考虑对心误差，则理论值和实测值分别为

$$z = \frac{c\rho^2}{1 + \sqrt{1 - (1+k)c^2\rho^2}} \tag{3.67}$$

$$z' = \frac{c\rho'^2}{1 + \sqrt{1 - (1+k)c^2\rho'^2}} \tag{3.68}$$

化简得

$$\mathrm{d}z_{\mathrm{cen}} = z' - z = \frac{c\rho}{\sqrt{1-(1+k)c^2\rho^2}}\mathrm{d}x_1 - \frac{c\rho\cos(\theta)}{\sqrt{1-(1+k)c^2\rho^2}}\mathrm{d}x_2 + \frac{c\rho\sin(\theta)}{\sqrt{1-(1+k)c^2\rho^2}}\mathrm{d}y_2 \tag{3.69}$$

考虑到倾斜误差，如图 3.40(b)所示，测头打在 B' 点，造成倾斜误差为

$$\mathrm{d}z_{\mathrm{tilt}} = z_{B'} - z_B \tag{3.70}$$

此处的倾斜误差与直角坐标系下的倾斜误差类似，则有

$$\begin{cases} \mathrm{d}z_{\mathrm{tilt}} = \dfrac{1}{1+k}\left\{\left[-kx\cos(\theta) - ky\sin(\theta) - \dfrac{x\cos(\theta)+y\sin(\theta)}{\sqrt{1-c^2(1+k)(x^2+y^2)}}\right]\sin(\beta)\right. \\ \quad + \left[ky\cos(\theta) - kx\sin(\theta) - \dfrac{x\sin(\theta)-y\cos(\theta)}{\sqrt{1-c^2(1+k)(x^2+y^2)}}\right]\sin(\alpha) \\ \quad \left. - \dfrac{x\cos(\theta)\mathrm{d}x}{\sqrt{1-c^2(1+k)(x^2+y^2)}} - \dfrac{y\cos(\theta)\mathrm{d}y}{\sqrt{1-c^2(1+k)(x^2+y^2)}} + \mathrm{d}z\right\}, & k \neq -1 \\ \mathrm{d}z_{\mathrm{tilt}} = \left\{-x\cos(\theta) - y\sin(\theta) - \dfrac{c^2(x^2+y^2)}{2}\left[x\cos(\theta)+y\sin(\theta)\right]\right\}\sin(\beta) \\ \quad + \left\{-x\sin(\theta) + y\cos(\theta) - \dfrac{c^2(x^2+y^2)}{2}\left[x\sin(\theta)-y\cos(\theta)\right]\right\}\sin(\alpha) \\ \quad - cx\cos(\theta)\mathrm{d}x - cy\cos(\theta)\mathrm{d}y + \mathrm{d}z, & k = -1 \end{cases} \tag{3.71}$$

3) 最小二乘法模型求解

由实验的方法不容易直接测量出各种误差，借助于计算机技术和最小二乘法，可以由测量数据分离出对心偏差$(\mathrm{d}x, \mathrm{d}y)$，以及倾角误差$(\mathrm{d}\theta_x, \mathrm{d}\theta_y)$。此处的误差模型求解主要针对的是直角坐标系下误差分离模型的介绍，极坐标系下的模型求

解与之类似，此处不再介绍。

对第i个测量点，由对心误差和倾角误差引起的测量误差记为E_i'，建立一般误差的模型，则有

$$E_i' = \mathrm{d}z_x + \mathrm{d}z_y + \mathrm{d}z_{\theta_x} + \mathrm{d}z_{\theta_y} \tag{3.72}$$

$$\begin{aligned} E_i' = &\frac{cx_i}{\sqrt{1-(1+k)c^2({x_i}^2+{y_i}^2)}}\mathrm{d}x + \frac{cy_i}{\sqrt{1-(1+k)c^2({x_i}^2+{y_i}^2)}}\mathrm{d}y \\ &+ \frac{1}{1+k}(k+\frac{1}{\sqrt{1-(1+k)c^2({x_i}^2+{y_i}^2)}})y_i\sin(\mathrm{d}\theta_x) \\ &- \frac{1}{1+k}(k+\frac{1}{\sqrt{1-(1+k)c^2({x_i}^2+{y_i}^2)}})x_i\sin(\mathrm{d}\theta_y) \end{aligned} \tag{3.73}$$

记

$$S = \mathrm{d}x，\ T = \mathrm{d}y，\ U = \sin(\mathrm{d}\theta_x)，\ V = \sin(\mathrm{d}\theta_y)$$

$$s_i = \frac{cx_i}{\sqrt{1-(1+k)c^2({x_i}^2+{y_i}^2)}}$$

$$t_i = \frac{cy_i}{\sqrt{1-(1+k)c^2({x_i}^2+{y_i}^2)}}$$

$$u_i = \frac{1}{1+k}(k+\frac{1}{\sqrt{1-(1+k)c^2({x_i}^2+{y_i}^2)}})y_i$$

$$v_i = -\frac{1}{1+k}(k+\frac{1}{\sqrt{1-(1+k)c^2({x_i}^2+{y_i}^2)}})x_i$$

则

$$E_i' = s_i \cdot S + t_i \cdot T + u_i \cdot U + v_i \cdot V \tag{3.74}$$

定义函数为

$$W(a,b,c,d) = \sum_{i=1}^{n}[E_i - E_i']^2 = \sum_{i=1}^{n}[E_i - (s_iS + t_iT + u_iU + v_iV)]^2 \tag{3.75}$$

式中，E_i为第i个点的实际测量误差。

由最小二乘原理可知，要使$W(S,T,U,V)$最小，必须有

$$\frac{\partial W}{\partial S} = \frac{\partial W}{\partial T} = \frac{\partial W}{\partial U} = \frac{\partial W}{\partial V} = 0 \tag{3.76}$$

$$\begin{cases} \dfrac{\partial W}{\partial S} = 2\sum[E_i - (s_iS + t_iT + u_iU + v_iV)](-s_i) = 0 \\ \dfrac{\partial W}{\partial T} = 2\sum[E_i - (s_iS + t_iT + u_iU + v_iV)](-t_i) = 0 \\ \dfrac{\partial W}{\partial U} = 2\sum[E_i - (s_iS + t_iT + u_iU + v_iV)](-u_i) = 0 \\ \dfrac{\partial W}{\partial V} = 2\sum[E_i - (s_iS + t_iT + u_iU + v_iV)](-v_i) = 0 \end{cases} \tag{3.77}$$

矩阵形式为

$$\begin{vmatrix} \sum s_i^2 & \sum s_it_i & \sum s_iu_i & \sum s_iv_i \\ \sum t_is_i & \sum t_i^2 & \sum t_iu_i & \sum t_iv_i \\ \sum u_is_i & \sum u_it_i & \sum u_i^2 & \sum u_iv_i \\ \sum v_is_i & \sum v_it_i & \sum v_iu_i & \sum v_i^2 \end{vmatrix} \begin{vmatrix} S \\ T \\ U \\ V \end{vmatrix} = \begin{vmatrix} \sum E_is_i \\ \sum E_it_i \\ \sum E_iu_i \\ \sum E_iv_i \end{vmatrix} \tag{3.78}$$

求解式(3.78)，即可得到系数 S、T、U、V，进而得偏心误差 dx、dy 和倾角误差 $\mathrm{d}\theta_x$、$\mathrm{d}\theta_y$。

3.4.4　接触力诱导误差

接触式测量头采用德国海德汉公司的 MT60M 型长度计，其精度达到 ±0.5μm，测量范围为 60mm。有 3 种测量力可以选择：1N、1.25N、1.75N，可以以各种工作姿态进行工作。

测量力是测量杆作用在被测对象上的力。测量力过大会造成测量头和被测对象变形；如果测量力太小，则尘土及其异物可能使测量杆无法与被测对象充分接触。测量力的大小取决于测量杆的驱动方式。

MT60M型长度计内置驱动测量杆运动的电机，通过操作开关盒上按钮或外部操作装置进行控制。如果未连接开关盒，则不允许手动操作长度计。MT60M型电机驱动测量杆运动的长度计测量力有三挡，可用开关盒选择测量力挡位。测量力在全量程中保持不变，但其大小与工作姿态有关。

此处采用测头半缩回模式，这样可以大大缩短测量时间，提高了测量的效率。如图3.41所示，在相同条件下不同的测量力的测量结果，总共测量5组数据，且同一组数据测量的都是同一测量点，各组测量的又是不同的点。由图可见这5组数据的趋势是一样的，随着测量力的增加，测量结果的绝对值增加。这表明不同的测量力对测量结果是有影响的，在测量实验过程中不可以随便更改挡位来进行测量。

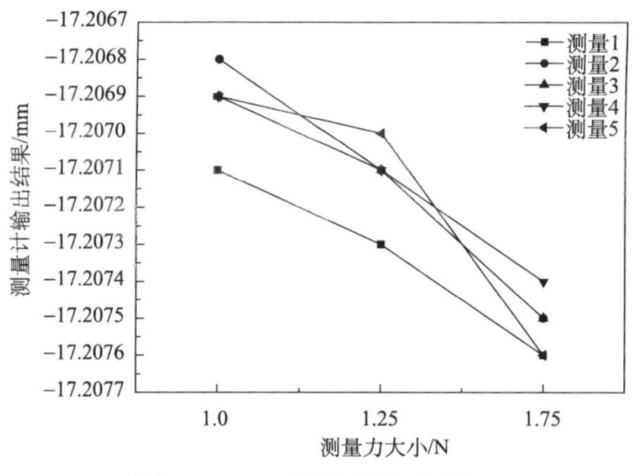

图 3.41　不同测量力的测量结果

3.4.5　高阶像差误差分析

在实际测量中，发现待测件的倾斜会产生一定的慧差，对测量结果产生影响。为了验证该结论，进行了一系列研究。在实验中，通过人为地增加待测件的倾斜量（在一侧底面添加垫片，一层垫片的厚度大约为 70μm），并通过 Zernike 多项式拟合分析出对应项的像差值，尤其是慧差值。实验中，针对平面镜 Φ150mm，在某一固定底面位置添加垫片，分别为 1 层、3 层和 5 层。采用相同的实验参数，对不同情况下的待测件进行测量。测量结果如图 3.42 所示。

误差PV=3.1484λ　误差RMS=0.5292λ

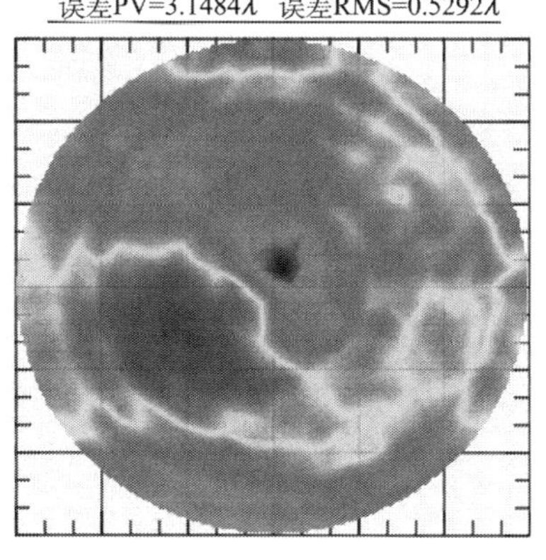

图 3.42　无添加薄片垫片时的测量结果

随后对所测量的结果，进行了 Zernike 多项式拟合，并对误差值进行了分析，如表 3.5 所示。表中 No.1 表示无添加垫片时的测量结果，No.2、No.3、No.4 分别表示添加 1 层垫片、3 层垫片、5 层垫片时的误差数据分析结果；此外，Tilt X、

Tilt *Y*、CMA *X*、CMA *Y*、PWR 分别表示通过 Zernike 多项式曲面拟合后的 *X*、*Y* 方向的倾斜、*X*、*Y* 方向的慧差和离焦的误差值。由于在测量过程中垫片的叠加是随机性的，所以对倾斜和离焦两组数据综合计算，得到整体的倾斜和离焦数据，而不局限在某一方向上，更具有一般性。

表 3.5　测量数据误差分析　　（单位：μm）

	No.1	No.2	No.3	No.4
PV	58.628	129.741	315.898	517.225
RMS	14.990	33.377	81.417	133.308
Tilt *X*	0.068	0.066	0.098	0.165
Tilt *Y*	0.064	0.091	0.195	0.264
Tilt 综合	0.076	0.127	0.218	0.311
CMA *X*	0.416	0.610	1.352	1.748
CMA *Y*	0.778	1.019	2.018	3.149
CMA 综合	0.882	1.188	2.429	3.602
PWR	1.049	1.008	1.142	1.139

针对表 3.5 的数据，逐一进行分析，如图 3.43 所示。PV、RMS 随着垫片厚度的增加呈线性关系（数据从 No.2 到 No.4，因为 No.1 为原始的未添加垫片的数据结果）；*X*、*Y* 方向的倾斜 Tilt *X*、Tilt *Y* 和 *X*、*Y* 方向的慧差 CMA *X*、CMA *Y* 从数据 No.2 到 No.4，都呈现与 PV 和 RMS 项类似的增加；而离焦 PWR 项则没有明显的变化，数值也基本保持不变。这说明对于平面镜测量，倾斜会引入慧差项误差，而与离焦项误差没有明显的关系。对于非球面，实验数据的获得并不是很理想，有待于下一步实验研究。根据实验结果可推测倾斜与慧差项有可能存在一定的线性关系，该内容可作为后续内容来进一步研究。

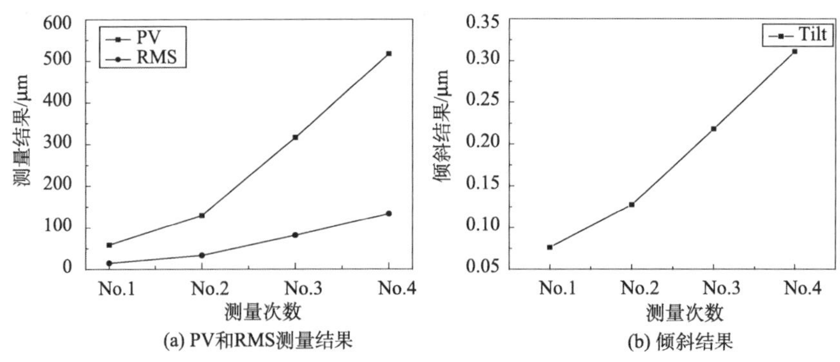

(a) PV和RMS测量结果　　(b) 倾斜结果

图 3.43　测量结果数据分析

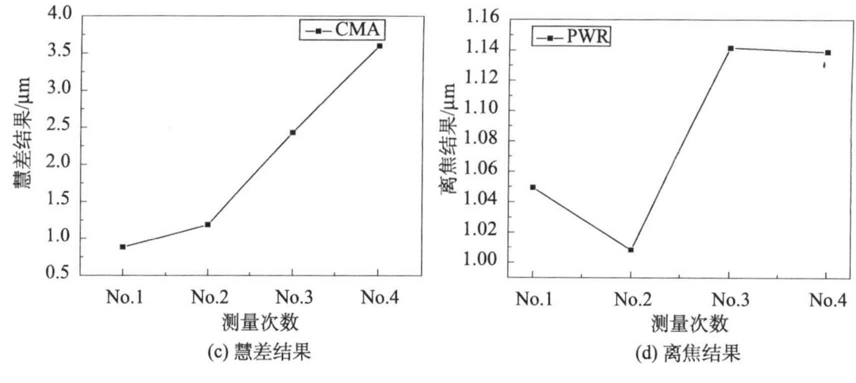

(c) 慧差结果　(d) 离焦结果

图 3.43　测量结果数据分析（续）

3.5 小　结

本章针对光学非球面的测量，阐述了光学元件形貌测量的基本原理，包括直角坐标测量方法原理、所涉及的各种坐标系的变换。重点介绍了Zernike多项式拟合的原理和特点，以及其和经典像差公式的联系，为后续非球面的测量研究和误差模型及其补偿系统提供了理论基础。在光学形貌测量原理的基础上，设计并展开了对光学元件测量实验的软件和硬件系统的研究与介绍，重点介绍了作者课题组自主研制的龙门式PMI700 轮廓测量仪，用于接触式测量的海德汉MT60M型长度计测头，以及涵盖了工件定义、路径规划、误差分析，尤其是Zernike拟合等多功能的配套软件系统。针对测量过程中存在的固有误差和调整误差这两大类误差进行了分析研究，提出了总体的误差补偿模型，具体详细地分析了各个误差对测量结果的影响和补偿模型。测量出X轴直线度误差，其值为 4.69μm /1600mm。对于测头半径补偿，主要是近似的理论点矢高的补偿和求解实际接触点的补偿。针对调整误差，采用两种不同的补偿策略：一个是序列化补偿，逐一分析各个误差（主要是倾斜误差和平移对心误差）并进行补偿；另一个是非序列化补偿，采用误差分离和最小二乘原理同时补偿倾斜误差和对心误差。

参 考 文 献

卞宇生. 2008. 光学非球表面形貌缺陷评价[D]. 北京：北京理工大学: 4-5.

蔡自兴. 2000. 机器人学[M]. 北京：清华大学出版社.

陈钦芳，李英才，马臻，等. 2011. 离轴二次非球面反射镜无像差点法检测的误差分离技术[J]. 光学学报, 31(2): 02220011-02220012.

程灏波, 王英伟. 2004. 非球面零件光学检测技术研究[J]. 航空精密制造技术, 40(4): 8-10.

程灏波, 张学军, 郑立功, 等. 2002. 非球面研磨阶段检测技术的优化[J]. 航空精密制造技术, 38(6): 8-11.

程灏波. 2005. 精研磨阶段非球面面形接触式测量误差补偿技术[J]. 机械工程学报, 8: 228-231.

出晓岚. 2009. 集成于三坐标测量机的激光三角法测量系统[D]. 厦门: 厦门大学: 10-14.

德国米铱公司. Confocal DTC on focal chromatic measurement system [EB/OL]. http://www.micro- epsilon. com.

范珂. 2010. 刀口法检测光学元件面形的数字化技术研究[D]. 西安: 西安工业大学: 7-10.

冯云鹏. 2011. 计算机控制七轴五联动非球面制造关键技术研究[D]. 北京: 北京理工大学: 23-29.

海德汉. 2004. 德国海德汉 MT60 长度计. http: //www. heidenhain. com. cn/zh_CN/home/.

基恩士(中国)有限公司. 2010. 超高速/高精度 CMOS 激光位移传感器 LK-G5000 系列[EB/OL]. http: //china-search. keyence. com/cn/zhcn/downloadcon/search. x.

基恩士(中国)有限公司. 传感器视觉系统/测量仪器/显微系统/激光打印机[EB/OL]. http://china-search. keyence. com/cn/zhcn/downloadcon/search. x.

姜洋. 2009. 曲面型值点离散化测量方法研究[D]. 北京; 北京理工大学: 16-21.

李国旗. 2007. 非球面镜超精密测量与误差分析系统设计与研究[D]. 广州: 广东工业大学: 6-18.

刘华. 2006. 利用曲面计算全息图检测非球面[D]. 长春: 中国科学院研究生院(长春光学精密机械与物理研究所): 6-8.

刘书桂, 张国雄. 1999. 三坐标测量机软件 [M]. 天津: 天津大学出版社.

刘晓军, 章明, 周莉萍, 等. 1999. 一种新型横向剪切发生器[J]. 光学精密工程, 7(3): 103-108.

马明建, 周长城. 1998. 数据采集与处理技术[M]. 西安: 西安交通大学出版社.

潘君骅. 1994. 非球面光学的设计加工及检验[M]. 北京: 科学出版社: 1-5.

普晋亚. 2008. PSD 激光三角测距系统设计[D]. 武汉: 华中科技大学: 6-14.

仇谷烽, 郭培基, 懈滨, 等. 2007. 接触式非球面轮廓测量的数据处理模型[J]. 光学精密工程, 15(4): 492.

汪威. 2006. 多波长干涉法在纳米尺度测量中的引用[D]. 武汉: 湖北工业大学: 1-10.

汪伟. 2011. 基于哈特曼-夏克传感器的波前检测方法研究[D]. 武汉: 华中科技大学: 4-5.

王建明. 2013. 三坐标轮廓测量仪检测非球面研究[D]. 苏州: 苏州大学: 11-14.

王晓嘉, 高隽, 王磊. 2004. 激光三角法综述[J]. 仪器仪表学报, 25(4): 601-604.

文永富. 2013. 非一致曲率光学曲面干涉测量技术研究[D]. 北京: 北京理工大学: 49-51.

熊有伦, 丁汉, 刘恩海. 1993. 机器人学[M]. 北京: 机械工业出版社.

鄢静舟, 雷凡, 周必方, 等. 1999. 用 Zernike 多项式进行波面拟合的几种算法[J]. 光学精密工程, 7(5): 119-128.

杨力. 2009. 现代光学制造工程[M]. 北京: 科学出版社: 12-35.

张慧静. 2012. 高精度非球面子孔径拼接干涉检测技术研究[D]. 北京: 北京理工大学: 20-23.

郑子文, 贾立德, 尹自强. 2011. 光学非球面坐标测量技术[M]//李圣怡, 戴一帆. 大中型光学非球面镜制造与测量技术. 北京: 国防工业出版社: 393-430.

朱敏, 石永山, 李程华. 2006. 小口径非球面检测的方法[J]. 光电技术应用, 21(1): 4-6.

朱万彬, 曹世豪. 2011. 光谱共焦位移传感器测量透明材料厚度的应用[J]. 光机电信息, 28(9): 50.

Aikens D M. 1995. The origin and evolution of the optics specifications for the national ignition facility[J]. SPIE, 2536: 2-12.

Armitage Jr J D, Lohmann A. 1965. Rotary shearing interferometry[J]. Optica Acta: International Journal of Optics, 12(2): 185-192.

Bickel G, Hausler G, Maul M. 1985. Triangulation with expanded range of depth[J]. Optical Engineering, 24(6): 246975-246975.

Brown D S. 1962. Radial shear interferometry[J]. Journal of Scientific Instruments, 39(2): 71.

Bryngdahl O. 1970. Reversed-radial-shearing interferometry[J]. JOSA, 60(7): 915-917.

Burge J H. 1991. Null test optics for large aspheric mirror[J]. OSA Annual Meeting Technical Digest, 17: 124-125.

Dorsch R G, Häusler G, Herrmann J M. 1994. Laser triangulation: fundamental uncertainty in distance measurement[J]. Applied Optics, 33(7): 1306-1314.

Ghozeil I. 2007. Hartmann and other screen tests [M]. 3rd ed. New York: Wiley.

Lee H H, You J H, Park S H. 2003. Phase-shifting lateral shearing interferometer with two pairs of wedge plates[J]. Optics Letters, 28(22): 2243-2245.

Liard A, Bray M, Chabassier G. 1999. Laser megajoule optics: II. wavefront analysis in the testing of large components[C]// International Society for Optics and Photonics: 461-472.

LuphoScan. 2012. 快速非接触轮廓测量系统使用手册[EB/OL]. http: //www. luphos. com.

Malacara D, Méndez M. 1968. Lateral shearing interferometry of wavefronts having rotational symmetry[J]. Journal of Modern Optics, 15(1): 59-63.

Malacara D. 1983. 光学车间检验[M]. 北京: 机械工业出版社: 20-43.

Mercier R. 1978. Holographic testing of aspherical surfaces[J]. SPIE, 208-214.

TS16949: 2009-MSA 测量系统分析培训教材(第三版)-最新版[EB/OL]. http://www.doc88.com/p-5925995564198.html.

Vernold C L, Harvey J E. 1997. Comparison of harvey-shack scatter theory with experimental measurements[C]// International Society for Optics and Photonics: 128-138.

Wolfe C R, Lawson J K, Kellam M C, et al. 1995. Measurement of wavefront structure from large-aperture optical components by phase-shifting interferometry[C]. International Society for Optics and Photonics: 13-37.

Wyant J C. 2003. Zernike Polynomials [J]. Zernike Polynomials For The Web.

Wyant J, Bennett V. 1972. Using computer generated holograms to test aspheric wavefronts [J]. Applied Optics, 11(12): 2833-2839.

Zhi J F, Wu Y B, Cheng H B. 2004. Fabrication of off-axis aspherical mirrors with loose abrasive point-contact machining[J]. Key Engineering Materials, 257: 153-158.

第 4 章　结构光轮廓测量

4.1　概　　述

光学三维传感是指用光学手段获取物体三维空间信息的方法和技术，主要指获得物体表面三维形状信息的方法和技术，已经成为人们认识客观世界的重要手段。光学三维传感具有非接触、测量速度快、系统柔性好、精度适中等优点，已经广泛应用于三维模型重建、物体表面轮廓三维测量以及工业环境中的尺寸和形位参数的检测等领域。根据照明方式的不同，光学三维传感可以分为两大类：被动三维传感和主动三维传感。

在被动三维传感中，景物的照明由物体周围的光照条件提供，从一个或多个摄像系统获取的二维图像中确定距离信息，形成三维面形数据。被动三维传感方法测量精度低，计算量较大，不适于精密计量，常用于三维目标的识别和位形分析，但是由于系统简单，数据采集快速、便捷，其在机器视觉领域有着广泛的应用。常见的被动三维传感有双目视觉、聚焦/离焦法、光度立体视觉。双目立体视觉有两个缺点：①需要大量的数据运算；②对物体纹理特征的过分依赖性。被动三维离焦方法需要根据物体表面的纹理特征计算相对模糊度，当物体表面过于简单或者过于复杂时，获得正确的相对模糊度相当困难。光度立体视觉的基本原理很简单，但是存在很多实践上的困难。目前上面提到的被动三维传感方法中只有双目视觉已经实现商品化，而其他的几种由于系统误差较大和实践上的困难，尚未商品化。

适合于计量目的的三维传感方法是主动三维传感，其采用结构照明方式。由于三维面形对结构光的空间或时间进行了调制，从携带有三维面形信息的观察光场中通过适当的方法可以解调出三维面形数据。根据三维面形对结构光光场调制方式的不同，主动三维传感方法分为时间调制与空间调制两大类。

(1) 飞行时间法（time-of-flight），基于三维面形对结构光束产生的时间调制进行测量。从发射器发出一个激光脉冲信号，经待测物体表面漫反射后，沿相同的路径反向传回到接收器。检测光脉冲从发出到接收时刻之间的时间延迟量，结合光速得到距离。与附加的扫描装置配合，使光脉冲扫描整个物体就可以得到三维面形数据，飞行时间法以信号检测的时间分辨率来换取距离测量精度，要得到高的测量精度，测量系统必须要有极高的时间分辨率。

(2) 莫尔轮廓术（Moire topography），自 1970 年提出以来，已经发展成为一种计量新技术。莫尔轮廓术的基本原理是利用一个基准光栅与投影到三维物体表面上并受表面高度调制的变形光栅叠合形成莫尔条纹。分析莫尔条纹就可以得到物体的深度信息。该方法具有较大的灵活性，适合于测量较大的物体。目前已经提出了阴影莫尔法、投影莫尔法、扫描莫尔法，以及这些方法的改进方法。在阴影莫尔法、投影莫尔法中，单从莫尔等高线上不能判断表面的凹凸，不适于自动测量。

(3) 相位测量轮廓术（phase measurement profilometry），采用正弦光栅或准正弦光栅投影和相移。投影一个正弦光栅到物体表面时，从成像系统可以获得受该物体表面面形调制的变形条纹，条纹的变形由其相位分布的变化得到体现。物体的高度信息被编码在变形光栅的相位信息中，如果能正确得到某一点的相位值，则可以获得该点对应的高度值。其最大优点在于求解物体初相位时是点对点的运算，即在原理上某一点的相位值不受相邻点光强值的影响，避免了物面反射率不均匀引起的误差，测量精度可达到几十分之一到几百分之一个等效波长。相位测量轮廓术需要精密的相移装置和标准的正弦光栅，相移不准和光场的非正弦性会引入测量误差，同时必须进行可靠的相位展开。

(4) 傅里叶变换轮廓术（Fourier transform profilometry），与相位测量轮廓术类似，但它只需要采集一帧或两帧变形条纹图。对获得的条纹图进行傅里叶分析、滤波、傅里叶逆变换、位相展开等处理后就能得到物体表面的三维数据。与相位测量轮廓术相比，由于只需要一帧或两帧条纹图，数据处理量小，适用于实时和动态测量，但需保证各级频谱之间不混叠，从而限制了测量范围，与相位测量轮廓术相比，测量精度相对较低。

(5) 空间相位检测（spatial phase dectection），是将投影到物体表面且受物体面形调制的变形条纹看成对具有恒定空间频率（即载频）的条纹再加上一个相位调制，它把一个条纹周期[$-\pi$，$+\pi$]内的相位调制分布当成线性分布，也是指利用一帧条纹图就可以计算相位。这种方法速度快，所需时间大约是傅里叶变换轮廓术的几分之一且受条纹的非正弦性影响较小，但对相位的计算精度比相位测量轮廓术要低，当物体存在缺陷时，缺陷处的相位跳变过大时将产生较大的误差。

(6) 激光三角测量法，是指将激光点照射到被测物体表面上，该点的一部分散射光经光学接收系统成像在探测器上，根据光点在成像面上的位置，可以测量出物体表面的面形变化。20世纪80年代以来，在这一原理基础上发展了多种非接触式曲面测量技术，已经有很多种技术成功地运用到实际工程项目中并取得了良好的应用效果。例如，四川大学在国家自然科学基金资助下，于1989年研制成功了鞋楦表面面形光电测量系统。

(7) 线结构光投影测量法，是将激光线结构光投影到被测物体的表面，由于物体表面的不同高度对线结构光产生调制，形成了变形的结构光，通过分析这一变形结构光的信息就可以解调出物体的表面形貌。目前在这一原理基础上发展了多种非接触式曲面测量技术，已经有不少技术成功运用于实际工程项目中并取得了良好的应用效果。例如，四川大学研制成功的三维脚形测量系统。

(8) 调制度测量轮廓术（Modulation Measurement Profilomrtry，MMP），是一种新的光学三维轮廓测量法，它完全基于投影到待测物面上的正弦条纹的调制度分布，并且投影方向和探测方向一致，所以可以实现对物体的垂直测量；不用求解相位和位相展开，可以测量物体表面高度剧烈变化或不连续的区域，它对阴影、遮挡、相位截断并无限制，设备较为简单，易于实现。

采用结构照明的主动三维传感具有测量精度高、结构简单、易于实现、快速全场测量等优点，目前已经出现了一些商品化的主动三维传感系统。大多数以三维面形测量为目的的三维传感系统都采用主动三维传感方式。

4.2　基于结构光原理的测量方法

4.2.1　傅里叶变换轮廓术

目前傅里叶变换技术广泛应用于信息光学领域，它实际上是光学和通信领域交叉联系的结果，它借鉴通信原理中的调制与解调的概念。1983 年，Takeda 等将傅里叶变换用于三维物体的面形测量，提出了傅里叶变换轮廓术。傅里叶变换轮廓术的工作原理分为：①被测物体三维面形（调制信号）对投影在其表面的光栅结构光场（载波信号）进行调制，使光栅结构光场的位相受到物体三维面形高度分布的调制，形成调制后的变形条纹；②成像系统将此连续分布的变形结构广场（已调信号）成像于面阵探测器上，探测器阵列对其进行抽样，然后将离散信息送计算机处理；③计算机对所得的离散信息进行快速傅里叶变换处理，从频谱中滤出基频分量，然后对基频分量进行傅里叶逆变换，获取该位相信息；④根据位相与高度分布的调制关系，解调出被测物体的三维面形信息。

1. 傅里叶变换轮廓术测量原理

傅里叶变换轮廓术的典型测量光路如图 4.1 所示，P_1 和 P_2 分别为投影装置的入瞳和出瞳，I_2 和 I_1 分别为摄影装置的入瞳和出瞳，d 为 P_1 与 P_2 间的距离，L_0 为 I_2 到参考平面 R 间的距离，A 和 C 参考平面 R 上的两点，D 为物面上的点，光栅垂直于图平面。

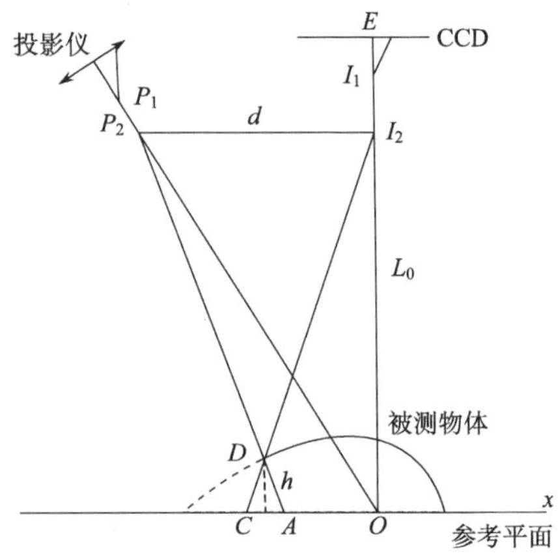

图 4.1　傅里叶变换轮廓术光路图

采用正弦光栅投影得到的变形结构光场表示为

$$g(x,y)=a(x,y)+b(x,y)\cos(2f_0\pi+\varphi(x,y)) \tag{4.1}$$

式中，$a(x,y)$ 为背景光场；$b(x,y)$ 为条纹对比度；$\varphi(x,y)$ 为由物体高度分布 $h(x,y)$ 引起的位相调制；f_0 为投影光栅的基频。对条纹进行傅里叶变换得到其频谱分布，在 x 方向上的一维傅里叶频谱表示为

$$G(f,y)=A(f,y)+Q(f-f_0,y)+Q^*(f+f_0,y) \tag{4.2}$$

式中，$Q(f,y)$ 为 $\frac{1}{2}b(x,y)\exp[\mathrm{i}\varphi(x,y)]$ 的一维傅里叶变换；$A(f,y)$ 为 $a(x,y)$ 的一维傅里叶变换，其分布示意图如图 4.2 所示，当第一项 $a(x,y)$ 通过 π 相移技术消除后，得到的频谱分布表示为

$$G(f,y)=Q(f-f_0,y)+Q^*(f+f_0,y) \tag{4.3}$$

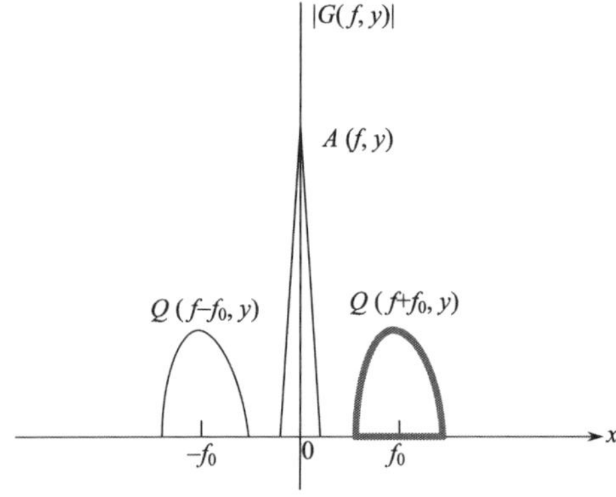

图 4.2　正弦光栅投影时变形的一维频谱分布图

将图 4.2 中的加粗线部分所示的基频分量滤出，然后对其进行傅里叶逆变换，经运算得到位相信息 $\varphi(x,y)$。类似通过对相同频率的参考条纹进行同样的处理，可以求得参考平面所引起的调制位相 $\varphi_0(x,y)$，则单纯由物面高度分布调制的位相为

$$\Delta\varphi(x,y)=\varphi(x,y)-\varphi_0(x,y) \tag{4.4}$$

由图 4.1 投影光路的简单几何关系，得

$$\Delta\varphi(x,y)=2\pi f_0\overline{CA} \tag{4.5}$$

由于 $\Delta\varphi(x,y)$ 被截断在$(-\pi,+\pi)$内，必须进行位相展开，将断裂的位相恢复为连续位相，再利用三角形 DCA 和 DP_2I_2 的相似关系，即可计算出物体面形的高度分布为

$$h(x,y)=\frac{L_0\Delta\varphi(x,y)}{\Delta\varphi(x,y)-2\pi f_0 d} \tag{4.6}$$

在远心投影光路条件下，考虑到实际测量中 $L_0 >> h(x,y)$，被测物体的高度分布和调制位相关系为

$$h(x,y)\approx-\frac{L_0\Delta\varphi(x,y)}{2\pi f_0 d} \tag{4.7}$$

如图 4.3 所示，傅里叶变换轮廓术的工作流程可简单表述为：①被测物体三维面形（调制信号）对投影在其表面的光栅结构光场（载波信号）进行调制，使光栅结构光场的位相受到物体三维面形高度分布的调制；②对连续分布的变形结

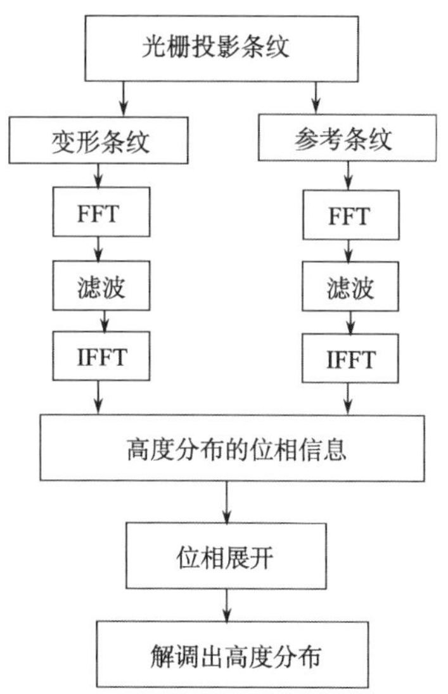

图 4.3　傅里叶变换轮廓术测量流程图

构光场（已调信号）进行抽样，获得离散信息送计算机处理，经过离散傅里叶变换、频域滤波、傅里叶逆变换，计算出该相位信息；③根据相位与高度分布之间的映射关系，计算出被测物体的三维面形数据。

2. 离散傅里叶变换轮廓术的原理

在实际测量中，摄像系统 CCD 获取的是变形结构光场各个离散样点上的强度值，傅里叶变换轮廓术处理的是离散分布的信息。因此，应该从离散傅里叶变换的角度对傅里叶变换轮廓术进行研究。一个简化的光学成像系统的过程如图4.4所示。

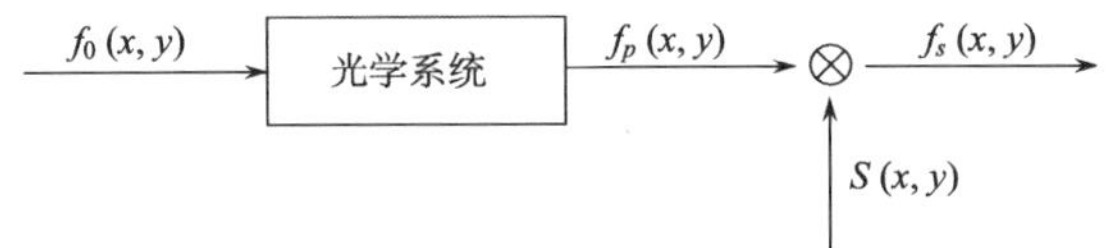

图 4.4　光学成像系统的过程

物函数 $f_0(x,y)$ 经光学成像系统成像后的图像为 $f_p(x,y)$，探测器阵列记录图像平面一个分立点集的抽样值阵列 $f_s(x,y)$，此过程相当于抽样函数 $S(x,y)$ 对 $f_p(x,y)$ 进行抽样。

当投影正弦光栅产生的结构光场到被测三维物体表面时，二维变形结构光场可表示为

$$g(x,y)=a(x,y)+b(x,y)\cos(2\pi f_0 x+\varphi(x,y)) \tag{4.8}$$

实际上变形光栅像是成像在探测器阵面上，理想的离散过程相当于用梳状函数 $s(x,y)$ 对 $g(x,y)$ 进行抽样。探测器获得的离散变形条纹表示为

$$g_S(x,y)=g(x,y)\operatorname{comb}\left(\frac{x}{\Delta x_S}\right)\operatorname{comb}\left(\frac{y}{\Delta y_S}\right) \tag{4.9}$$

式中，Δx_s 和 Δy_s 分别为在 x 和 y 方向上的离散抽样间距；$\dfrac{1}{\Delta x_s}$ 和 $\dfrac{1}{\Delta y_s}$ 为 x 和 y 方向的抽样频率。

当投影的面形结构光场只有一个（x 方向）的载频 f_0，对变形条纹进行与光栅垂直方向（y 方向）的一维傅里叶变换（二维情况类推），利用卷积定理可以得到离散后的图像频谱为

$$G_s(f,y)=\sum_{n=-\infty}^{\infty}\left[Q\left(f-f_0-\frac{n}{\Delta x_s},y\right)+Q^*\left(f+f_0-\frac{n}{\Delta x_s},y\right)\right]\operatorname{comb}\left(\frac{y}{\Delta y_s}\right) \tag{4.10}$$

如果将 $\frac{1}{\Delta x_s}$ 表示为 mf_0，m 为一正数，表示抽样频率域光栅基频之间的比值，则式(4.10)可改写为

$$G_s(f,y)=\sum_{n=-\infty}^{\infty}\left[Q(f-f_0-nmf_0,y)+Q^*(f+f_0-nmf_0,y)\right]\mathrm{comb}\left(\frac{y}{\Delta y_s}\right) \tag{4.11}$$

上述方程表明：函数 $\sum_{n=-\infty}^{\infty}\left[Q(f-f_0,y)+Q^*(f+f_0,y)\right]$ 以 mf_0 为间隔周期性重复出现，而且 m 的取值决定了相邻的“频谱岛”是否发生混叠，如图 4.5 所示。

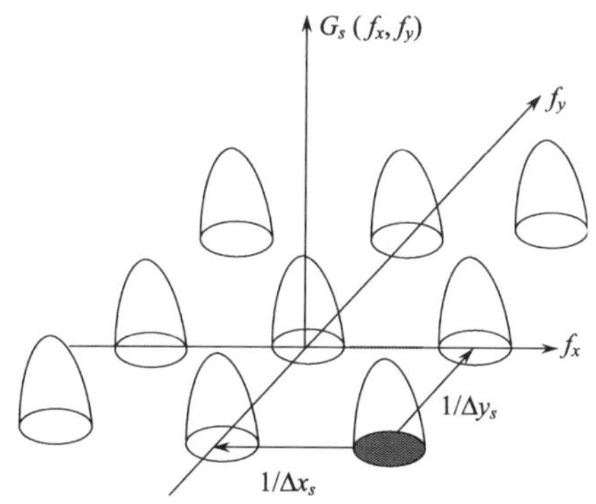

图 4.5　离散傅里叶变换轮廓术“频谱岛”

同一个频谱周期内，仍是存在图 4.2 所示的两个共轭基频分量。因此离散傅里叶变换轮廓术同样要提取其中一个基频分量，然后对其进行傅里叶逆变换，经运算得到位相信息 $\varphi(x,y)$，再计算出物体的高度分布信息。

3. 连续傅里叶变换

设 $f(x,y)$ 是关于自变量 x、y 的连续二元函数，对于整个 xy 平面上只有有限个极值点和间断点且绝对可积，则将函数 $f(x,y)$ 的积分定义为

$$F(u,v)=\iint_{-\infty} f(x,y)\exp[-\mathrm{j}2\pi(ux+vx)]\mathrm{d}x\mathrm{d}y \tag{4.12}$$

可以看成对二维函数 $f(x,y)$ 进行了傅里叶变换，同时

$$f(x,y)=\iint_{-\infty} F(u,v)\exp[\mathrm{j}2\pi(ux+vy)]\mathrm{d}u\mathrm{d}v \tag{4.13}$$

可看成 $F(u,v)$ 的傅里叶逆变换。

在上面的式子中，x、y 分别为在两个方向上的空间变量，u、v 分别为沿 x 轴和 y 轴方向的空间频谱分布。$F(u,v)$ 和 $f(x,y)$ 两个函数互称为傅里叶变换对。$F(u,v)$ 称为 $f(x,y)$ 的频谱函数，一般用复数表示，可以写为

$$F(u,v)=|F(U,V)|\exp[\mathrm{j}\phi(u,v)]\text{或}F(u,v)=R(u,v)+\mathrm{j}I(u,v) \tag{4.14}$$

式中，$R(u,v)$ 和 $I(u,v)$ 分别为函数 $F(u,v)$ 的实部部分和虚部部分。

函数 $f(x,y)$ 的傅里叶变换振幅大小表示为

$$|F(U,V)|=[R^2(u,v)+I^2(u,v)]^{\frac{1}{2}} \tag{4.15}$$

强度分布表示为

$$E(u,v)=R^2(u,v)+I^2(u,v) \tag{4.16}$$

相位分布表示为

$$\phi(u,v)=\arctan\frac{I(u,v)}{R(u,v)} \tag{4.17}$$

在光学计算中，可以分别对频谱 $F(u,v)$ 的振幅分布和相位分布进行处理。一般振幅分布在实际应用中较多，习惯上把振幅谱简称为频谱，把对振幅谱分布的处理称为频谱滤波。

4.2.2 相位测量轮廓术

相位测量轮廓术是通过投影光栅、待测表面和摄像机像面上的对应点之间的三角关系来测量物体的三维形貌的。光栅上点的位置由光栅的相位来表示。相位测量轮廓术测量系统是典型的光机电一体化系统，由硬件和软件两大部分组成。图 4.6 所示为相位测量轮廓术系统构成，由投影、成像和数据获取与处理三大部分组成。

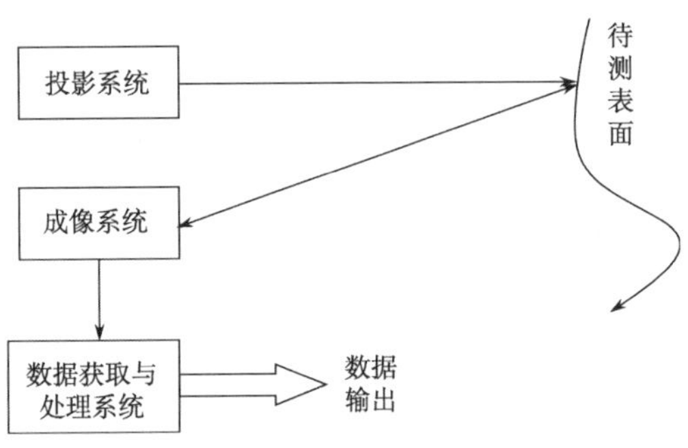

图 4.6　相位测量轮廓术系统构成

测量过程为：①由投影系统投出相移正弦光栅，成像于待测物体表面；②成像系统拍摄被光栅照明的待测表面；③数据获取与处理系统采集相移图像序列，

根据相移原理从图像序列中计算得到物体表面截断的位相分布，再通过位相展开算法将截断相位展开为连续相位，根据一定的算法计算得到物体表面的三维形貌。系统的关键技术包括相移面结构光的产生、连续相位获得、三维形貌计算等。

相位测量轮廓术系统中的投影系统有两种形式，一种是远心投影系统，它遵循的是正投影（orthographic projection）规律，投出光栅的等相位面互相平行，并且相邻等相位面间的相位差恒定。另一种是发散投影系统，它遵循的是透视投影（perspective projection）规律，投出的光栅的等相位面在空间交于同一直线。这两种投影方式的相位高度转换关系有所不同。

1. 远心投影相位测量轮廓术高度测量原理

如图 4.7 所示，投影在参考平面上的正弦条纹是等周期分布的，其周期为 P_0，这时在参考平面上的相位分布 $\phi(x,y)$ 是坐标 x 的线性函数。

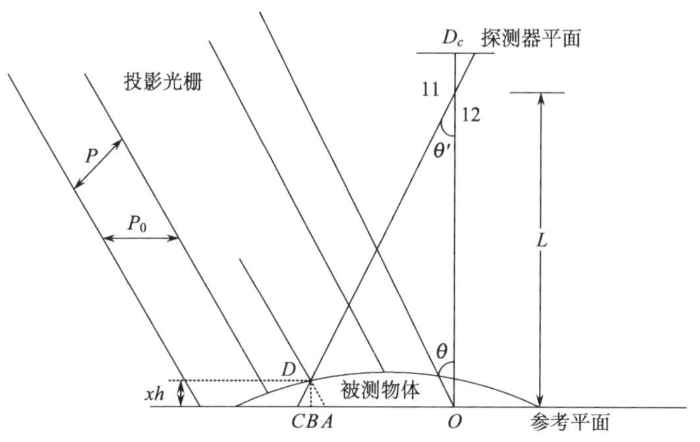

图 4.7　远心投影系统示意图

以参考面上的 O 点为原点，参考平面上 C 点对应 CCD 探测器上，D_c 点测得的相位为

$$\phi_C(x,y)=\frac{2\pi}{P_0}OC \tag{4.18}$$

当有物体时，被测三维表面 D 点也与 CCD 上对应，D_c 点测得的相位等于参考平面上 A 点的相位，即

$$\phi_D=\phi_A=\frac{2\pi}{P_0}OA \tag{4.19}$$

显然，D 点相对于参考面的高度 h 为

$$AC = \left(\frac{P_0}{2\pi}\right)\phi_{CD} \tag{4.20}$$

$$h = \frac{AC}{\tan\theta + \tan\theta'} \tag{4.21}$$

当物体尺寸比探测器到物体表面距离小得多时，θ' 接近于0，式(4.21)可简化为

$$h = \frac{AC}{\tan\theta} = \left(\frac{P_0}{\tan\theta}\right)\left(\frac{\phi_{CD}}{2\pi}\right) \tag{4.22}$$

定义系统参数 λ_e 为等效波长，则

$$\lambda_e = \frac{P_0}{\tan\theta} \tag{4.23}$$

一个等效波长正好等于引起 2π 相位变化量的高度差，是相位测量轮廓术中一个重要的参数。实际上，结构照明型条纹图可以等效为物体面形作为物波波面，而照明方向作为参考波面传播方向的干涉条纹。

2. 发散投影相位测量轮廓术高度测量原理

常用的相位测量轮廓术系统一般采用发散照明，如图 4.8 所示。这时参考平面上的相位已不再是线性分布，情况比采用远心光路时更复杂一些。

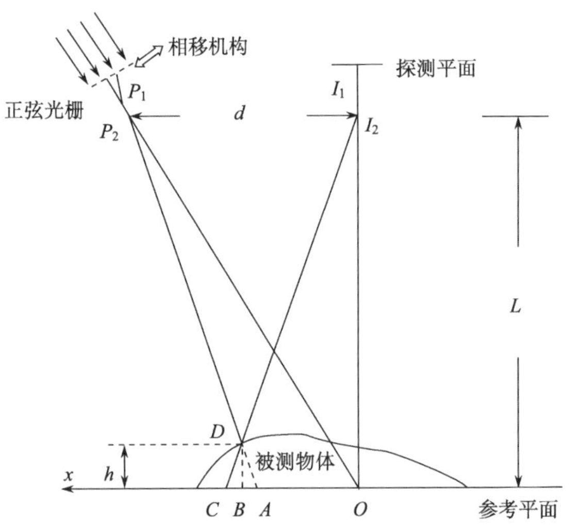

图 4.8　发散投影相位测量轮廓术测量原理

虽然 $\phi(x,y)$ 不是 x 的线性函数，但参考平面上每一点相对于参考点 O 的相位是唯一和单调变化的。因此可以根据系统结构参数建立参考平面坐标 (x,y) 与相位

分布 $\phi_r(x,y)$ 之间的映射关系，并将这一关系以查找表的形式存储在计算机中。CCD 探测器上 D_c 点测量出物面上 D 点的相位，该点相位等于参考平面上 A 点的相位。将该相位值放入查找表中，通过线性插值的方法，就可以得到距离 OA；同时 D_c 点也对应着参考平面上的 C 点，在查找表中可直接得到距离 OC 。这样 $CA = OC - CA$，由相似三角形 $\triangle ADC$ 和 $\triangle P_2DI_2$ 可得 D 点的高度 h 为

$$h = \frac{AC(L/d)}{1 + AC/d} \tag{4.24}$$

在大多数情况下，$AC \ll d$，因此式(4.24)可进一步简化为

$$h = AC\frac{L}{d} = \frac{AC}{\tan\theta} \tag{4.25}$$

3. 三维形貌的获取

在得到探测器上每一点对应的物体表面高度分布后，要得到物体的三维形貌还需要进行横向坐标的映射，这一过程采用通常的摄像机模型。目前普遍采用的摄像机模型是针对针孔加畸变模型。图 4.9 是摄像机模型。

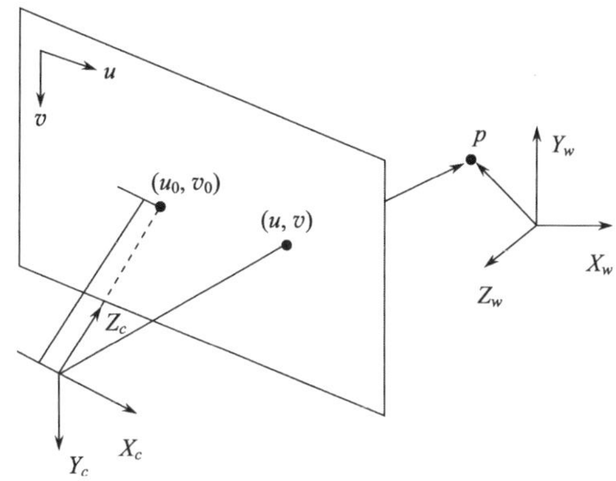

图 4.9　摄像机模型

其中，$X_wY_wZ_w$ 为世界坐标系，$X_cY_cZ_c$ 为摄像机坐标系，uv 为图像坐标系。世界坐标系中的一点 $p(X_w,Y_w,Z_w)$ 在摄像机坐标系中的坐标可以表示为

$$\begin{bmatrix} X_c \\ Y_c \\ Z_c \end{bmatrix} = \boldsymbol{R}\begin{bmatrix} X_w \\ Y_w \\ Z_w \end{bmatrix} + \boldsymbol{T} \tag{4.26}$$

式中，$\boldsymbol{R}$ 为世界坐标系到摄像机坐标系的旋转矩阵；$\boldsymbol{T}$ 为平移向量。

在理想情况下，归一化的图像坐标为

$$\begin{cases} x = \dfrac{X_c}{Z_c} \\ y = \dfrac{Y_c}{Z_c} \end{cases} \tag{4.27}$$

由透视变换得到图像坐标系中的像点 p 的坐标可表示为

$$\begin{bmatrix} u \\ v \\ 1 \end{bmatrix} = \begin{bmatrix} f_u & s & u_0 \\ 0 & f_v & v_0 \\ 0 & 0 & 1 \end{bmatrix} \tag{4.28}$$

4. 相移法获取物体表面相位的原理

为了获取三维物体的面形，需要在被测物体表面上投影一面结构光。在相位测量轮廓术中，通常是将一个光强分布呈正弦变化的光栅图形作为面结构光。当光栅投影到三维漫反射物体表面时，所探测的正弦光栅受物体表面高度调制的像可以表示为

$$I(x,y) = A(x,y) + B(x,y)\cos[\phi(x,y)] \tag{4.29}$$

式中，$A(x,y)$ 为背景光强；$B(x,y)$ 为条纹的调制深度；相位函数 $\phi(x,y)$ 为由物体三维面形 $z = h(x,y)$ 所决定的条纹变形。$\phi(x,y)$ 与三维面形之间的关系取决于系统的结构参数。为了正确解调出相位函数 $\phi(x,y)$，要求探测的光强应与 $\phi(x,y)$ 的关系严格满足式(4.29)，尽可能避免 $I(x,y)$ 的高次谐波而引入的相位误差。为计算出 $\phi(x,y)$，目前主要有傅里叶变换法、空间相位检测法、小波变换法和相移法。在这些方法中相移法的相位获取精度最高。

相位移的基本思想是：通过采集多帧有一定相移的条纹图像来计算包含有被测物体表面三维信息的相位初值。假设条纹图像光强是标准的正弦分布，对式(4.29)做一个微小变化，则其光强分布函数为

$$I(x,y) = A(x,y) + B(x,y)\cos[\phi(x,y) + \delta_i] \tag{4.30}$$

式中，δ_i 为图像的相移；$A(x,y)$、$B(x,y)$ 和 $\phi(x,y)$ 为三个未知量，因此要计算 $\phi(x,y)$ 至少需要使用三张图像。目前已有多种相移算法，每种算法的稳定性和误差响应均不相同，因此相位移算法的选取对相位计算和后续三维重建精度有重要的影响。目前相移算法主要有：标准 N 步相移法或等间距满周期法、N 帧平均算法、$N+1$ 步相移算法和任意等步长相移算法等。

根据文献的研究，标准 N 帧相移算法对系统的随机噪声具有最佳的抑制作用，且对 $N-1$ 次以下的谐波误差不敏感，在此采用标准的四步相移算法计算光栅图像

的相位主值，四幅光栅图像的相位移分别为 0、π/2、π 和 3π/2，其光强表达式分别为

$$
\begin{aligned}
I_1(x,y)&=A(x,y)+B(x,y)\cos[\phi(x,y)]\\
I_2(x,y)&=A(x,y)+B(x,y)\cos[\phi(x,y)+\pi/2]\\
I_3(x,y)&=A(x,y)+B(x,y)\cos[\phi(x,y)+\pi]\\
I_4(x,y)&=A(x,y)+B(x,y)\cos[\phi(x,y)+3\pi/2]
\end{aligned}
\tag{4.31}
$$

根据式(4.31)可计算出光栅图像的相位主值为

$$
\phi(x,y)=\arctan\left(\frac{I_4-I_2}{I_1-I_3}\right) \tag{4.32}
$$

5. 相位-高度映射算法研究

建立高精度的相位-高度映射关系是相位测量轮廓术三维测量的关键技术之一。目前基于光线追踪原理从测量系统空间三角形之间的相似性导出了相位-高度映射公式。传统的条纹投影轮廓术对系统结构有比较严格的限制，要求投影系统中心与成像系统中心的连线与参考平面垂直，这些条件在实际应用时难以实现。针对这种局限性，众多学者对测量系统的搭建和标定进行了深入的探讨，取得了一定的进展。针对以往的局限性，有一种新的相位-高度映射关系，测量中采用发散照明方式，无须考虑投影系统与成像系统双瞳连线是否与参考面平行，以及成像系统光轴是否与参考面垂直，且新映射关系有效地将公式中待标定的系数与标定采样点的像素坐标分离开。系统校准时只需标定与采样点坐标无关的常系数，这样大大减少了标定采样点数目。新映射关系中，高度是与参考面和物体表面条纹相位这两个变量相关的。函数校准过程中只需两个标定平面简化系统校准过程。

将测量光路建立坐标系如图 4.10 所示。数字光投影系统（Digital Light Procession，DLP）的光轴 I_1O 与成像系统的光轴 I_2O 交于参考面 R 上的 O 点，投影系统中心 I_1 与成像系统中心 I_2 的连线与参考平面的夹角为 θ_0。

投影系统距参考面 L_p，成像系统距参考面 L_c。投影系统、成像系统光轴与参考面法线（即 Z 轴）夹角分别为 θ_1、θ_2。参考面上点 C 与物面上点 D 成像于 CCD 上同一点，记 $\angle DCA=\theta_3$，$\angle DAC=\theta_4$。物体表面任一点 D 高度 h（即 $\overline{DB}$）的表达式推导过程如下。

在△ ACD 中

$$
\overline{DB}=\frac{\overline{AC}}{\cot\theta_3+\cot\theta_4} \tag{4.33}
$$

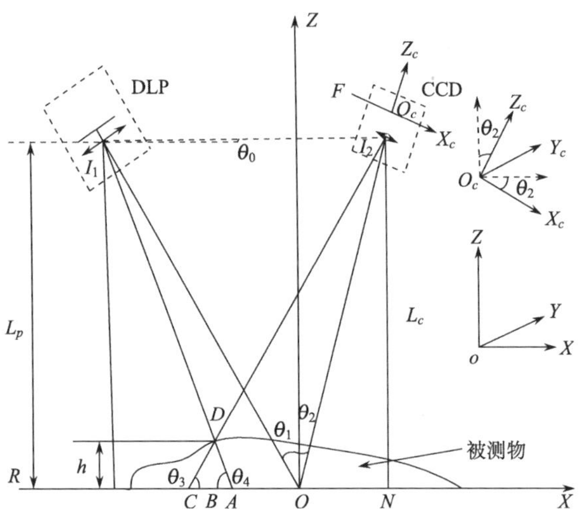

图 4.10　测量原理图

而

$$\overline{AC} = \frac{p}{2\pi}\left|\phi_C - \phi_D\right| = -\frac{p}{2\pi}\phi_{CD} \tag{4.34}$$

式中，p 为发散照明下参考面条纹周期。

在$\triangle I_2CN$中，$\cot\theta_3 = \frac{\overline{CN}}{\overline{I_2N}} = \frac{\overline{OC}+\overline{ON}}{\overline{I_2N}}$，$\overline{I_2N} = L_c$，$\overline{OC} = \frac{p}{2\pi}\phi_c$，$\overline{ON} = L_c\tan\theta_2$，

所以

$$\cot\theta_3 = \frac{p\phi_c + 2\pi L_c\tan\theta_2}{2\pi L_c} \tag{4.35}$$

同理，在$\triangle I_2AM$ 中

$$\cot\theta_4 = \frac{2\pi L_p\tan\theta_1 - p\phi_D}{2\pi L_p} \tag{4.36}$$

联立式(4.33)～式(4.36)，物体的高度分布表示为

$$h = -\frac{pL_cL_p\phi_{CD}(x,y)}{2\pi L_cL_p(\tan\theta_1+\tan\theta_2)+p[L_p\phi_C(x,y)-L_C\phi_D(x,y)]} \tag{4.37}$$

式中，ϕ_C 为参考面相位分布；ϕ_D 为物体表面相位分布。$\phi_{\mathrm{CD}} = \phi_{\mathrm{D}} - \phi_C$，即 CCD 同一点所对应的两个相位值之差。

将 p 的表达式代入式(4.37)，物体高度表达式可变换为

$$h=-\frac{p_0L_cL_p\phi_{CD}(x,y)}{2\pi\cos\theta_1(L_p-2x\sin\theta_1\cos\theta_1)L_c(\tan\theta_1+\tan\theta_2)+p_0[L_p\phi_C(x,y)-L_C\phi_D(x,y)]} \tag{4.38}$$

式中，x、y 为世界坐标系值，在实际测量过程中，所处理的是CCD拍摄的以图像像素坐标系为参考系的二维图像。当CCD光轴与参考面不垂直时各物点通过CCD成像放大率不同，世界坐标系到图像像素坐标系的变换不再满足线性关系，必须建立世界标系与像素坐标系的关系，将世界坐标系转换到图像像素坐标系。最终转换得到的以图像像素坐标系为参考系的相位-高度映射关系为

$$h(u,v)=\frac{C_1\phi_{CD}(u,v)+C_2u\phi_{CD}(u,v)}{1+C_3u+C_4\phi_C(u,v)+C_5\phi_D(u,v)+C_6u\phi_C(u,v)+C_7u\phi_D(u,v)} \tag{4.39}$$

式中，u、v 为像素坐标值；$C_1\sim C_7$ 与坐标 u,v 无关，与系统结构参数和CCD内、外参数有关，是常系数；$\phi_C(u,v)$、$\phi_D(u,v)$ 分别为CCD拍摄的参考面和物体表面条纹的相位值；$\phi_{CD}(u,v)$ 为 $\phi_C(u,v)$、$\phi_D(u,v)$ 之差。

待标定系数 $C_1\sim C_7$ 是与标定采样点坐标位置无关的常系数，只需 7 个标定采样点就能计算出这些系数，这样大大减少了标定采样点个数；同时该映射关系中高度是关于参考面条纹相位 $\phi_C(u,v)$、待测物表面条纹相位 $\phi_D(u,v)$ 的，这两个变量的函数为$[\phi_{\mathrm{CD}}=\phi_{\mathrm{D}}-\phi_C]$，校准时标定平面只需移动 2 次。为提高测量精度可采用最小二乘法计算 $C_1\sim C_7$，最小二乘偏差表示为

$$S=\sum_{i=1}^{M}[C_1\phi_i+C_2u_i\phi_i-(1+C_3u_i+C_4\phi_{iC}(u,v)+C_5\phi_{iD}(u,v)+C_6u_i\phi_{iC}(u,v)+C_7u_i\phi_{iD}(u,v)h_i^g]^2 \tag{4.40}$$

式中，M 为在标准平面上的采样点总数；ϕ_{iC}、ϕ_{iD}、ϕ_i 分别为采样点 i 处参考面、物体表面条纹的相位值和它们的相位差；h_i^g 为采样点 i 处的高度值。$C_1\sim C_7$ 可通过式(4.41)求解，即

$$\frac{\partial S}{\partial C_i}=0,\quad i=1,2,\cdots,M \tag{4.41}$$

最终将参考面条纹相位分布、物体表面条纹相位分布相位差，以及标定所得的 $C_1\sim C_7$ 代入式(4.39)得到高度分布。

4.2.3　莫尔测量轮廓术

莫尔轮廓术又称为莫尔等高线测量法，典型的投影莫尔法如图 4.11 所示。

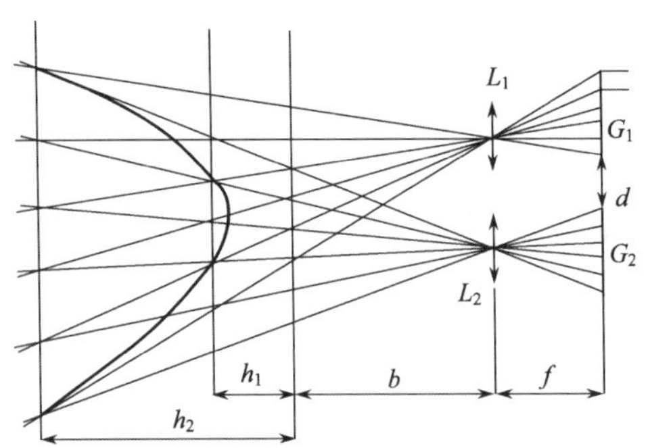

图 4.11　莫尔轮廓术原理图

准直光照射到投影光栅 G_1，G_1 通过 L_1 成像投影到物体上，该光栅像受到物体表面轮廓的调制，在物体表面形成变形光栅像，该变形光栅像经透镜 L_2 成像在参考光栅 G_2 上，从而在两光栅的交点上形成莫尔等高线，设 L_1、L_2 的焦距均为 f，b 为透镜主点到物体上基准点的距离，d 为 G_1 与 G_2 的间距，P 为光栅的栅距，N 为条纹序数，由几何关系可得第 N 条等高线的高度为

$$h = \frac{b(b-f)NP}{fd-(b-f)NP} \tag{4.42}$$

已知等高线序数 N，即可由式(4.42)求出物体表面各等高线的高度值，等高线之间的值只能通过插值得到，因而测量精度较低，此外两个光栅制造和安装的精度对测量结果影响很大。传统的莫尔等高法通过分配条纹级次和确定条纹中心解调等高线上的高度信息，这种方法丢失了符号信息，即无法从一幅等高线图上判断出凹凸。

4.2.4　卷积解调法

卷积解调测量法（demodulation and convolution method）是使用解调和卷积等数学方法求解光栅相位的一种完全的数学方法。首先在光栅上选择合适的起始位置，得到光栅的数学解析表达式，然后通过将光栅信号与正余弦函数相乘得到光栅中的低频分量，最后通过求解反正切函数的方法可以得到光栅的相位。

设投影光栅函数 $g(x,y)$ 为偶函数，从摄像机中观察的变形光栅图像用傅里叶级数展开可以表示为

$$g(x,y) = \sum_{n=0}^{\alpha} a_n(x,y)\cos\left[\frac{2n\pi x}{p} + n\Phi(x,y)\right] \tag{4.43}$$

式中，相位 $\Phi(x,y)$ 包含被测物体的高度信息；p 为光栅条纹的间距周期。其值的变化起伏程度与光栅的周期变化 $2\pi x/p$ 相比要缓慢得多。式(4.43)两边乘

$\cos(2\pi x / p)$ 得

$$g(x,y)\cos(2\pi x / p) = \cos(2\pi x / p)\sum_{n=0}^{\alpha} a_n(x,y)\cos\left[\frac{2n\pi x}{p} + n\right]\Phi(x,y)$$

$$= \sum_{n=0}^{\alpha}\frac{1}{2}a_n\left\{\cos\left[\frac{2\pi(nx+x)}{p} + n\Phi(x,y)\right] + \cos\left[\frac{2\pi(nx-x)}{p} + n\Phi(x,y)\right]\right\} \tag{4.44}$$

其中，只有 $n=1$ 时，$\frac{1}{2}a_1(x,y)\cos\Phi(x,y)$ 项与 $2\pi x / p$ 无关，是低频分量，对其进行低通滤波，则

$$g_1(x,y) = \frac{1}{2}a_1(x,y)\cos\Phi(x,y) \tag{4.45}$$

同样，式（4.43）两边乘以 $\sin(2\pi x / p)$ 得

$$g(x,y)\sin(2\pi x / p) = \sin(2\pi x / p)\sum_{n=0}^{\alpha}\frac{1}{2}a_n(x,y)\cos\left[\frac{2n\pi x}{p} + n\Phi(x,y)\right]$$

$$= \sum_{n=0}^{\alpha}\frac{1}{2}a_n(x,y)\left\{\sin\left[\frac{2\pi(nx+x)}{p} + n\Phi(x,y)\right] - \sin\left[\frac{2\pi(nx-x)}{p} + n\Phi(x,y)\right]\right\} \tag{4.46}$$

同样，只有 $-\frac{1}{2}a_1(x,y)\sin\Phi(x,y)$ 为低频分量，对其进行低通滤波，则

$$g_2(x,y) = -\frac{1}{2}a_1(x,y)\sin\Phi(x,y) \tag{4. 47}$$

最后可得

$$\Phi(x,y) = \arctan\left[\frac{g_2(x,y)}{g_1(x,y)}\right] \tag{4.48}$$

对得到的卷折位相进行位相展开，根据高度和相位之间的映射关系求出高度。该方法的缺点是需要在光栅上选择合适的起始位置，对信号加以适当的截取，而在实际测量中应尽量避免这点。

4.2.5　调制度测量轮廓术

将一正弦光栅放在投影系统中，在光栅的像平面上，条纹振幅最大，在像平面前后，由于离焦，条纹振幅降低。在投影光轴方向，就有一振幅分布，不同的振幅值对应此位置与投影系统的不同距离。当用光栅投影系统使光栅的像平面扫描待测物体的纵深范围 N 次时，可以获得 N 帧条纹图，利用傅里叶变换就可以计算出 N 帧

调制度图。对于同一像素点，就有 N 个调制度值，通过曲线拟合和插值，获得像素点调制度最大值的位置，由此位置对应的投影系统平移量，就可以计算出此点的高度值。调制度测量轮廓术测量系统原理图和像素点调制度分布序列如图 4.12 所示。

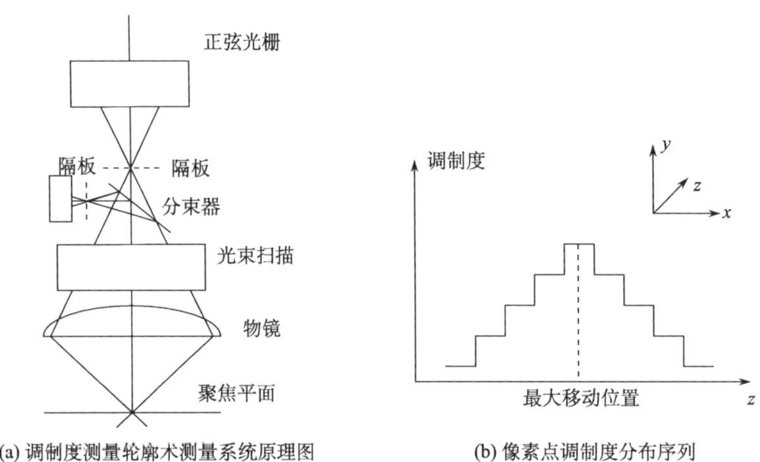

(a) 调制度测量轮廓术测量系统原理图　(b) 像素点调制度分布序列

图 4.12　调制度测量轮廓术测量系统原理图和像素点调制度分布序列

在测量物体过程中，保持待测物体、分束器、CCD 摄像机的位置不动，沿着投影仪光轴的方向平移投影系统一遍，这样光栅的像平面扫描过待测物体的总深范围，在每个扫描位置用傅里叶变换计算此位置的调制度图。如果总的平移次数是 N，则相对于时间轴，在 CCD 阵列上就有 N 帧调制度图，对于同一像素点，就有 N 个调制度值，此点的高度值就可以计算出来。

将一正弦光栅投影到物体上，从与投影方向相同的方向上探测被测物体上的条纹图形，物体上的光强分布可表示为

$$I(x,y)=I_0(x,y)+C(x,y)\cos(2\pi fx+\varphi_0) \tag{4.49}$$

式中，$I_0(x,y)$ 为背景强度；$C(x,y)$ 为条纹对比度；f 为投影条纹空间频率；φ_0 为初相位。在正弦光栅的成像面上，条纹对比度最大，而在成像面前后，即离焦像面上条纹对比度降低，在光轴方向就有一对比度分布，不同的对比度对应此点到投影系统的不同距离。

为计算调制度，在与正弦光栅条纹垂直的方向上，以等间距移动光栅 $L(L\geqslant 3)$ 次，总移动量为一个光栅周期。则可得 L 帧条纹图，由此就可计算对应点的调制度。考虑某一点的所有相移强度值，该点条纹的调制度函数 $M(x,y)$ 定义为

$$M(x,y)=\sqrt{\left[\sum_{i=0}^{L-1}I_i(x,y)\sin(2i\pi/L)\right]^2+\left[\sum_{i=0}^{L-1}I_i(x,y)\cos(2i\pi/L)\right]^2} \tag{4.50}$$

式中，I_i 为第 i 次相移的强度值，有 $M(x,y)=\frac{1}{2}LC(x,y)$。

由此可知，调制度函数 $M(x,y)$ 与背景强度 $I_0(x,y)$ 无关，而与条纹对比度 $C(x,y)$ 成正比，在基于调制度测量的三维轮廓术测量中，调制度实际上相当于条纹对比度。在光栅像平面上的像素点调制度最大，在光栅像平面前后的像素点调制度变小。在实际测量中，通过前后移动投影系统，保持探测系统和物体的相对位置不动，则可由物体纵深范围内的调制度三维分布得到待测物体的空间信息。

在此方法中投影方向和探测方向一致，所以可以避免阴影、遮挡等问题，即可以测量表面高度剧烈变化和空间不连续与有孔洞的物体的三维分布，对获取复杂物体的三维数据具有良好的应用前景。

4.3　测量系统及其标定

4.3.1　结构光三维测量系统

测量系统主要由液晶投影仪、CCD相机和物体测量平台组成，其组成结构如图4.13所示。由计算机控制的显示屏投影时，事先由计算机编码的数字光栅设定为正弦条纹图像，在编程产生光栅条纹时，像素点的最大值不应超过255，这样能保证条纹层次的清晰度，同时应调节好CCD的曝光时间，保证采集图像不能饱和。由图像采集卡从CCD相机得到经物体表面调制的变形条纹图像，用计算机对得到的图像数据进行解调计算得到物体表面的三维形貌。在显示屏上显示的为一维光栅（可以方便地调节光栅的方向、周期），投影到被测物体表面后被CCD所接收。首先对参考面进行测量，利用相移技术得到参考相位分布，然后将待测物体放置在相同位置进行测量，得到新的相位分布，除去参考相位后即可得到仅含待测物体表面相对于基准面的相位分布。这里假设待测物体和参考面的尺寸远小于到CCD的距离（即CCD成像透镜对被测物面上各点的放大率近似相同）。

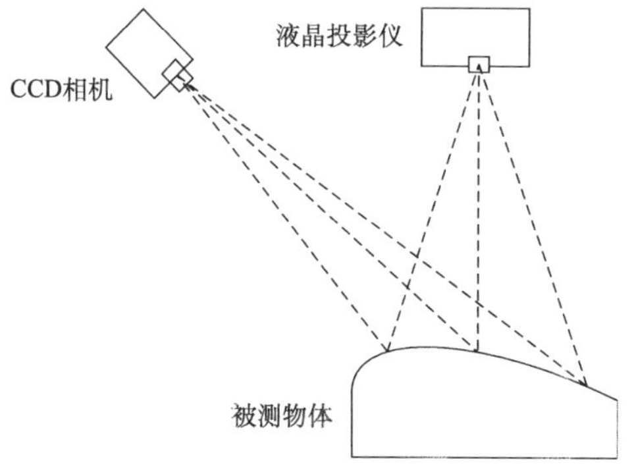

图 4.13　测量系统示意图

搭建测量系统平台如图 4.14 所示，其中 DLP 型号为 Benq MP512，分辨率为 800 像素×600 像素。CCD 相机采用 DH-HV1351UC，最大分辨率为 1280 像素×1024 像素，像素尺寸为 5.2 μm× 5.2 μm。采用的是日产百万像素变焦的 computar 镜头。

图 4.14　测量实验装置图

4.3.2　系统参数标定

测量系统的标定与优化设计是提高精度的一个关键因素，优化各种系统的参数，做好系统的标定，可以使测量系统的测量精度提高一个量级。为了从图像中提取空间物体的几何信息，必须建立图像中理想点位置和空间物体表面位置的相互对应关系，这种对应关系由摄像机系统的成像模型获得。CCD 为测量系统的核心组成部分，在工程中构成测量系统之前必须对其进行标定，确定从三维空间坐标系到计算机之间的映射关系。

1. 坐标映射关系

令物体上任意一点的坐标为 $P(x_w, y_w, z_w)$，这里是指物体在空间的实际位置，其经过摄像机成像之后，P 点的坐标将从空间坐标转化到摄像机坐标系中，再到图像坐标系中，最后到像素坐标系中。于是将涉及四种坐标系之间的转换，这里采用小孔成像模型。

如图 4.15 所示，在摄像机标定中用到了四种坐标系，即世界坐标系、摄像机坐标系、图像坐标系、像素坐标系。其中，世界坐标系为参考坐标系，也称为全局坐标系，它是用户任意定义的三维空间坐标系，通常意义上是将被测物体和摄像机作为一个整体来考虑的坐标系。世界坐标系表示为 o_w - x_w - y_w - z_w，o_w 为世界坐标系的原点。在图 4.15 中，任意点 P 在世界坐标系中可以表示为 $P(x_w, y_w, z_w)$。

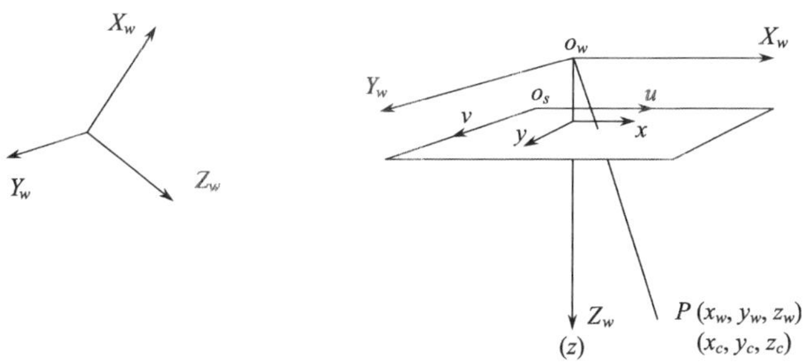

图 4.15 摄像机小孔模型及其坐标系

摄像机坐标系的原点 o_c 是摄像机的光心，也就是聚焦中心， z_c 轴与摄像机的光轴重合，取摄影方向为正向。 x_c、 y_c 通常与图像物理坐标系 x、 y 平行，摄像机坐标系表示为 o_c - x_c - y_c - z_c。图像坐标系又称为 CCD 靶面坐标系，其原点是摄像机光轴 z_c 和 CCD 靶面的交点，光轴和 z_c 与 CCD 靶面垂直，平面 xoy 与平面 $x_c o_c y_c$ 平行且方向一致， z_c 轴与 z 轴重合且指向相同。像素坐标系又称为计算机屏幕坐标系，它是一个二维坐标系，以 o_s 为坐标原点，坐标轴 u、 v 分别与 CCD 靶面参考坐标系中的 x、 y 同向。

1) 世界坐标系到摄像机坐标系

世界坐标系中任意一点 $P(x_w, y_w, z_w)$，它对应的摄像机坐标系为 $P(x_c, y_c, z_c)$。要从世界坐标系到摄像机坐标系进行变换，就必须使其位置和方向保持一致，于是这里就存在一个旋转矩阵 R 和一个平移矩阵 T，它们同为摄像机的外部参数。为了方便计算，用矩阵表示世界坐标和摄像机坐标，即 $[x_w\ y_w\ z_w]^{\mathrm{T}}$ 和 $[x_c\ y_c\ z_c]^{\mathrm{T}}$，如图 4.16 所示。

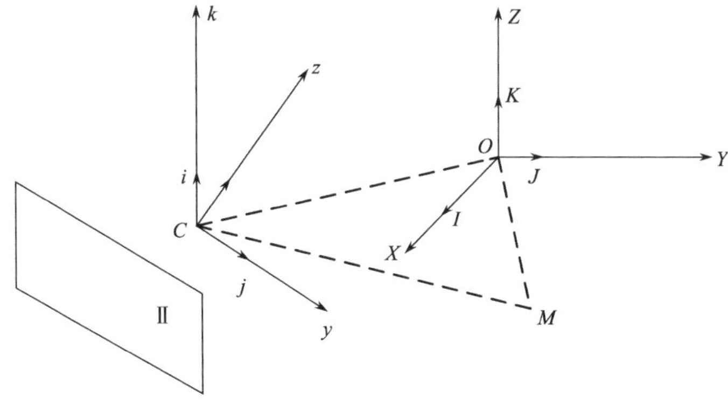

图 4.16 3D 空间坐标系变换示意图

假设 C 为摄像机坐标系的原点，O 为世界坐标系的原点，它们的方向和位置都不一致，M 为空间任意一点，则

$$\overline{CM} = \overline{CO} + \overline{CM} \tag{4.51}$$

设 $\overline{OM}$ 在世界坐标系中为

$$\overline{OM} = x_w I + y_w J + z_w K \tag{4.52}$$

考虑到它们之间的旋转矩阵：$I = Ri, J = Rj, K = Rk$，$\overline{CO}$ 矢量为平移变换 $[t_x\, t_y\, t_z 1]^{\mathrm{T}}$，则

$$\overline{CM} = T + R[x_w\, y_w\, z_w]^{\mathrm{T}} \tag{4.53}$$

于是得到世界坐标系到摄像机坐标系的关系式为

$$[x_c\, y_c\, z_c]^{\mathrm{T}} = T + R[x_w\, y_w\, z_w]^{\mathrm{T}} \tag{4.54}$$

2) 摄像机坐标系到图像坐标系

从摄像机坐标系到图像坐标，如图 4.17 所示，取其中的一部分如下。

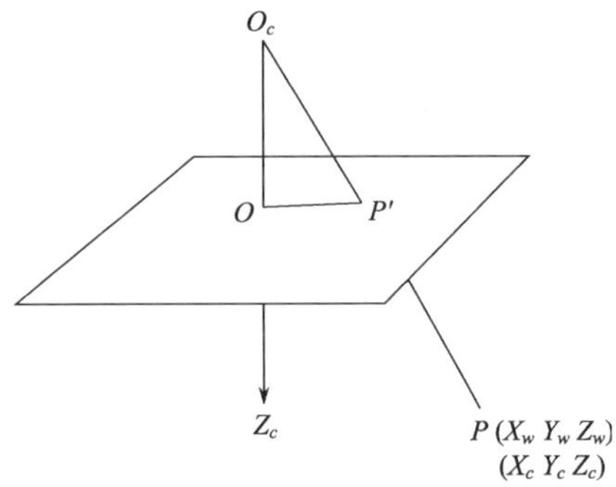

图 4.17　摄像机坐标系和图像坐标系关系图

假设 P' 为 O_cP 与像平面的交点坐标为 $P'(x, y, 0)$，P 点在摄像机坐标系中的 z 纵坐标为 z_c。显然 $\triangle O_cOP$ 和 $\triangle O_cZ_cP$ 相似，其中 O_cO=f，则

$$\frac{f}{z_c} = \frac{x}{x_c},\quad \frac{f}{z_c} = \frac{y}{y_c} \tag{4.55}$$

整理得

$$x = f\frac{x_c}{z_c},\ y = f\frac{y_c}{z_c}$$

式中，f 为 O_cO 的距离，即焦距。

3) 图像坐标系到像素坐标系

这里存在两个参数 N_x、N_y（尺度因子），N_x 为 CCD 靶面水平方向上单位距离内的像素数，即 $N_x = 1/\Delta x$；N_y 为靶面竖直方向上单位距离内的像素数，即 $N_y = 1/\Delta x$。它们的作用是将 CCD 靶面坐标系上的点转化为 CCD 的像素存储坐标（计算机屏幕坐标）。其中图像坐标系和像素坐标系的关系如图 4.18 所示。

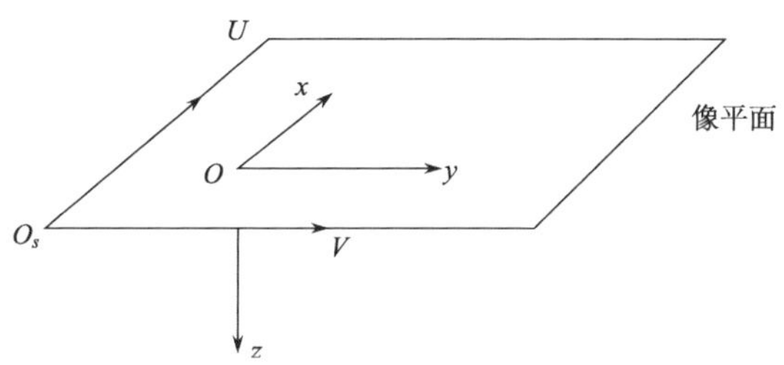

图 4.18　图像坐标系和像素坐标系关系图

由图 4.18 可以看出

$$u = N_x \times x + U_0, \quad v = N_y \times y + V_0 \tag{4.56}$$

式中，U_0、V_0 为图像中心（即 O 点）在像素坐标系中的位置；u、v 为像平面上像素的行列坐标值。

2. 摄像机标定

1) z 标定流程

在光栅投影三维形貌测量系统确定的情况下，$C_1(x,y)$、$C_2(x,y)$ 便是常量，只要给定两组不同的高度 $h_1(x,y)$、$h_2(x,y)$，以及其对应的 $\Delta\phi(x,y)$，就可以得出参数 $C_1(x,y)$、$C_2(x,y)$。

如图 4.19 所示，利用一个标定平面进行两次平移，得到 $h_1(x,y)$、$h_2(x,y)$、$\Delta\phi_1(x,y)$、$\Delta\phi_2(x,y)$，最后求出参数 $C_1(x,y)$、$C_2(x,y)$。

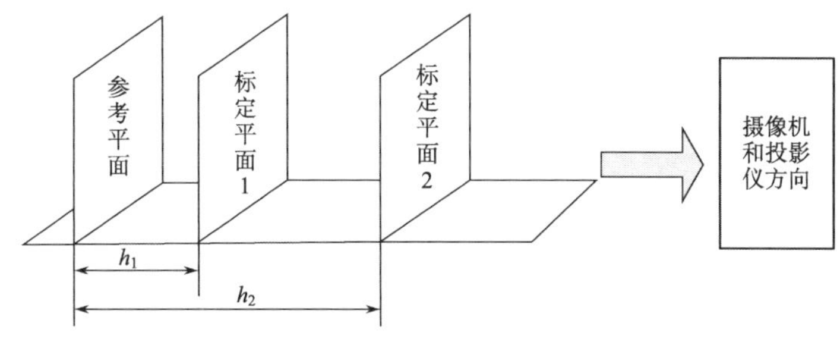

图 4.19　z 标定平面示意图

(1) 利用两个平行于参考平面的标定平面 H_1、H_2。用两个平行于参考平面的标定平面的原因是便于求解 $C_1(x,y)$、$C_2(x,y)$，因为平面图像上对应的所有点的高度都是一样的，这样就可以确定 h 值。

(2) 根据傅里叶变换轮廓术测量方法，可以求出位相变化，即 $\Delta\phi_1(x,y)$、$\Delta\phi_2(x,y)$。

$$\frac{1}{h(x,y)}=C_1(x,y)+C_2(x,y)\frac{1}{\Delta\phi(x,y)} \tag{4.57}$$

求出 $h_1(x,y)$、$h_2(x,y)$ 和 $\Delta\phi_1(x,y)$、$\Delta\phi_2(x,y)$，把它们代入上述公式中，取两个标定平面，可以列出两个方程，即

$$\begin{aligned}\frac{1}{h_1(x,y)}&=C_1(x,y)+C_2(x,y)\frac{1}{\Delta\phi_1(x,y)}\\ \frac{1}{h_2(x,y)}&=C_1(x,y)+C_2(x,y)\frac{1}{\Delta\phi_2(x,y)}\end{aligned} \tag{4.58}$$

根据式(4.58)可以求解出 $C_1(x,y)$、$C_2(x,y)$，并将参数矩阵保存。

z 标定的流程图如图 4.20 所示，其中最重要的是在求解 $\Delta\phi_1(x,y)$、$\Delta\phi_2(x,y)$ 的时候，判断是否在区间 $[-\pi,\pi]$ 外而需要位相展开。

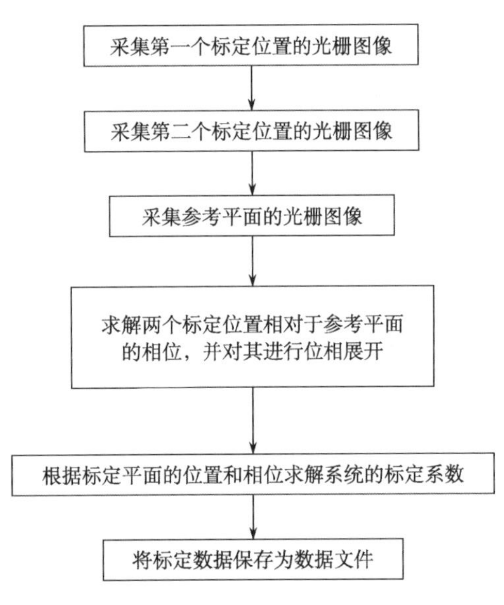

图 4.20　z 标定的流程图

完成标定后，只要摄像机和投影仪的位置保持不变，每次测量时 $C_1(x,y)$、$C_2(x,y)$ 的值都是不变的，不需要重新进行标定。

2) (x, y) 标定流程

坐标 (x, y) 标定的流程图如图 4.21 所示，总体的思路是在不同的高度位置采集一些特征点，然后根据对应的像素坐标，代入透视投影矩阵中求解出坐标 (x, y) 与像素坐标 (u, v) 之间的映射关系。

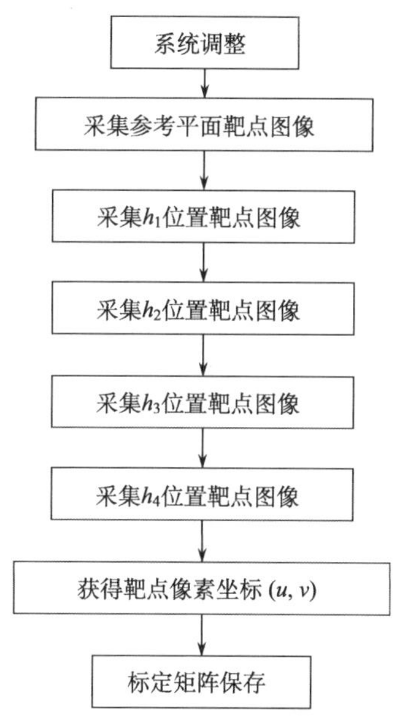

图 4. 21　(x, y) 标定的流程图

3. 投影仪标定

从投影仪的投射原理可知，投影仪投射的过程与相机拍摄的过程正好相反，可以将投影仪看成一个逆向的相机，因此可以采用与摄像机模型类似的数学模型来表达投影仪的投影变换关系。

要像标定摄像机那样对投影仪进行参数标定，必须使投影仪具备“拍摄”标定板图像的能力，可以使用相移法建立CCD图像和数字光处理（Digital Light Procession，DLP）投影仪的数字微镜器件（Digital Micromirror Device，DMD）图像之间的对应关系，从而赋予投影仪“拍摄”标定板图像的能力。将标定板放置在测量范围内的某一放置，然后使用DLP投影仪同标定板分别投射一组水平光栅图像和一组垂直光栅图像，并使用CCD相机同步拍摄光栅图像和一幅标定板图像。上述两组光栅图像的光栅条纹数与测量时使用的光栅图像一样，即三组不同频率的四步相位移图像。然后使用四步相移算法和多频外差原理计算出两个不同方向的绝对相位值，再根据一个方向的绝对相位值，可以确定CCD图像中的某个标定点圆心(u_i^c, v_i^c)与对应的DMD图像中一条线u_i^p或v_i^p。例如，由一垂直的绝对相位值可以在DMD图像中确定一条垂直的对应线，即确定DMD图像对应点在u方向的坐标值为

$$u_i^p = \frac{\Phi_v\,(u_i^c, v_i^c)}{N_v \times 2\pi} \times W \tag{4.59}$$

式中，$\Phi_{\rm v}(u_i^c, v_i^c)$为标定点圆心$(u_i^c, v_i^c)$在水平方向的绝对相位值；$N_v$为光栅图像的条纹数；$W$为DMD图像水平方向的分辨率。类似地，由水平的绝对相位值可以确定一条水平的对应线，即确定DMD图像对应点在v方向的坐标值为

$$v_i^p = \frac{\Phi_h\,(u_i^c, v_i^c)}{N_h \times 2\pi} \times H \tag{4.60}$$

式中，$\Phi_h(u_i^c, v_i^c)$为标定点圆心(u_i^c, v_i^c)在水平方向的绝对相位值；N_h为光栅图像的条纹数；H为DMD图像水平方向的分辨率。根据上述过程即可建立CCD图像中每个标定点圆心对应的DMD图像坐标。为了验证生成的DMD图像坐标的准确性，可以将生成的投影仪图像投射到标定板上，如果投射的圆心与标定板上圆形标识点的圆心重合，则说明建立的投影仪图像坐标是大致正确的。

投影仪标定过程，即按照上述DMD图像生成方法得到一组标定投影仪所需的DMD图像，然后使用与相机参数标定相同的方法对投影仪进行标定。

4.3.3　快速标定方法

如4.3.1节和4.3.2节中所介绍的，现有的相位测量轮廓术标定方法包括显式标定和隐式标定。显式标定通过直接测定系统的结构参量值进行高度计算，而精确地测定这些参量值是很困难的。隐式标定不需要测定系统的结构参量。它通过使用标定物体来确定相位-高度映射关系中的待定系数，精度高于显式标定。传统的隐式标定方法通常利用一个机械移动装置带动标准平面在成像系统的景深范围内纵向移动，每一个平移装置代表一个不同的标定平面，根据标定平面位置和相位分布进行系统标定。在测量过程中系统标定和物体相位测量是分开进行的，且测量所得结果是物体相对于参考面的高度，在实际的测量过程中，沿参考面横向平移的生产线由于震动等因素可能会与参考面不重合，此时测量出的相对于参考面的高度已不是物体的真实高度。下面介绍由四川大学肖焱山提出的一种快速的系统标定。

标定原理为：在系统标定的过程中用两个不同高度的块规代替由机械装置控制的标准平面，在块规表面采样少量标定点完成系统的标定。两个块规任意放置在待测物旁，在利用块规标定系统时完成物体相位测量，实现系统标定和物体相

位测量的同步进行，即使待测物支撑面相对于参考面发生移动或倾斜，依然能准确测量出物体相对于支撑面的高度，即物体的真实高度。由上述的相位-高度映射算法，其表达式为

$$h(u,v)=[C_1\Delta\varphi_{CD}(u,v)+C_2u\Delta\varphi_{CD}(u,v)]/[1+C_3u+C_4\varphi_D(u,v)+C_5\Delta\varphi_{CD}(u,v)+C_6u\Delta\varphi_D(u,v)+C_7u\Delta\varphi_{CD}(u,v)] \tag{4.61}$$

式中，(u,v) 为像素坐标系，对应于世界坐标系坐标 (x,y)；$C_1\sim C_7$ 为待标定系数，由系统标定确定；φ_D 为物体表面条纹相位；$\Delta\varphi_{CD}=\varphi_D-\varphi_C$，$\varphi_c$ 为参考面条纹相位。

传统的隐式系统标定方法如图 4.22(a)所示，利用机械移动装置带动标准平面在成像系统的景深范围内纵向移动，根据标准平面移动的距离和对应相位分布计算待定系数。式(4.61)只需要 2 个标定高度，所以利用机械移动装置带动标准平面移动 2 次，在标定平面上采样点计算 $C_1\sim C_7$。标定平面移动的距离是相对于参考面而言的，标定完成后计算出物体的高度也是相对于参考面的高度，且系统标定与待测物相位测量是分开进行的，需要搭建专门的标定平台。在实际测量中，待测物的支撑面可能与参考面不重合，这时计算出的相对于参考面的高度已不是物体的真实高度。

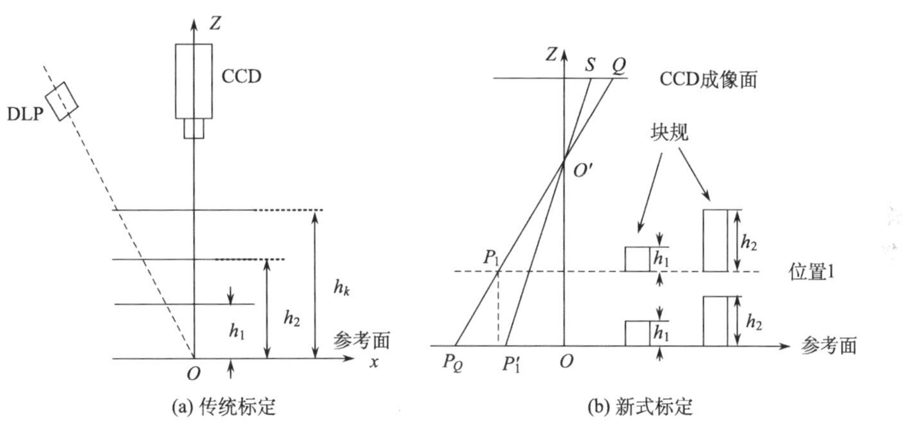

图 4.22　标定示意图

而在新的系统标定方法中，待标定的系数与标定采样点坐标无关，只需要在2个标定面上采样少量标定点就能计算出来，由此提出一种快速、实用的系统标定方法。在待测物支撑面上任意放置2个不同高度的块规，代替由机械移动装置控制的标定平面。当支撑面相对于参考面发生纵向移动或倾斜时，块规和待测物随支撑面一起运动，只要不超出成像系统的景深范围，根据块规高度可以准确标定系统，测量出物体相对于支撑面的高度。将块规任意放置在待测物旁，在利用块规标定

系统时完成物体相位测量，实现系统的标定与物体相位测量同步进行。系统标定示意图如图4.22(b)所示。

其中，OO'表示CCD光轴，待测物支撑面从参考面位置纵向移动到位置1，P_0点与P_1点对应着CCD像面上同一像素点Q，P_1点在参考面上的垂直映射点是P_1'，P_1'点对应着CCD像面上像素点S。设P_0点坐标为$(x_0,0)$，P_1点坐标为(x_1,z)，则P_1'点的坐标为$(x_1,0)$，Q点的像素坐标为(u,v)，S点像素坐标为(u',v')。参考面上X方向CCD成像缩放比例为R_0，位置1的X方向成像缩放比例为R_1，R_0、R_1可视为不变量。参考面上P_1'点与CCD像面像素点S横向坐标对应关系为

$$x_1=(u'-u_0)R_0 \tag{4.62}$$

式中，u_0为CCD像面中心点的横向坐标。位置1的P_1与CCD像面像素Q的横坐标关系为

$$x_1=(u-u_0)R_1 \tag{4.63}$$

联立式(4.60)、式(4.61)，则

$$u'=u\frac{R_1}{R_0}+u_0(1-\frac{R_1}{R_0}) \tag{4.64}$$

将式(4.62)代入式(4.59)得

$$\begin{aligned}h(u,v)=&[C_1'\Delta\varphi_{CD}(u,v)+C_2'u\Delta\varphi_{CD}(u,v)]/[1+C_3'u+C_4'\varphi_D(u,v)+C_5'\Delta\varphi_{CD}(u,v)\\&+C_6'u\varphi_D(u,v)+C_7'u\Delta\varphi_{CD}(u,v)]\end{aligned} \tag{4.65}$$

式中

$$\begin{cases}C_1'=\dfrac{(C_1+C_2u_0)R_0-C_2u_0R_1}{(1+C_3u_0)R_0-C_3u_0R_1}\\C_2'=\dfrac{C_2R_1}{(1+C_3u_0)R_0-C_3u_0R_1}\\C_3'=\dfrac{C_3R_1}{(1+C_3u_0)R_0-C_3u_0R_1}\\C_4'=\dfrac{(C_4+C_6u_0)R_0-C_6u_0R_1}{(1+C_3u_0)R_0-C_3u_0R_1}\\C_5'=\dfrac{(C_5+C_7u_0)R_0-C_7u_0R_1}{(1+C_3u_0)R_0-C_3u_0R_1}\\C_6'=\dfrac{C_6R_1}{(1+C_3u_0)R_0-C_3u_0R_1}\\C_7'=\dfrac{C_7R_1}{(1+C_3u_0)R_0-C_3u_0R_1}\end{cases} \tag{4.66}$$

由式(4.66)可以看出，$C_1' \sim C_7'$ 与 $C_1 \sim C_7$ 和 R_0、R_1、u_0 有关，即仅与系统结构参数和 CCD 内、外参数有关，是常系数；且式(4.65)与式(4.61)数字表达形式相同，说明当支撑面发生纵向移动后（从参考面移动到位置 1），相位-高度映射关系仍然满足式(4.59)，只是待定常系数 $C_1 \sim C_7$ 发生变化。

系统标定需要的是块规的高度和标定点处的相位值，此处块规的已知高度是相对于支撑面而言的，支撑面相对于参考面发生移动时，块规与待测物随支撑面一起移动，根据块规的已知高度和相位值进行系统标定，能测量出物体相对于支撑面的高度，即物体的真实高度，而不是测得的相对于参考面的高度。标定所用的 2 个块规高度不能相同，其中一个块规的高度应大于被测物的最大高度，使待测物高度位于标定区间以内，且块规高度不应超出成像系统的景深范围。为了提高标定精度，可采用最小二乘求解 $C_1 \sim C_7$。

进行相位-高度映射所得到的测量结果的 2 个横坐标依然要进行成像系统像素坐标，还需要对 2 个横坐标进行标定，以实现对测量系统进行三维立体标定。

4.4　位相展开算法

4.4.1　位相展开的基本原理

利用光栅投影法进行三维表面轮廓测量的关键是要得到光栅的位相信息，然后从中提取出包含的高度信息。获取相位的方法最常用的有相位测量轮廓术和傅里叶变换轮廓术。虽然这两种方法采取的求解相位过程不同，但是最终都是通过反正切函数求得相位值，因此直接得到的相位都卷折在区间$[-\pi,\pi]$内，这样得到的数据并非相位的真实数据，需要将卷折的相位展开，得到真实的相位值，这个解开卷折相位的过程称为位相展开。

截断位相是所有基于位相测量的轮廓术遇到的共同问题。由于经过反三角运算得到的相位 $\Delta\phi(x,y)$ 被截断在$[-\pi,\pi]$区间上，呈现出锯齿状不连续分布，不能直接代入计算物面的高度分布。其过程如图 4.23 和图 4.24 所示。其理论依据是，如果满足抽样定理，则与连续高度分布相对应的相位图中相邻两点的相位差不会超过一定范围。当截断相位图质量比较好时，位相展开是一个与路径无关的过程，比较相邻两点的相位差，如果大于 π，则将后者减去 2π 的整数倍，如果小于 $-\pi$，则将后者加上 2π 的整数倍。

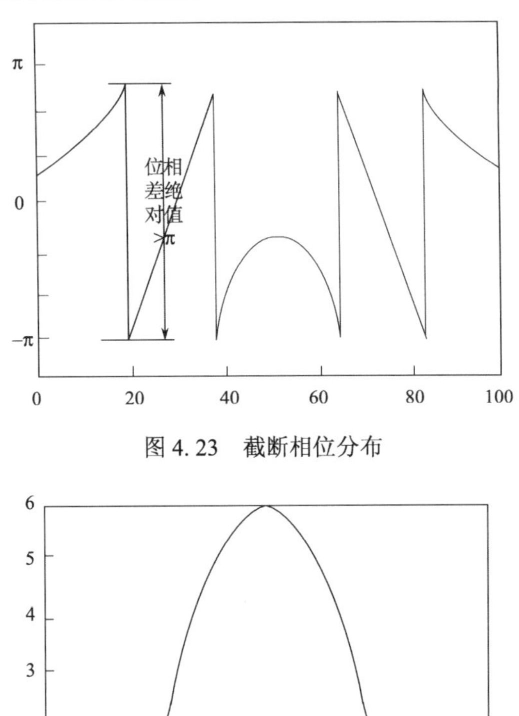

图 4. 23　截断相位分布

图 4. 24　展开相位分布

因此，解相的基本思路应该是从相位值的起始点开始，沿相位矩阵的行或列进行两两相邻像素间相位值的比较。对于连续变化的物体，其相位值也应该是连续的。根据采样定理，在一个周期内的采样点必须大于两个点，因此，相邻两像素间的相位值不应该超过一定的值，也应该在$[-\pi,\pi]$内。当相邻两像素间的相位差超出该范围时，对后面像素的相位值加上（或减去）2π的整数倍的相位值，使得相邻两像素间的相位值连续变化，从而得到真实的相位。解相的基本原理可以表示为

$$\Phi(i,j)=\begin{cases}\Phi(i,j)-2n\pi, & \Delta\Phi(i,j)>\pi\\ \Phi(i,j), & -\pi<\Delta\Phi(i,j)<\pi\\ \Phi(i,j)+2n\pi, & \Delta\Phi(i,j)<-\pi\end{cases}\tag{4.67}$$

式中，n为整数。

图 4.25 说明解相的过程和结果。

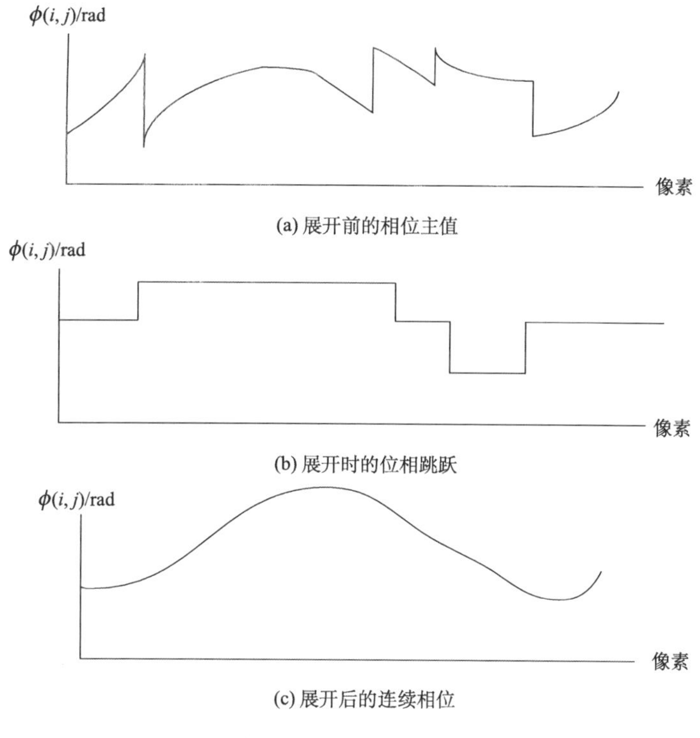

(a) 展开前的相位主值

(b) 展开时的位相跳跃

(c) 展开后的连续相位

图 4.25　解相示意图

近些年来，围绕位相展开问题已经涌现出了众多的算法。现有的位相展开方法大致分为两大类：时间位相展开和空间位相展开。

4.4.2　空间位相展开方法

空间位相展开方法是在一幅二维相位图中寻找展开路径。当截断相位完善时，即满足抽样定理，且无噪声、断裂、阴影等，首先沿二维数据矩阵中某一列（一般可取第一列）进行位相展开，然后以该列展开后的相位为基准，沿每一行进行位相展开，得到连续分布的二维相位函数。当然也可以先对某一行进行展开，再对每一列进行展开。但是，当阴影、噪声干扰、CCD 采样不足等原因引起截断相位图不完善时，位相展开是一个与展开路径有关的非常复杂的问题，展开路径选择不合理，就会使得展开误差在位相展开过程中传播，导致位相展开失败，不能最终正确恢复出物面的高度信息，为了解决不同的位相展开问题，人们提出了多种空间位相展开算法，如最小生成树法和最大生成树法等；通过建立判断条纹质量的位相展开参数引导图来指导位相展开绕过容易引起误差的低质量区域，从而大大减少了相位误差传播的可能性，如基于调制度的位相展开算法，采用调制度作为衡量条纹质量的标准，先展开调制度大即条纹质量好的区域，避免了阴影、噪声、采样不足产生的相位误差对位相展开的影响。另外，还有适合动态测量的三维位相展开，这种方法既利用了空间上的二维展开路径，又考虑了时间轴上的展开路径，解决了物体表面的不连续性，导致相位无法展开的问题，特别适合孤立物体动态位相展开。

1. 最小二乘法

通常，卷折的相位可以表示为

$$g(i,j)=\phi(i,j)+2n\pi \tag{4.68}$$

式中，$\phi(i,j)$ 为相位主值；$g(i,j)$ 为相位值；n 为一个整数。光栅条纹沿 i 和 j 方向的斜率为

$$\begin{aligned}g_i(i,j)&=g(i,j)-g(i-1,j)+2n\pi\\ g_j(i,j)&=g(i,j)-g(i,j-1)+2n\pi\end{aligned} \tag{4.69}$$

由于相位是卷折的，需要加减一个 2π 以保证它在 $[-\pi,\pi]$ 内。根据所得到的斜率，可以得到最小二乘函数为

$$f(i,j)=\sum[\phi(i,j)-\phi(i-1,j)+g_i(i,j)]^2+\sum[\phi(i,j)-\phi(i,j-1)+g_j(i,j)]^2 \tag{4.70}$$

这个函数对所有像素点的相位值斜率与相位主值斜率两者之差的平方进行加权求和（边界上无斜率的点除外）。为了使求得的相位对原相位主值拟合最好，也就是解得的相位斜率与原始的相位斜率尽可能逼近，需要以上偏差的加权求和最小。对这个函数求 $\phi(i,j)$ 的导数，可得到一系列的线性方程组，即

$$\begin{aligned}&4\phi(i,j)+\phi(i+1,j)-\phi(i-1,j+1)-\phi(i,j-1)\\ &=g(i+1,j)-g(i,j)+g(i,j+1)-g(i,j-1)\end{aligned} \tag{4.71}$$

边界上的方程略有不同，需要单独列出。

当 $i=0$ 时，有

$$2\phi(0,j)+\phi(0,j)-\phi(0,j-1)=g(0,j+1)-g(0,j) \tag{4.72}$$

当 $j=0$ 时，有

$$2\phi(i,0)+\phi(i+1,0)-\phi(i-1,0)=g(i+1,0)-g(i,0) \tag{4.73}$$

当 $i=M$ 时（M 为图像的宽度），有

$$2\phi(M,j)+\phi(M,j+1)-\phi(M,j-1)=g(M,j+1)-g(M,j) \tag{4.74}$$

当 $j=N$ 时（N 为图像的高度），有

$$2\phi(i,N)+\phi(i+1,N)-\phi(i-1,N)=g(i+1,N)-g(i,N) \tag{4.75}$$

一般来说，对于 $n \times n$ 的光栅图像，共有 $n \times n$ 个方程，图上每个像素点的相位值都是未知数，解这种大型稀疏正定对称方程，可采用共扼梯度下降法。共扼梯度法的基本思想是以相邻两次呈线性无关且互为正交的负梯度方向作为搜索方向进行迭代，其是一种具有较高收敛速度的算法。

最小二乘法的优点是即使在相位差不能展开的情况下，按照相位梯度为最小的条件，也能强制性地解决相位重叠的问题，即使存在很大的相位误差，也一定能得到解；缺点是局部误差会向周围扩散，其误差与支切法相比变大了，而且算法复杂，计算量大。

2. 支切法

用支切法展开相位的流程如图 4.26 所示。首先检测相位积分值由于积分路径产生而产生差异的像素，然后避开这些像素和连接线路，对相位差进行积分，通过积分进行位相展开处理。

图 4.26　支切法位相展开流程图

$$\begin{aligned}R(i,j)=&\frac{\phi(i+1,j)-\phi(i,j)}{2\pi}+\frac{\phi(i+1,j+1)-\phi(i+1,j)}{2\pi}\\&+\frac{\phi(i,j+1)-\phi(i+1,j+1)}{2\pi}+\frac{\phi(i,j)-\phi(i,j+1)}{2\pi}\end{aligned} \tag{4.76}$$

留数是根据与复变函数论中的留数相似的特性命名的。如式(4.74)的相位梯度的局部圆周积分值为 0 或±1，当为+1 时称为正留数，当为−1 时称为负留数。如果被测物体表面的斜率较小，且图像噪声又非常小，则留数值必为零。在这种情况下，如果继续依次对相邻像素的相位差进行积分，就可以展开相位了。但是当留数值不为零时，位相展开值会由于积分路径不同而出现差别，所以不能一味地展开。4×4 像素的图像中间有正留数的实例如图 4.27 所示。图中各像素的相位为归一化值（大于 0 且小于 1），相邻的四个像素中间有留数值。若对 A 点沿路径 $C1$ 到 B 点的相位差进行积分，其结果是 0.6，而沿路径 $C2$ 到 B 点的相位差进行积分，其结果是−0.3，两条积分路径得到的结果不一致。此时，可用支切法组成正负留数对，在与连接对的线段不相交的线路上对相位差积分。

按照留数定理，复变函数的圆周积分值由圆周积分路径包围的区域内的总和表示。

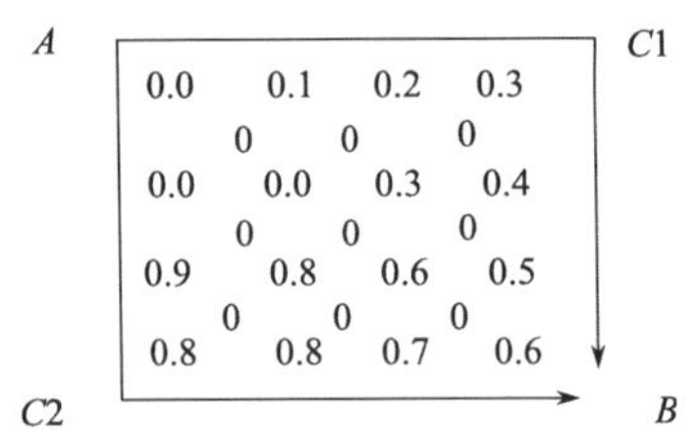

图 4.27　相位主值和留数示意图

在相位斜率平面上给出 *A*、*B* 两个点，求以 *A* 点为基准的 *B* 点相位，为了使从 *A* 点沿路径 *C*1 对相位梯度的积分值与沿路径 *C*2 积分的值一致，沿圆周积分路径 *C*1+*C*2 的积分值必须是零。因此在圆周积分路径 *C*1+*C*2 围起来的区域内，如果留数的总和为零，则沿路径 *C*1 与 *C*2 的积分值一致。即把正负留数组合起来，就能保证在围起来的区域内积分的相位是一致的。

实现支切法的关键是如何组合正负留数。连接正负留数的线段称为分割线，在进行位相展开时，将禁止任何穿过分割线的路径。在设置分割线时，必须尽可能地结合距离短的留数，以保证分割线的长度最短，称为最近邻居法。即如果一个非连续源未成对，则在其周围寻找一个离它最近且有相反符号的非连续源与之匹配，如果离边界最近，则与边界匹配，从而构成一个分割线，为去包裹设立屏障，防止去包裹误差的扩展，实现最后相位值与路径无关的要求。分割线区域内的位相展开后，分割线上像素点的相位值可以根据最小二乘插值来恢复，或者简单地用周围已经去包裹的点的平均值来代替，例如，取该点“3×3”邻域的平均值代替该点的相位。

支切法计算量小，容易实现，但是其位相展开后的结果和展开路径密切相关，如果有一点相位存在误差，则误差会沿着展开路径传播、积累，而且不能保证一定能得到解。为了避免这一点，需要预先检测出相位积分值随积分变化的像素，这样就需要较多人工干预，无法实现相位的自动展开。

3. 菱形位相展开法

基于二维快速傅里叶方法的基本原理提出了一种新的相位解包裹的算法——菱形种子算法。该算法通过识别一个种子点，然后依次向相邻四点扩展，再把这四个点作为第二批种子点，依次向各自的四点邻域扩展，以菱形轨迹遍历所有的有效信息点，以达到整个图像的相位解包。它的解包精度高并且能解决不规则边界对干涉图处理的影响。该解包裹算法可以分为两个过程：①主要解决边界形状对波面解包算法的影响。②沿着合适的路径，快速无损地进行波面解包。

理想无噪声、边界形状规则的压包波面，可以直接通过条纹扫描法进行解包。

但在实际干涉处理中，因为光路系统中的某些器件、被测物本身的形状缺陷或某些随机因素如灰尘点会遮挡干涉区域，在干涉图上形成无效区域，而这些无效区域会影响有效数据区域的边界形状，使其呈现出复杂的不规则性。在这种情况下，传统的条纹扫描法就显得无能为力了。菱形种子相位解包能对这类干涉图进行解包，因为它不依赖干涉图边界的形状，能自动绕过无效区域对其进行相位解包的特性。

一个被压包的波面可以看成一个平滑面在受到反正切函数周期性压包作用后的结果。该函数把波面中大于 π 的相位数据减去 2π 的整数倍数，小于 $-\pi$ 的相位数据加上 2π 的整数倍数，再把整个波面归一化在 $[-\pi,\pi]$ 区间内。若直观地根据上述跃变点把整个区域分成多个区域，那么各个区域之间应该相差一个 2π 的整数倍。如果确定某个区域为起始区域，那么此区域的相位值不变，与之相邻区域的相位值就应该在原值基础上加上（或减去）2π 的倍数。再对各个区域的相位值进行同样处理，就可抵消反正切函数的周期性压包作用，得到解包后的波面。

根据菱形种子相位解包算法的基本原理，将解包裹的过程归结为以下几个步骤。

(1) 边界处理。为了最大限度地保持波面原有的信息，必须在相位解包裹之前对边界点提前做标记，以便在相位解包裹的时候绕过这些边界点。在相位解包裹时对这些边界点以外的区域的相位值赋零。

(2) 确定阈值。任一点与它的相邻四个有效数据点间存在着跃变和连续两种关系。为了唯一确定这两种关系，用符号 d 来表示相邻两点的相位差，即

$$d=\phi(N_{i,j}^4)-\phi(i,j) \tag{4.77}$$

设定一个阈值 D，其范围一般在 $[0.8\pi,2\pi]$ 内。通过比较 d 与阈值 D 的关系来确定相邻点的关系，这是菱形种子法解包的核心判据。因为在实际计算过程中，相邻数据间的相位差不可能总为 2π，所以在进行解包之前必须先确定一个合适的阈值，让相邻两点的相位差与阈值 D 相比较，当 $d<-D$ 或者 $d>D$ 时，说明相邻两点存在跃变关系，则需要被解包的相位点附加一个补偿相位值（2π），如

$$\phi(i,j)=\begin{cases}\phi(i,j)+2\pi, & d<-D\\ \phi(i,j), & |d|<D\\ \phi(i,j)-2\pi, & d>D\end{cases} \tag{4.78}$$

式中，$\phi(i,j)$ 为某点未解包的相位值，表示对该点解包以后的相位值；d 为解包点与其前一个相邻点之间的位相差；D 为解包过程中设定的解包阈值。

(3) 对种子点的确定。任何未被遍历过的有效数据都可以作为种子点。确定第一个种子点尤其重要，因为它是整个区域解包过程的基石。第一个种子点应为

有效数据，且在其四点邻域范围内所有的数据点均为有效数据。这样才能保证第一个生长种子在四个方向都能进行生长，并且速度最快。有效数据点的确定是由干涉图实际要处理的区域来确定的。图 4.28 中，设 $A(i, j)$是符合条件的第一个种子点，则 B、C、D 和 E 均为有效数据点，故将这四个点依次作为第二批种子点。第三批种子点将在 B、C、D 和 E 的每个点的四点邻域中产生。以 B 点为例，A、F、G 和 H 是 B 点的四点邻域，由于 A 已在第一批种子点中遍历过，对于剩下的三点，如果是有效数据，则可将该点归入第三批种子点。同理，其他后续种子点将依次产生，最后以菱形的路线依次遍历整个有效区域，完成波面的位相展开。

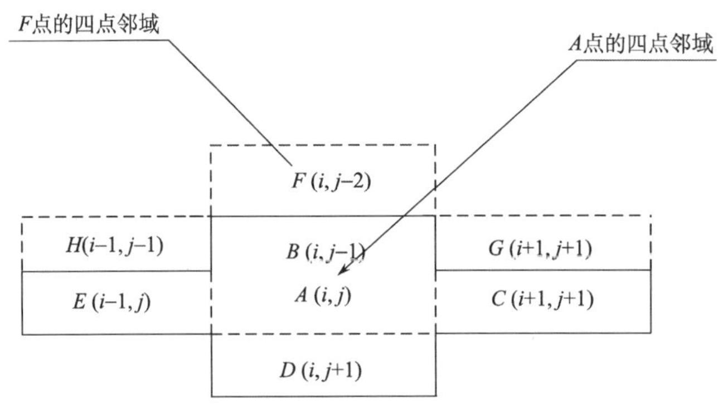

图 4.28　种子点分布示意图

(4) 解包准则。进行相位解包裹的主要目的是通过对相位差的判定，将存在相位跃变的有效数据点纳入同一区域。因此相位解包的过程就是消除相位跃变的过程，这个过程与相邻点相位值之差的绝对值有关，即

$$\Delta=|\phi(N_{i.j}^{4})-\varphi(i,j)| \tag{4.79}$$

一般可以令相位解包裹时的基准点（第一个种子点）的补偿相位为零，如图4.28所示，也就是令第一个种子点A所在点的原始相位值为已解包相位值。若$d_{AB}<-D$，则说明待解包的相位点B与种子点A之间存在相位跃变，且B点的相位值小于A点相位值。B点的解包相位值就应该是它的原始相位值与$\Delta_{AB}/2\pi$四舍五入后所得值的2π倍之和，即解包后的相位值为原始相位值与补偿相位值之和。当$d_{AB}>-D$时，也说明待解包相位点B与种子点A之间存在相位跃变，这时的B点相位值就应该大于A点的相位值。这种情况下B点的解包相位值就是在它原始相位值的基础上减去$\Delta_{AB}/2\pi$四舍五入后值的2π倍，即此时的解包相位值为原始相位值与补偿相位值之差。其他情况则认为两点是连续关系，对原始相位值不进行任何处理，即此时的补偿相位值为零。在对阈值D选取时，通常令π为其默认值，并可针对不同干涉图对其进行适当调整。如图4.28所示，该算法沿着一个菱形的路

径不断生成种子，所以称为菱形种子算法。

解包后的波面 $\phi(N_{i,j}^4)$ 理论上可以表示为

$$\phi(N_{i,j}^4)=\begin{cases}\phi(N_{i,j}^4)+2\pi r[\dfrac{\varphi(i,j)-\phi(N_{i,j}^4)}{2\pi}], & \phi(N_{i,j}^4)-\varphi(i,j)<-D \\ \phi(N_{i,j}^4)-2\pi r[\dfrac{\phi(N_{i,j}^4)-\varphi(i,j)}{2\pi}], & \phi(N_{i,j}^4)-\varphi(i,j)>D\end{cases} \tag{4.80}$$

式中，r 为四舍五入取整函数；$\varphi(i,j)$ 为种子点的相位值；$\phi(N_{i,j}^4)$ 为待解包点的相位值；$N_{i,j}^4$ 为 (i,j) 的相邻四点。$N_{i,j}^4=(m,n)\,|\,(m,n)\in T$，且 $\phi(m,n)$ 为有效波面。其中

$$T=\{(i,j-1),(i+1,j),(i+j+1),(i-1,j)\} \tag{4.81}$$

4.4.3　时间位相展开方法

时间位相展开方法最早是由 Huntley 和 Saldner 提出的，它的前提是获取每一个像素点以时间为函数的截断相位值。时间位相展开方法对时间进行调制，其基本思想是：使光栅条纹的频率随着时间而变化，从这个随时间变化的载频中解出包含物面信息的一组截断初相位，然后沿着时间轴进行相位展开。由于载频中时间是一个可控量，所以可通过系统调整使其满足抽样定理。

可见，时间位相展开方法和空间位相展开方法各有利弊。时间位相展开为空间位相展开所不能解决而只能避免的相位跳变大于二的问题提供了一种解决方案，它在算法上避免了空间位相展开中的误差传播问题；此外，时间位相展开至少需要多幅灵敏度不同的位相图，如果这些截断相位图需要从不同时刻获取变相条纹，则图像的采集时间将较长，而空间位相展开只需要一幅相位图。

4.4.4　光栅图像采集与预处理

采集的图像都含有噪声。由于噪声的影响，解相的精度下降，得到的高度不是被测物体的真实值，所以影响整个系统的检测精度。此外，噪声还影响边缘检测的精度。因此，采集图像后必须对图像进行预处理以去除噪声，将噪声对整个系统的检测精度的影响降到最小。

1. 噪声点识别

首先，设卷折的相位图像中各点的相位主值为 ϕ_i，相邻两像素点之间的相位差对于 2π 的模为 d_i，第 i 点的真实相值为 ϕ_i，则

$$d_i = \left[\frac{\phi_i - \phi_{i-1}}{2\pi} \right] \tag{4.82}$$

式中，i 的取值为 $0,1,2,\cdots,n$，表示对括号里面的数值取临近的最小整数值[0.5]=0，即取模运算，则 d_i 可以表示为

$$d_i = \begin{cases} 0, & |\phi_i - \phi_{i-1}| \leqslant \pi \\ 1, & (\phi_i - \phi_{i-1}) > \pi \\ -1, & (\phi_i - \phi_{i-1}) < \pi \end{cases} \tag{4.83}$$

对于连续的相位图像，两像素间的真实相位差可以通过任意路径进行解相，并且任何路径解得的2π倍数应相同（即所有的路径下的和应该是相同的），通过图4.29所示的最小闭环路径来解相。

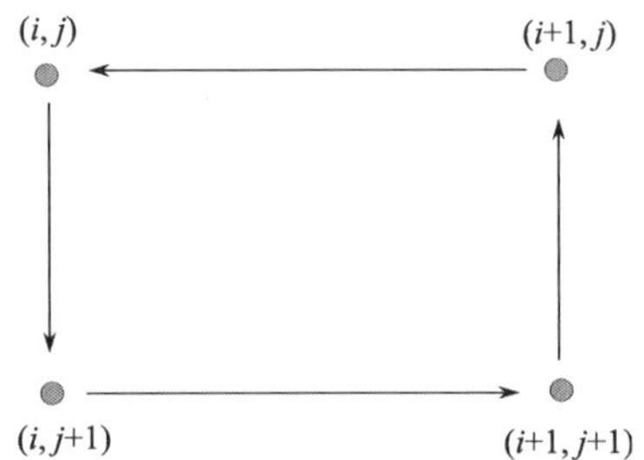

图 4.29　最小环路图

沿任意一条路径解得的模数之和可表示为

$$v = \sum_{i=1}^{N} d_i \tag{4.84}$$

对于连续的相位图，同一点沿不同的路径再重新回到该点本身，相位差对2π的积累和应该为0，即式(4.82)的值应该为0。因此，可以取任意一个相邻的矩形四节点单位，沿不同的路径，按式(4.81)和式(4.82)分别求出 d_i 和 v 的值。v 的值有三种可能的情况，即

$$v = \sum_{i=1}^{N} d_i = \begin{cases} 1 \\ 0 \\ -1 \end{cases} \tag{4.85}$$

当 $v=0$ 时，说明在这个单元中没有噪声点的存在，继续进行相邻的下一个单元的判断；当 $v \neq 0$ 时，说明该单元中存在噪声点。依次对单元中四个点按每次经过三个点的路径重新计算 d_i 和 v 的值，当其中的某一路径的 v 值为0时，说明剩余的一个点为噪声点。找到一个噪声点后，将该点标记并跳出循环，进行下一个

单元判断，直到判断的点全都到达图像区域的边缘，跳出循环，判断结束。

2. 常用的图像去噪方法

(1) 平均法

平均法的基本思想是用图像上的点 (i,j) 及其某一邻域像素的灰度平均值来代替点 (i,j) 的灰度值，从而滤掉一定的噪声。

通常可以选择不同的模板来消除不同的噪声，邻域平均法是用平均模板来消除噪声的。设 $g(i,j)$ 是处理前图像上某一点的灰度，$g^*(i,j)$ 是经邻域平均后该点的灰度值，邻域大小取 3×3，则

$$\begin{aligned} g^*(i,j)=[&g(i-1,j-1)+g(i-1,j)+g(i-1,j+1)+g(i,j-1)\\ &+g(i,j+1)+g(i+1,j-1)+g(i+1,j)+g(i+1,j+1)]/8 \end{aligned} \tag{4.86}$$

但是，邻域平均法滤波是以图像模糊为代价的，图像模糊使得后续的边缘检测精度下降。

(2) 多图像平均法

多图像平均法是一种空域平滑方法，它以噪声干扰的统计学特性为基础，即如果图像包含噪声，则可以假设这些噪声相对于每一坐标点是不相关的，且数学期望为零是有噪声的图像，它由噪声 $\eta(i,j)$ 和原始图像 $f(i,j)$ 叠加生成，即

$$g(i,j)=f(i,j)+\eta(i,j) \tag{4.87}$$

(3) 中值滤波

中值滤波是一种非线性的图像处理方法，它一般采用一个含有奇数个像素点的活动窗口，把像素的灰度值按从小到大的顺序排列起来，并用中间的灰度值来代替中间像素的灰度值。中值滤波可以有效地去除图像中的随机噪声，而且它在拟制噪声的同时并没有引起图像的模糊。

(4) 模板处理

在被测物体边缘，由于高度的突变会出现光栅堆积或阴影的现象。当光栅堆积时，就无法满足抽样定理，从而不能正确解调出其位相值，而当有阴影存在时，光栅将产生断相。因此，必须自动识别出被测物体边缘，位相展开只在边缘以内的区域进行，边缘以外区域的光栅条纹没有受到调制，位相展开时不用考虑。

图像的边缘是图像最基本的特征，是图像分割所依赖的重要特征。经典的边缘检测针对图像的各个像素，考察它的某个邻域内灰度的变化，利用边缘邻近一阶或二阶方向导数变化规律来检测被测物体的边缘。通常的边缘检测算子有差分算子、梯度算子、Roberts 算子、Sobel 算子、Prewitt 算子、Kirsch 算子、Laplace 算子和 LoG 算子。

4.5　测量误差分析

4.5.1　光栅图像非正弦化过程与误差分析

实际测量过程中要考虑系统误差、相移误差和探测器的非线性误差。相移误差由相移步距的不相等所致，经常不可避免，但采用数字编码光栅进行准确的相移，使得相移不准问题基本上得到解决，此时探测器的非线性误差成为主要的影响因素。从正弦光栅条纹图和正弦光栅强度图可以看出，按照实验要求，由光栅条纹产生的光栅强度分布图应该呈均匀的正弦分布，但是由于照相机曝光非线性度等的影响，拍摄的光栅条纹强度分布不均匀，这样也会导致后面进行图像处理、相位和高度计算时出现误差。非正弦相位误差是由整个测量系统（包括投影仪和摄像机等）的非线性所引起的。而造成系统非线性的原因有很多，对于投影仪，主要有投影光栅的畸变误差、投影仪光轴定位偏差、投影仪分辨率低和镜头质量低劣等；而对于摄像机，主要的误差来源在于 CCD 的光电转换误差，摄像机镜头的同轴度误差等。图 4.30 所示为理想的正弦条纹和实际测量的正弦条纹的正弦性对比。

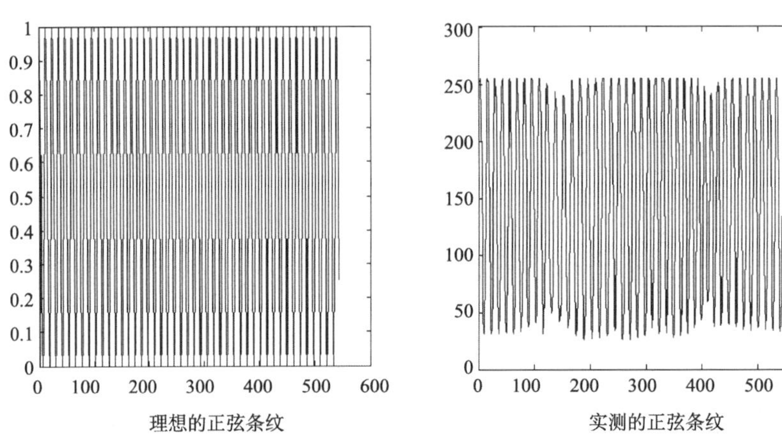

图 4. 30　非线性造成的误差

由于实验设备、实验环境、计算方法等因素的影响，系统测量结果必然会存在一定的误差。误差按其性质可分为系统误差和随机误差。其中，系统误差对系统的测量精度影响比较大，主要包括光学成像误差、计算方法误差和标定误差；随机误差主要来源于图像噪声干扰、光源闪烁影响等。

1) 光学成像误差

光学成像误差主要来源于 CCD 摄像机、投影仪、图像采集卡和光栅条纹自身参数的影响。物体经过光学系统在 CCD 摄像机成像的过程必然存在误差，导致误差的原因有以下几种。

(1) 同轴度误差：摄影镜头是由若干薄镜片组合而成的厚透镜，这些镜片间应尽量保证同轴，否则将使图像产生畸变，导致同轴度误差。当镜头的质量可靠时，该误差一般很小，对测量结果几乎没有影响。

(2) 孔径误差：严格来讲，光学成像原理只对近轴光线成立，所以当镜头光圈孔径较大时，会导致图像中出现渐晕现象，即图像中心较亮、四周较暗，这将对测量结果产生较大的影响。为了减少测量过程可能发生的孔径误差，光圈的调整量不宜过大，如果系统固定下来，则光圈一般不需要调解。

(3) 光电转换误差：由于 CCD 摄像机的分辨率是有限的，CCD 器件对光学图像进行光电转换的过程，也是一个对模拟信号离散化的过程，对于高频信息有一定的损伤，从而导致误差的产生。

光栅条纹的成像质量也将引起系统误差，主要表现在以下几个方面。

(1) 投影光栅畸变误差：计算时将光栅看成周期相同、均匀分布的条纹，然而，只有从无穷远处投影才能得到周期完全相同的光栅。实际的投影光栅并不是从无限远处投影的，因此光栅的周期必然随着投影轴心距离的增大而增大，这将导致光栅中含有多种频率分量，并且各个频谱分量之间的差别不是很大，容易使频谱混叠。在实际测量中，应尽量利用投影光栅靠近投影中心的中间部分，避免使用投影的边缘部分。

(2) 投影系统误差：投影仪投影光轴的定位偏差、投影光源的光强太小、投影镜头质量低劣和投影仪的分辨率低，都是造成光栅图像成像质量差的因素，从而影响这个系统的检测精度。

(3) 经被测物体高度调制后的变形光栅图像，反映光强变化的连续函数，经过图像采集采样、量化后，它将变成反映灰度变化的离散函数。在采样的时候，采样频率的选择必须满足采样定理，即采样频率 f_s 应大于或等于信号所含有的最高频率 f_h 的两倍。采样后各像素点的灰度还是连续变化的，把这些连续变化的灰度值变换成整数级灰度的过程称为量化。量化误差越小，反映图像本身的特征越准确，测量的结果也就越准确。

(4) 光栅自身参数的影响：光栅条纹的明暗度与光栅节距（周期）对系统的影响也很大。条纹明暗度太大，有用频率成分将会与直流分量发生混叠，这给提取有用频率成分带来了困难。而光栅节距太大，光栅条纹过稀，不能充分体现被测物体表面的相位信息；节距太小，光栅条纹过密，CCD 摄像机采集的图形将会不清晰。这些都影响系统的测量精度，实际测量中对这些参数的选择应该慎重考虑。

2) 计算方法误差

在滤波时，滤波窗口的选择对系统的测量精度的影响也非常大，本系统选用的是矩形窗。如果矩形窗的跨度选择过大，那么滤波后的信号中仍包含无用的频率分量，而如果串口宽度选择过窄，那么有用的频率分量又会被滤除，这都会给测量带来误差。

位相展开算法的好坏直接影响系统的测量精度。如果展开后的相位不是被测物体的真实相位，那么进行相位高度转换时，得到的高度就不是被测物体表面的真实高度值。由于只采集物体前后两幅图像，无法实现360°全场测量，在物体两侧有小部分区域没有进入摄像机的视野，所以存在一定程度上的数据丢失。

3) 标定物差

任何系统在测量前都要进行标定，标定误差是测量系统误差中最重要的部分。在本系统中，包括高度 z 标定和位置 (x, y) 标定。在进行高度 z 标定时，标定图像在不同位置时，其边缘的清晰程度也不同。标志图像中标志块的边缘清晰，其中心位置的确定就比较准确，否则标志块的中心位置就会有较大的偏差，从而影响标定的结果。在标定中应尽量保证移动后，标定平面高度数据读取的标准一致，标定块的边缘和靶标点要保证清晰，以减小标定的误差。

4) 图像噪声误差

噪声是影响质量的最重要因素。如果空气中或被测物体上有灰尘，则采集的光栅上将有颗粒或间断点，这些点上的相位值就不是真实的相位值。另外，由于图像传输过程中受各种因素干扰，图像中往往存在噪声，所以需要去除图像中的噪声。但是，对噪声清除太早往往会损失图像的细节信息；而在保护图像细节的同时必然会保留一部分噪声，对测量结果产生一定的负面影响。在本系统中，用滤波、平均等方法对图像进行预处理，而且在解相的时候展开路径都绕过了噪声点，降低了噪声对系统测量精度的影响。

5) 照明误差

照明误差来源于背景光源闪烁和外界光线的干扰，使得图像的亮度产生一定的漂移，采集的图像会产生较大的失真。这样，当模板剪影图像进行处理时，获得的将不是被测物体的真实边缘轮廓线，从而影响系统的测量精度。光源闪烁造成的误差属于随机误差，其误差分布符合正态分布。

4.5.2 非线性误差矫正方法

1. 频域滤波矫正技术

采用频域滤波优化条纹来提高数字相位测量轮廓术系统的测量精度的测量方法是通过对CCD获取的条纹在频域进行滤波，减弱条纹中多次谐波的分量，来提高条纹的正弦性。

采用频域滤波对正弦条纹进行优化，可以减弱多次谐波对算法的影响，进而提高系统的测量精度。滤波操作必须先知道滤波器的中心频率，即高次谐波在频域中的具体位置，CCD 获取的参考平面的条纹包含了各次谐波信息，可以从中得到各次谐波的精确频率，此外，选择合理的滤波器及其参数对系统的测量精度也有较大影响。

通过多次谐波频率定位、滤波操作和三维重构等算法程序，分别对一个面具和一个口径D=200mm，高度为11.79mm的平面镜做了面形恢复实验，并将它们与没有进行滤波操作的恢复实验进行对比。图4.31(a)和图4.31(b)是参考平面的正弦条纹与被测变形条纹，图4.31(c)和图4.31(d)为参考条纹滤波前后的灰度化的频谱分布，从频谱分布中可以看出存在多次谐波，采用的Butterworth滤波器将高次谐波成分滤掉，同样对被测面变形条纹进行同样的操作，得到的滤波前后灰度化的频谱分布如图4.31(e)和图4.31(f)。

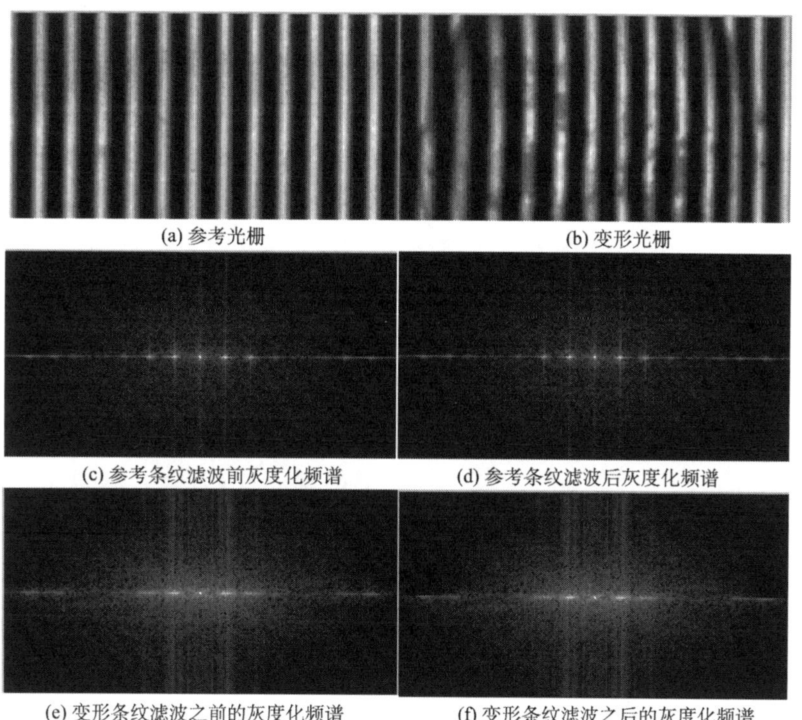

(a) 参考光栅　(b) 变形光栅

(c) 参考条纹滤波前灰度化频谱　(d) 参考条纹滤波后灰度化频谱

(e) 变形条纹滤波之前的灰度化频谱　(f) 变形条纹滤波之后的灰度化频谱

图 4. 31　滤波过程

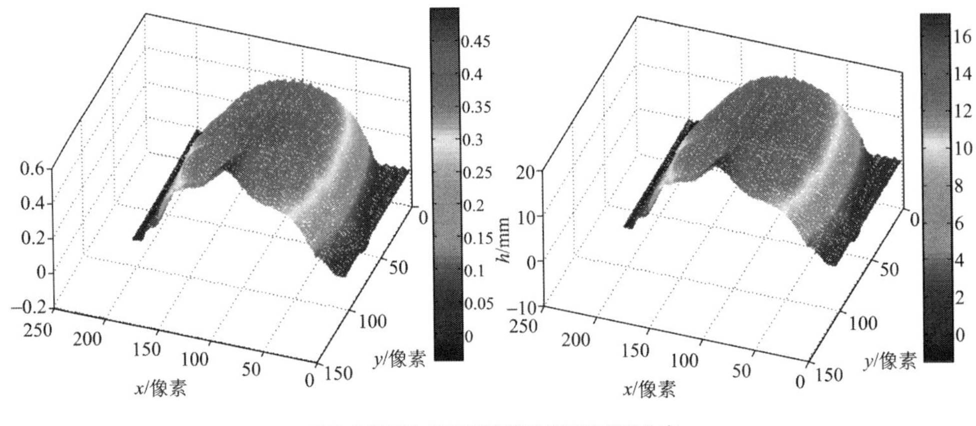

(a) 滤波之前四步相移算法重建的面具面形分布

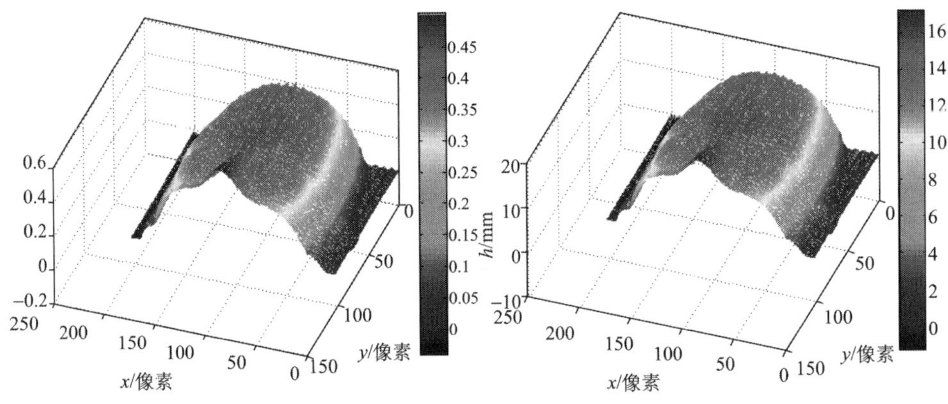

(b) 滤波之后四步相移算法重建的面具面形分布

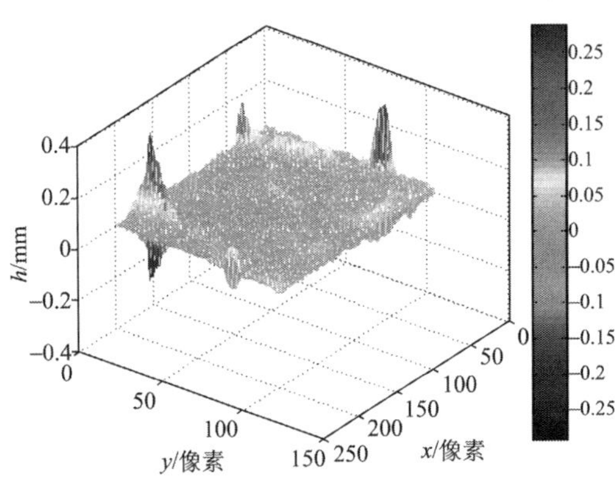

(c) 误差分布

图 4.32　滤波前后面形重建对比

图 4.32(a)为滤波操作前面形重建分布，图 4.32(b)为滤波操作后面形分布，图 4.32(c)为误差分布，从图 4.32(a)和图 4.32(b)表面的波纹看不出明显减少，重建表面的周期性起伏现象并没有完全消除，这可能是 CCD 和数字投影仪均属于数字化产品。在相位测量轮廓术系统中，两者存在刷新同步和刷新周期匹配的问题，这是对条纹进行滤波后物体上波纹依然存在的原因。但是对二者进行误差分析可以看出滤波操作改善了面形。

对平面窗玻璃进行测量，如图4.33(a)～(d)所示。首先取测量mask，如图4.34所示。用四步相移法进行测量，傅里叶变换之后在频域进行滤波，其结果如图4.35所示，可以看到图4.35(a)为频域滤波前三维面形重建高度分布，经计算其表面PV=1.7596μm，均方差为0.0814，可以看到表面面形受到某种周期性的波纹调制，对条纹采用滤波操作后的测量结果如图4.35(b)所示，表面受到周期性调制的状况稍减弱，各点的均方差为0.0343，PV=1.7567μm。可见系统的测量精度相对提高了2倍多。虽然滤波操作会丢掉物体的一些细节，但物体的整体重建精度却得到了一定程度的提高。

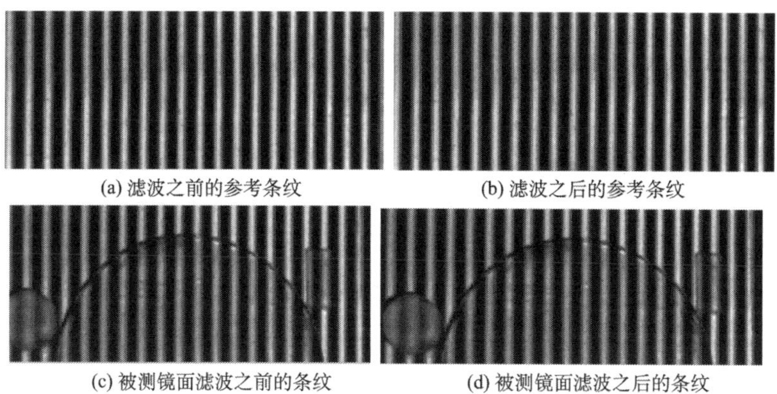

(a) 滤波之前的参考条纹　(b) 滤波之后的参考条纹

(c) 被测镜面滤波之前的条纹　(d) 被测镜面滤波之后的条纹

图 4.33　滤波前后对比

图 4.34　取测量 mask

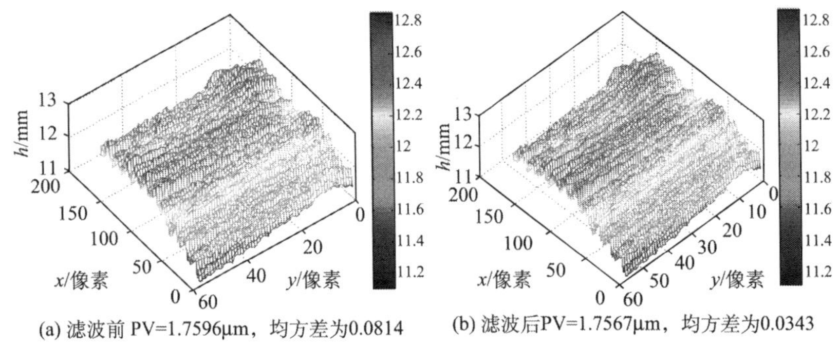

(a) 滤波前 PV=1.7596μm，均方差为0.0814　(b) 滤波后PV=1.7567μm，均方差为0.0343

图 4.35　频域滤波前后面形重建对比

采用频域滤波优化条纹来提高数字相位测量轮廓术系统的测量精度。由于投影和成像设备均属于数字器件，CCD获取的正弦条纹出现多次谐波。对于相位测量轮廓术的某些算法，对高次谐波比较敏感，使得相位的提取出现较大的偏差，降低了系统的测量精度。通过对条纹在频域进行滤波，减弱条纹中的二次和三次谐波分量，提高条纹的正弦性，可以提高系统的测量精度。该方法通过计算机自动找出条纹在频域中的基频和高次谐波位置，滤波操作也由计算机自动完成，因此自动化程度高，具有一定的实用价值。

2. *灰度误差矫正技术*

正如上面所述，基于数字光栅投影的测量优点是利用计算机产生标准的正弦光栅，消除相移误差，可以将任意形状和周期的标准正弦条纹通过数字投影仪，投射到被测物体表面，并通过CCD采集经过物体调制的变形条纹。探测器的非线性误差成为影响测量精度的主要因素。在整个测量过程中，投影仪伽马的非线性和CCD探测器响应的非线性会导致拍摄到的正弦条纹的正弦性降低，这是影响系统的测量精度的主要因素。在此提出一种精度较高的测量方法，该方法先计算出整个系统的响应函数，然后通过计算来确定，便可以得到该线性区间的条纹应该生成的投影条纹，利用这种方法生成的正弦条纹对实际物体进行测量验证，校正误差。

整个测量系统的信号响应模型如图 4.36 所示，图中的 I_i^s 是计算机生成的理想正弦条纹的强度，如果测量系统没有非线性的影响，那么拍摄回来的条纹图具有很好的正弦性。在实际的系统中，拍摄到实际条纹图的强度 I_i^c 为一个理想系统获得的条纹图强度 I_i 的函数。

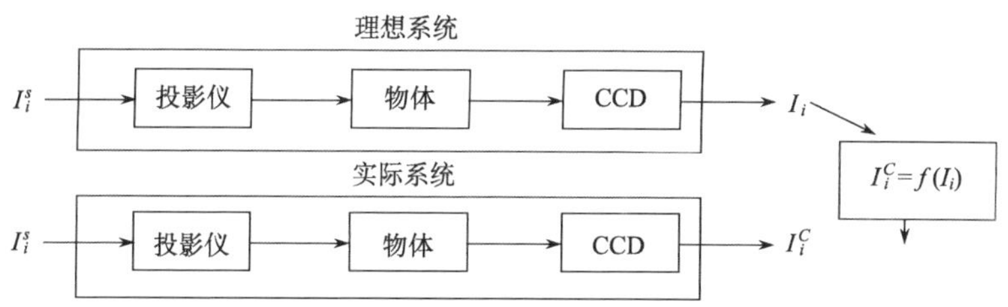

图 4. 36 测量系统的信号响应模型示意图

通过计算机模拟投影理想的正弦结构光条纹，经过一个平板，实际系统拍摄到的物体的条纹，取条纹图中相同行的正弦分布，然后按照相位测量轮廓术方法，计算机模拟生成经过该测量系统拍摄回来的四步相移图像，并对拍摄回来的图像进行位相展开，系统的非线性影响导致展开相位出现了一定的误差。

在确定系统的响应函数时，将 0～255 灰度分为投影灰度值为 $I_i=(i-1)\times 5$（$i=1,2,\cdots,52$）的灰度图像，并投影到一个白色平板上，经 CCD 拍摄回来，取每幅条纹图中心部分区域。这里选择图像中心区域，求出每幅条纹图的灰度均值 I_i^c，通过四次多项式曲线拟合可以得到系统的强度响应函数 $I_i^c=f(I_i)$ 曲线。曲线中会有一段区间表现为线性响应。为了确定系统响应的线性区间，通过分段一次和二次求导来确定最大线性响应区间的两个端点。首先对相邻两灰度间的直线段求出其斜率，投影前的灰度为 $x_n=(n-1)\times 5, n=1,2,\cdots,52$。拍摄回来的灰度为 $y_n, n=1,2,\cdots,52$，相邻灰度间直线的斜率为

$$k_n=\frac{y_n-y_{n-1}}{x_n-x_{n-1}}, n=1,2,\cdots,52 \tag{4.88}$$

然后求解相邻两段直线区间的斜率变化为

$$k'_{m-1}=\frac{k_m-k_{m-1}}{x_m-x_{m-1}}, m=2,3,4,\cdots,51 \tag{4.89}$$

找出相邻区间的一阶导数变化最大的坐标，该两处是系统响应函数的拐点，该两点的横坐标之间的区域是系统响应函数的线性区域。

最大线性区域得到理想的系统响应函数为

$$f(I)=\frac{I_2^c-I_1^c}{I_2-I_1}\times(I-I_1)+I_1^c \tag{4.90}$$

式中，I_1、I_2 为系统对于投影标准的正弦条纹的线性响应区间；I_2^c、I_1^c 为相对应的相机拍摄回来的条纹图的强度值。对式(4.90)求反函数，得

$$f^{-1}(I')=\frac{I_2-I_1}{I_2^c-I_1^c}\times(I'-I_1^c)+I_1, I'\in[I_1,I_2] \tag{4.91}$$

反算出CCD要在线性响应区间获得正弦条纹，投影系统应该投影的条纹，然后再利用相位测量轮廓术方法测量三维面形中的四步相移法，生成校正之后要投影的四步相移条纹，如

$$\begin{aligned}
I_1^s &= [f^{-1}(I_2) - f^{-1}(I_1)]/2 + [f^{-1}(I_2) - f^{-1}(I_1)] \times \cos[2\pi fx + \phi(x,y)] \\
I_2^s &= [f^{-1}(I_2) - f^{-1}(I_1)]/2 + [f^{-1}(I_2) - f^{-1}(I_1)] \times \cos[2\pi fx + \phi(x,y) + \pi/2] \\
I_3^s &= [f^{-1}(I_2) - f^{-1}(I_1)]/2 + [f^{-1}(I_2) - f^{-1}(I_1)] \times \cos[2\pi fx + \phi(x,y) + \pi] \\
I_4^s &= [f^{-1}(I_2) - f^{-1}(I_1)]/2 + [f^{-1}(I_2) - f^{-1}(I_1)] \times \cos[2\pi fx + \phi(x,y) + 3\pi/2]
\end{aligned} \tag{4.92}$$

以下将进行实验仿真和实测实验，对上述理论进行验证。基于上述的四步相移，系统还是采用上述实验所选用的，首先寻找线性响应区间。将 52 幅灰度图经过系统投影采集。

图 4.37 是输入 0～255 幅灰度图，画出实际系统的响应曲线。图 4.38 为相邻区间一阶导数的差值，从图中找出相邻区间的一阶导数变化最大的两个区间为：在[135，140]、[140，145]内一阶导数差最大和在[200，205]、[205，210]内一阶导数差最大。因此 140～205 内的区域是系统响应的线性区域。

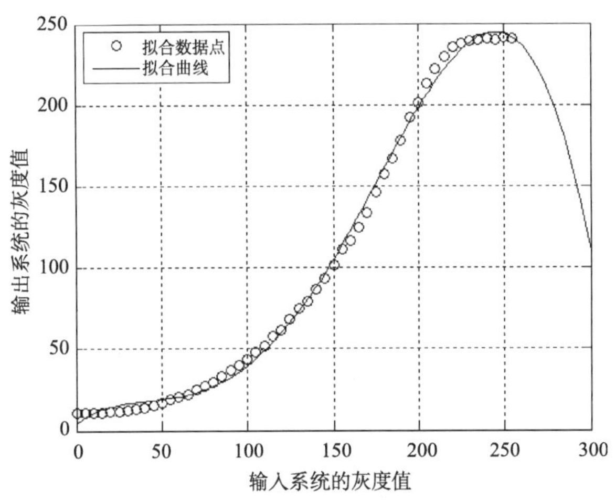

图 4. 37　实际系统的响应曲线

对面具进行实际测量，投影周期条纹为 T=30 像素，实验中对拍摄回来的图像截取同样大小区域 800 像素×600 像素。图 4.39 是投影经过上面提到的方法校正之后的灰度值在[140，205]的正弦条纹，图 4.40(a)和图 4.40(b)分别取中心处 100 行的数据对比校正前后条纹强度分布曲线。为进一步说明校正的效果，可以考察校正前后条纹图的傅里叶频谱分布。图 4.40(c)为成像设备拍摄图像的傅里叶变换归一化频谱图。从图 4.40 中可以看出系统的非线性影响，拍摄条纹图中出现了高

次谐波，这样会导致包含物体高度分部信息的基频与高次频谱发生混叠而引入测量误差，图 4.40(d)为经过上述的校正方法，投影出同样条纹周期的反算条纹的傅里叶频谱图，图 4.40 中显示了高次谐波被抑制，非线性效应明显降低。

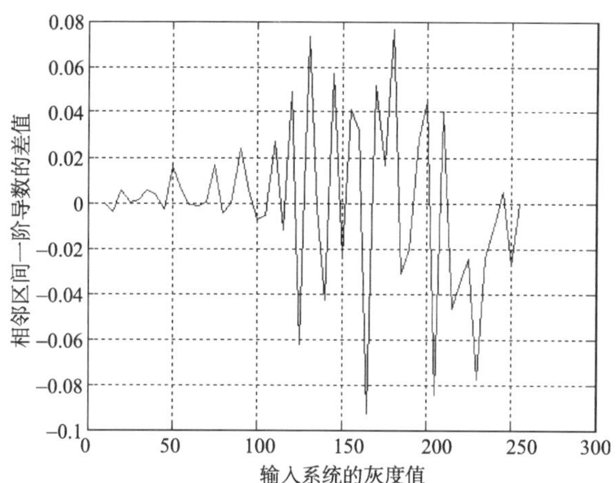

图 4. 38　系统响应曲线相邻区间的变化

图 4.39　校正之后四步相移条纹图

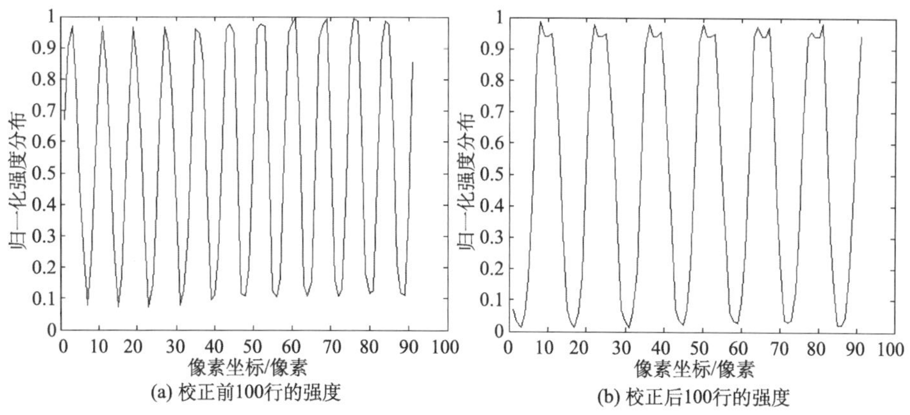

图 4.40　校正前后频谱分布图

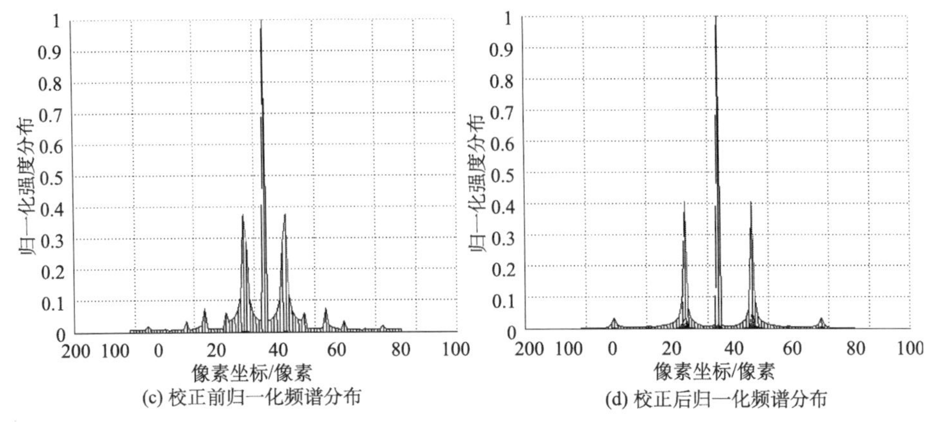

(c) 校正前归一化频谱分布　　(d) 校正后归一化频谱分布

图 4.40　校正前后频谱分布图（续）

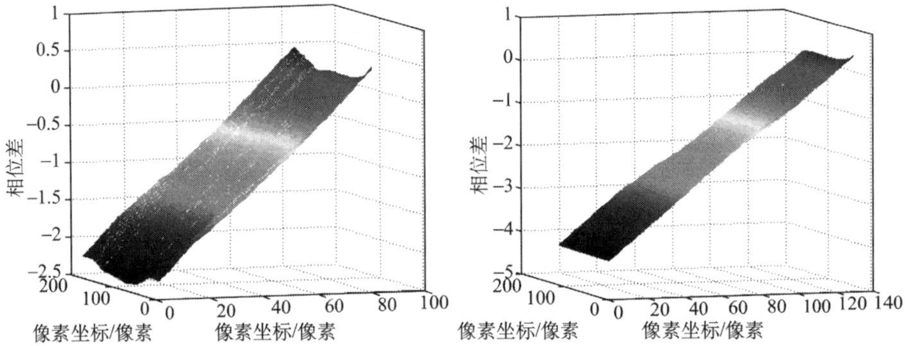

(a) 校正之前的相位展开与理想相位展开的差　　(b) 校正之后的相位展开与理想相位展开的差

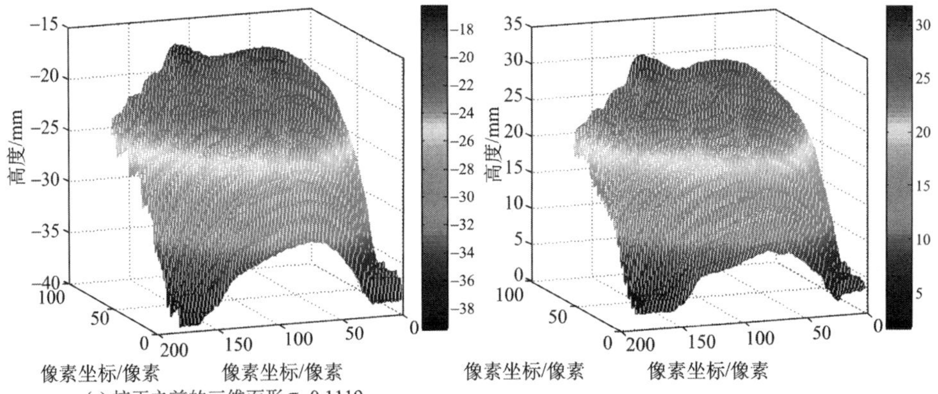

(c) 校正之前的三维面形 σ=0.1119　　(d) 校正之后的三维面形 σ= 0.0757

图 4.41　校正前后面形重建对比

对一个面具进行实际测量，测量过程如上所述，将动态范围在 0～255 的标准正弦的四步相移条纹投影到被测物上，对拍摄回来的变形条纹进行相位展开，系统非线性的影响导致了相位展开误差，从图 4.41(a)和图 4.41(b)可以看出。图 4.41(c)和图 4.41(d)是校正前后防毒面具的一部分面形恢复图，对比结果显示，书中提到的方法确实能够在一定程度上降低系统的非线性带来的高次频谱，使得被测物体的相位更精确，恢复面形效果更好。

4.6 小　　结

本章介绍了一种简单的基于结构光测量原理的三维物体测量方法。这种测量方法采用普通的非相干光源进行照明的主动光学三维传感技术，可用于复杂漫反射表面的三维测量。无论傅里叶变换轮廓术还是相位测量轮廓术，其测量系统的系统构成均相同，都是在成像系统物面放置一块标定平面，待测三维物体放置在标定平面上，由投影仪投射到待测三维物体上的条纹图像在 CCD 摄像机上成像，CCD 分别记录下参考条纹图像和由待测物体高度变化所引起的变形条纹图像，再由条纹信息计算出待测物体引起的相位变化量，然后通过一定算法重建出所测面形，从而完成对物体三维面形的测量。滤波处理、相位展开、标定技术等是这类基于机构光原理的三维重建方法的重点和难点。

参 考 文 献

崔继峰. 2008. 光学零件表面轮廓干涉测量方法研究[D]. 哈尔滨: 哈尔滨工业大学.

金国藩, 李景镇. 1998. 激光测量学[M]. 北京: 科学出版社.

李勇. 2006. 相位测量轮廓术关键技术及应用研究[D]. 成都：四川大学.

李中伟. 2009. 基于数字光栅投影的结构光三维测量技术与系统研究[D]. 武汉: 华中科技大学: 46-65.

刘旭辉. 2010. 基于投影栅线相位法测量牙齿下颌三维形貌的研究[D]. 南京: 东南大学: 4-5.

罗晓晖, 居淡, 王希, 等. 2001. 脚型三维曲面测量技术[J]. 激光技术, 25(4): 308-311.

倪颖, 余景池, 郭培基. 2003. 小型非球面轮廓测量仪的原理及应用[J]. 光学精密工程, 11(6): 612-616.

倪媛. 2009. 表面三维形貌测量方法研究[D]. 济南: 山东大学. 3-4.

苏显渝, 李继陶. 1996. 三维面形测量技术的新进展[J]. 物理, 25(10): 14-62.

苏显渝, 周文胜. 1993. 采用罗奇光栅离焦投影的位相测量轮廓术[J]. 光电工程, 20(4): 8-16.

孙长库, 叶声华. 2001. 光测量技术[M]. 天津: 天津大学出版社.

孙军华, 刘霞, 张广军. 2009. 基于柔性立体靶标的摄像机标定[J]. 光学学报, 24(12): 3433-3439.

王伯雄, 叶茂. 1999. 傅里叶变换在莫尔测偏法中的应用[J]. 仪器仪表学报, 20(3): 313-315, 325.

王伯雄, 朱彦民, 罗秀芝. 1999. 二维形貌的快速测量方法[J]. 清华大学学报(自然科版), 39(2): 57-61.

文永富, 苏显渝, 张启灿. 2009. 傅里叶变换轮廓术中一种普适的计算公式和系统标定方法[J]. 中国激光, 36(8): 2094-2098.

吴双卿. 2005. 光栅投影三维形貌测量技术的研究[D]. 成都: 西南交通大学: 5-49.

徐温. 2012. 主动三维光学测量技术研究[D]. 武汉: 华中师范大学.

许智钦, 孙长库, 郑义忠, 等. 2001. 二维彩色逆向工程[J]. 光电子-激光, 12(9): 937-939.

应朝福, 苏显渝, 刘元坤. 2008. 基于数字投影仪的PMP系统非线性误差分析[J]. 浙江师范大学学报，31(4): 401-405.

张晓青, 祝连庆, 董明利. 2001. 一种测量非球面光学零件面形的新方法[J]. 工具技术, 35(4): 24-26.

章毓晋. 2004. 图像工程(下册)[M]. 北京: 清华大学出版社.

赵兵, 郭彬, 方如华. 1996. 位相移法中的量化误差效应[J]. 光学学报, 16(12): 980-983.

竺子民. 2000. 光电图像处理[M]. 武汉: 华中理工大学出版社.

Asundi A K, Sajan M R. 1998. Digital moire for measurements on cylindrical objects[J]. Journal of Optics, 28: 128-134.

Caria J F. 1995. 3D reconstruction of objects using stereo imaging[J]. Optics and Lasers in Engineering, 22: 193.

Carlsson T E. 1993. Measurement of three dimensional shapes using light of flight recording by holography[J]. Optical Engineering, 32(1): 2587-2592.

Chen F. 2000. Overview of three-dimensional shape measurement using optical methods[J]. Opt Eng, 39(1): 10-22.

De Witt T K, Lyon D A. 1995. Range finding method using diffraction gratings[J]. Appl Opt, 23(5): 2510.

Gorthi S. S, Rastogi P. 2010. Fringe projection techniques[J]. Optics and Laser in Engineering, 48(2): 133-140.

Javris R A. 1983. A laser time of flight range scanner for robotic vision[J]. IEEE PAMI-S: 505-512.

Kallls M K, Osten W, Juptner W. 2001. Active industrial surface inspection with inverse projected-fringe-technique[J]. SPIE. 4596: 37-47.

Kowarschik R, Gerbe J, Notni G. 1999. Adaptive optical 3D-measurement with structured light[J]. SPIE, 3824: 169-178.

Massa J S. 1998. Time of flight optical ranging system based on time eorrelated single photo counting[J]. Applied Optics, 37(31): 7298-7304.

Massing J H. 1999. Measurement of phase objects by simple means[J]. Appl Opt, 38(19): 4103-4105.

Smith R W. 1982. Computer processing of line images: a survey[J]. Pattern Recognition, 20(1): 7-15.

Su X Y, Su L K. 1998. New 3D profilometry based on modulation measurement[J]. SPIE, 3558: 1-7.

Su X Y, Su L K. Li W S. 1999. A new Fourier transform profilometry based on modulation measurement[J]. SPIE, 3749: 438-439.

Su X, Chen W. 2001. Fourier transform profilometry: a view[J]. Optics and Lasers in Engineering, 35(5): 263-284.

Su X, Zhou W, Bally G, et al. 1992. Automated phase-measuring profilometry using defocused projection of a ronchi grating[J]. Optics Communications, 94(6): 561-573.

Takasaki H. 1970. Moire topography[J]. Applied Optics, 9(6): 1467.

Takeda M, Ina H, Kobayashi S. 1982. Fourier-transform method for finge-pattern analysis for computer-based topography and interferometry[J]. J Opt Soe Am, 72(1): 156-160.

Takeda M, Mutoh K. 1983. Fourier transform profilometry for the auto measurement of 3D object shapes[J]. Applied Optics, 22(24): 3977-3982.

Toyooka S, Tominaga M. 1984. Spatial fringe scanning for optical phase measurement[J]. Optics Communications, 51(2): 68-70.

Wang B X, Luo X Z, Pfeifer T. 1999. Moire deflectometry based on Fourier-transform analysis[J]. Measurement: Journal of the International Measurement Confederation 25(4): 249-253.

Wang Z Y, Du H, Park S. 2009. Three-dimensional shape measurement with a fast and accurate approach[J]. Applied Optics, 48(6): 1052-1061.

Wyant J C. 1987. Interferometric testing of aspheric surface[J]. SPIE, 816: 19-39.

Yu Q F. 1994. Analysis and removal of the systematic phasc error in interferograms[J]. Opt Eng, 33(5): 1630.

Yuan T, Subbarao M. 1998. Integration of multiple-baseline color stereo vision with focus and defocus analysis for 3D shape measurement[J]. SPIE, 3520: 44-51.

第 5 章　亚表面损伤检测

5.1　概　　述

目前，对光学元件质量的评价已经不仅局限于元件表面，而是深入到亚表面层的研究，例如，在磨削和研磨过程中引入裂纹、划痕、残余应力等亚表面损伤。光学元件的亚表面损伤一般分为两大类：一种是元件材料的固有缺陷（如气孔、杂质粒子等）；另一种是在加工过程中引入的损伤（包括裂纹、残余应力等）。目前，如何检测评价和减小在加工过程中引入的亚表面损伤以提高加工效率，成为先进光学制造技术必须解决的关键问题。

光学材料的加工过程一般包括磨削、研磨、抛光阶段，每一级的加工设备和加工工艺产生的亚表面损伤存在很大区别，使用传统加工方式后得到的表面和亚表面损伤，根据加工过程和缺陷形貌可分为 4 类：磨削残留的痕迹、研磨缺陷、研磨麻点、裂纹。

(1) 磨削残留的痕迹。在材料磨削过程中，磨削属于工件成形阶段，其磨料粒度大，材料去除效率高。工件材料的去除主要是脆性断裂方式去除，基本形成工件的面形和尺寸。磨具表面固着很多金刚石颗粒，每一颗磨料的棱尖都像一把“车刀”，并伴有一定的进给速度对工件表面进行“车削”加工，其外部施加载荷较大。这一过程不仅会在表面留下严重的缺陷，还在表面以下产生很深的纵向裂纹和残余应力，从而形成亚表面损伤层。在接触区域内作用力非常大，去除效率很高，容易产生上百微米的缺陷，甚至达到四五百微米深的缺陷。图 5.1 所示为磨削后表面残留的痕迹在 800 倍扫描电子显微镜（Scanning Electron Microscope，SEM）下观察的图像。图 5.2 所示为磨削后表面以下 20μm 的亚表面损伤情况。

(2) 研磨缺陷。在研磨过程中，不仅要实现材料的去除，面形精度也需要提高，因此材料去除效率和磨料粒度远小于磨削过程。通常采用质地坚硬、棱角清晰的氧化铈、SiC和金刚石颗粒作为磨料，外部施加载荷（即为施加在研磨盘上的压力）远小于磨削过程中施加的载荷。这一过程对磨削产生的亚表面损伤层有一定的去除作用，但又会产生新的亚表面损伤，并且与磨削过程中产生的亚表面损伤相互作用，造成亚表面损伤层的扩展。图 5.3 所示为SEM下观察的W28（粒子直径约为 38μm）SiC磨料颗粒和研磨后材料表面形貌。

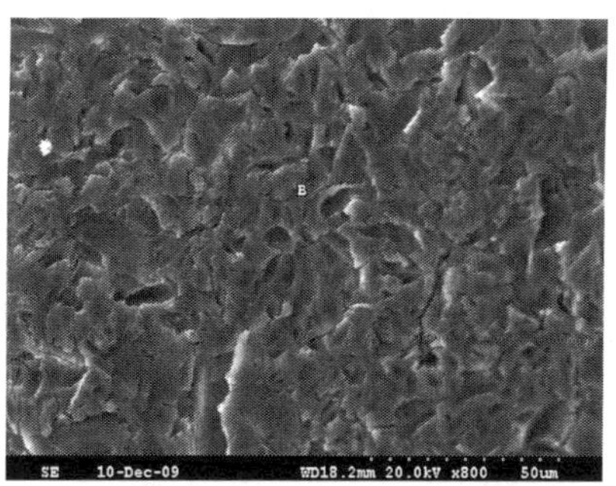

图 5.1　磨削后表面残留的痕迹在 800 倍 SEM 下观察的图像

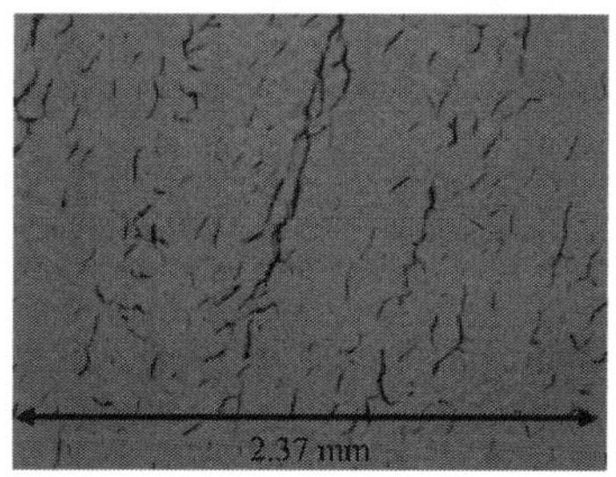

图 5.2　磨削后表面以下 20μm 的亚表面损伤情况

(a) 磨料颗粒 (1000倍)

(b) 表面形貌 (5000倍)

图 5.3　磨料颗粒和研磨后材料表面形貌

(3) 研磨麻点。抛光过程属于获得高精密面形和极低表面粗糙度工序，由于抛光颗粒没有金刚石磨轮以及研磨颗粒坚硬、粒度大、棱角分明，且有着较好的破碎性，所以不会造成明显的、特别深的纵向裂纹，但若存在团聚的大颗粒或抛光中正压力过大时，则可能产生很细小的划痕。因此只有对最后的抛光过程选择合理的抛光方式，进行精密、合理的控制，才可以在去除前期工序产生亚表面缺陷的同时，不明显引入新的缺陷结构。在抛光过程中，当研磨缺陷层没被彻底去除时，会在表面形成“麻点”状的凹坑，并在表面呈现出密密麻麻分布的坑点，且具有一定深度，通常是几微米长的“香蕉”形裂缝。图 5.4 所示为抛光过后的研磨麻点。

(a) 50×　　(b) 5000×

图 5.4　抛光过后的研磨麻点

(4) 裂纹。当抛光结束后，在亚表面仍存在损伤，表面为网状裂纹。裂纹的主要表现形式为：“人”字形裂纹、圆缺状裂纹、坑点等。图 5.5 所示为经过 1% 浓度的 HF 酸腐蚀 1 分钟后，在光学显微镜下看到的裂纹。

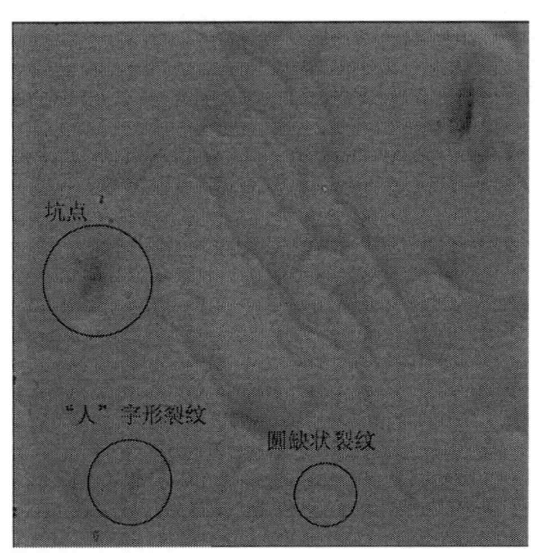

图 5.5　3238.5 倍光学显微镜下的裂纹

5.2　亚表面损伤产生机理与表征

由于不同加工工序对工件材料的去除机理不尽相同，所以不同工序产生的缺陷结构也不相同，通过对缺陷形貌、缺陷分布和缺陷深度的分析判断，就能够得知每道加工工序应该达到的去除量，从而实现高质量光学元件的制备。

5.2.1　产生机理

1. 断裂力学理论基础

20 世纪 20 年代初英国科学家 Griffith 对玻璃等材料进行了一系列实验后，提出脆性材料的断裂理论：脆性材料的断裂破坏是由于已经存在裂纹扩展，断裂强度取决于施加载荷前就存在于材料中的裂纹的大小，或者说断裂强度取决于使其裂纹失稳扩展的应力。于是他从能量观点出发，提出裂纹失稳扩展条件：若裂纹扩展释放的弹性应变能克服材料阻力所做的功，则裂纹失稳扩展。据此，假设一个具有椭圆孔的无限大平板受均匀拉伸，用弹性理论得出最大拉应力在长轴端最大，并使孔的短轴半径趋于零，则孔近似为一条裂缝，进而得到。

$$\sigma_c=\left(\frac{2E\gamma}{\pi a}\right)^{\frac{1}{2}} \tag{5.1}$$

式中，σ_c 为断裂应力；E 为弹性模量；a 为半压痕对角线长度；γ 为表面能。该公式称为格里菲斯公式。它成功地给出了实际晶体的强度远低于理论强度的原因。许多表观脆性材料在断裂前，裂纹顶端已产生了显著的塑性变形，而为此消耗的功远大于裂纹产生新表面需要的表面能 γ 。

一块厚度为 B 的无限大玻璃板受到均匀拉伸应力为 σ ，如果在板中心割开一条裂纹，长度为 $2a$，则所释放的弹性应变能为

$$U=\frac{\pi\sigma^2a^2B}{E} \tag{5.2}$$

应变能释放率为

$$G=\frac{\mathrm{d}U}{\mathrm{d}A}=\frac{\sigma^2\pi c}{E} \tag{5.3}$$

式中，$\mathrm{d}A=2B\cdot\mathrm{d}a$ 。

裂纹扩展形成新的表面，需要吸收的能量为

$$S=4aB\gamma \tag{5.4}$$

能量吸收率为

$$G_c = \frac{\mathrm{d}S}{\mathrm{d}A} = 2\gamma \tag{5.5}$$

裂纹的状态取决于应变能释放率与能量吸收率的差，当应变能释放率恰好等于形成新表面所需能量吸收率时，即 $\frac{\mathrm{d}}{\mathrm{d}A}(U-S)=0$，裂纹达到临界状态，此时稍有干扰，裂纹就会扩展，成为不稳定状态；当应变能释放率大于能量吸收率时，即 $\frac{\mathrm{d}}{\mathrm{d}A}(U-S)>0$，裂纹不稳定；当应变能释放率小于能量吸收率时，即 $\frac{\mathrm{d}}{\mathrm{d}A}(U-S)<0$，裂纹处于稳定状态。根据临界条件，长为 $2a$ 的裂纹扩展时拉应力临界值为

$$\sigma_c = \sqrt{\frac{2E\gamma}{\pi a}} \tag{5.6}$$

当应变能释放率大于能量吸收率时，裂纹处于不稳定状态。根据裂纹表面位移的三种基本模式，将裂纹的扩展分为三种模式，如图 5.6 所示。Ⅰ型（张开型）：在拉应力作用下裂纹面发生垂直分离。Ⅱ型（滑开型）：在垂直于裂纹前缘的剪应力作用下，裂纹面间发生纵向相对剪切。Ⅲ型（撕开型）：在平行于裂纹前缘的剪应力作用下，裂纹面间侧向相对剪切。三种类型中，张开型与高脆性材料中的裂纹扩展方式最为接近。滑开型和撕开型发生的扩展在一定程度上分别有点类似于刃位错和螺旋位错的滑移运动。

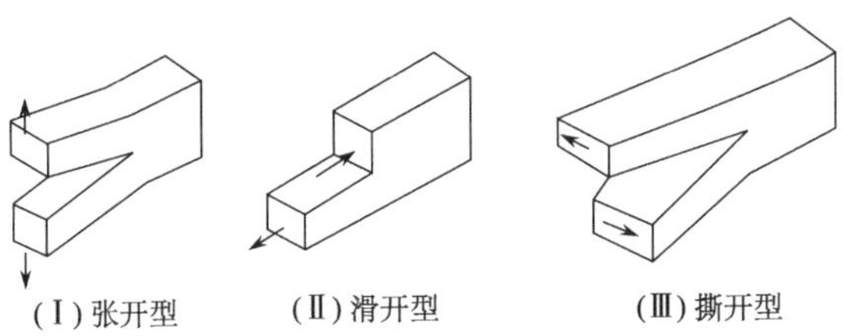

图 5.6　裂纹扩展的三种模式

当应变能释放率小于能量吸收率时，裂纹处于稳定状态，裂纹不会扩展，在裂纹尖端形成一个残余应力场，残余应力与其距裂纹尖端的距离成反比，如图 5.7 所示。

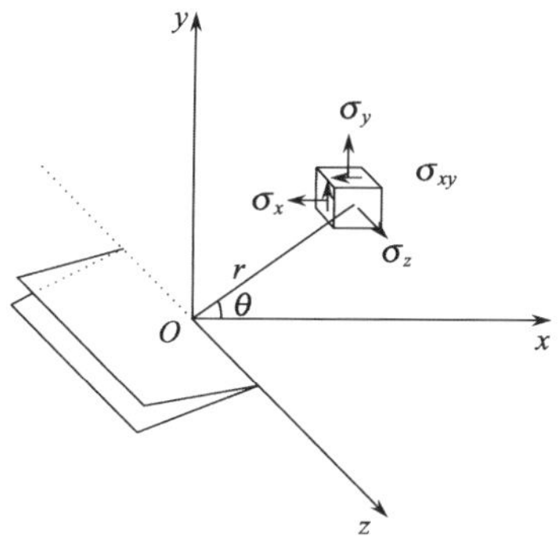

图 5.7　裂纹尖端附近的应力场

张开型裂纹尖端产生的应力场分布为

$$\begin{cases}\sigma_x = \dfrac{K_1}{\sqrt{2\pi r}}\cos\dfrac{\theta}{2}(1-\sin\dfrac{\theta}{2}\sin\dfrac{3\theta}{2}) \\ \sigma_y = \dfrac{K_1}{\sqrt{2\pi r}}\cos\dfrac{\theta}{2}(1+\sin\dfrac{\theta}{2}\sin\dfrac{3\theta}{2}) \\ \sigma_z = \begin{cases}0, & \text{平面应力} \\ \upsilon(\sigma_x+\sigma_y), & \text{平面应变}\end{cases} \\ \sigma_{xy} = \dfrac{K_1}{\sqrt{2\pi r}}\cos\dfrac{\theta}{2}\sin\dfrac{\theta}{2}\cos\dfrac{3\theta}{2}\end{cases} \tag{5.7}$$

2. 裂纹的形成与扩展过程

材料按照力学性能分为高脆性、半脆性和非脆性（韧性）材料。在高脆性材料中，位错是受束缚的；在半脆性材料中，位错是可动的，但只限于一些限定的滑移面上；在非脆性材料中，位错几乎不受任何结晶作用的限制。在高脆性材料中，共价键和离子键强度很高，断裂的阻力主要决定于固体的固有键强度，代表性的高脆性固体有硅玻璃、陶瓷、石英等。

裂纹的最终成型可以分为两个阶段，即裂纹的形成阶段和裂纹的扩展阶段。这两个阶段可以从微观和宏观两方面来解释。在微观上，固体的任何力学性质最终都取决于原子结构，其裂纹扩展过程就是分子键断裂过程。结晶材料中，沿着某种择优结晶面，原子键发生张性断裂（解理）和剪性断裂（滑移）。解理断裂是材料在正应力作用下，由原子结构键破坏而造成的沿一定的晶体学平面（解理面）的低能断裂。滑移是指在切应力的作用下，晶体的一部分沿一定的晶面（滑移面）相对另一部分发生相对移动的现象。在宏观上，脆性断裂起始于一个接触应力场，这个应力场主要由几何性能（压头形状）和材料性能（弹性模量、硬度和韧性）决定。裂纹的最终成型包括载荷的施加和卸载两个过程，通过尖锐的压头向材料表面施加一个垂直载荷会引起两类基本的裂纹构型：径向-中位裂纹和侧向裂纹。①尖锐的点接触导致了非弹性不可逆变形。②随着载荷的不断增大，当达到临界载荷时，变形区内的一个或多个缺陷变得不稳定，在受拉的中位面上产生亚表面中位裂纹，如图 5.8(a)和图 5.8(b)所示。③当载荷达到临界值后继续增大载荷，中位裂纹持续向下扩展。④在卸载载荷的过程中，随着接触弹性组元的逐渐恢复，中位裂纹在表面下方闭合，而在表面上的残余应力场中同时保持张开状态。⑤在压头刚刚开始离开试件表面时，残余应力场占据主导地位，使表面径向裂纹进一步扩展，并在变形区底部附近区域诱发一个向斜侧扩展的侧向裂纹次生系统。⑥裂纹的扩展直到压头完全离开试件表面才停止，两个裂纹系统最终倾向于形成以承载点为中心的半饼状。如图 5.8(c)～(f)所示，其中“+”和“－”分别代表向表面施加和卸载载荷。图 5.9 所示为研磨过程中产生的典型的亚表面裂纹。

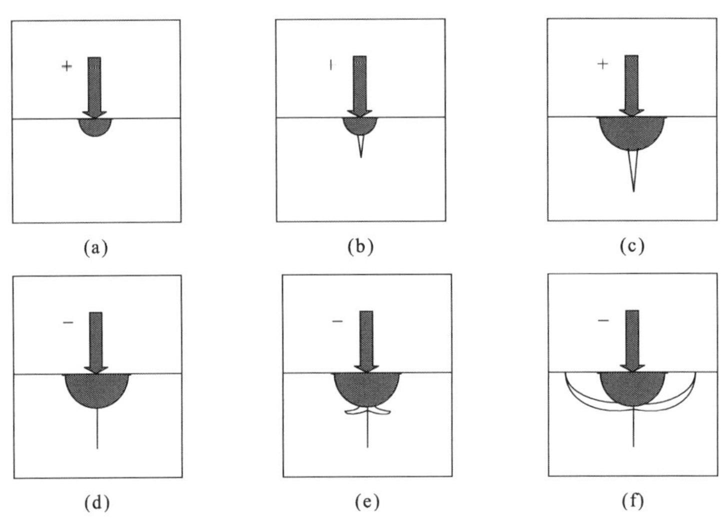

图 5.8　裂纹的形成与扩展过程

3. 单磨粒对裂纹的作用

每个附着在砂轮表面的金刚石颗粒假设是一个尖锐压头，在通过尖锐压头施加和卸载载荷的过程中会引进两类基本的裂纹：径向-中位裂纹和侧向裂纹，而侧向裂纹只出现在形变区底部附近区域，径向-中位裂纹的深度直接影响着亚表面损伤裂纹层的深度。

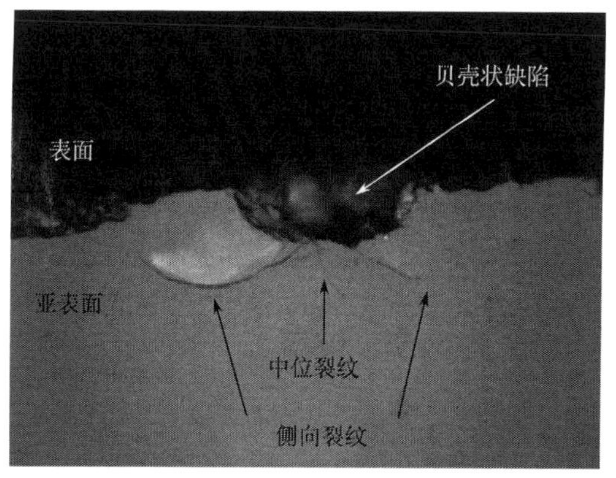

图 5.9　研磨过程中产生的亚表面损伤

Marshall 等根据平衡断裂力学关系得出径向-中位裂纹长度的极限值为

$$c=\xi\frac{E^{3/8}P^{5/8}}{K_C^{\ 1/2}H^{1/2}} \tag{5.8}$$

式中，ξ 为一个与材料无关的常数；E为杨氏模量；P为施加载荷的最大值；K_C 为断裂韧性；H为材料硬度。由此可见当裂纹径向长度达到极值时，$c\propto P^{5/8}$，即裂纹的长度随施加载荷的增大而增大。

张壁等从理论上分析了磨削过程中单颗磨料粒子承受的法向磨削力，即施加的载荷，可表示为

$$\begin{aligned} &P=\alpha K_0 a_g^{\ 2(1-\varepsilon)} \\ &a_g=\sqrt{\frac{4v_\omega}{v_s rC}\sqrt{\frac{a_p}{d_s}}} \end{aligned} \tag{5.9}$$

式中，α 为法向磨削力与切向磨削力的比值，对于给定的磨削参数，其是一个固定常数；K_0 和 ε 为由试件材料特性决定的常数；a_g 是磨料粒子的最大切削深度；a_p 为砂轮的切削深度；d_s 为砂轮直径；v_w 为工件的进给速度；v_s 为磨料粒子相对工件表面的速度；C 为砂轮表面磨料粒子浓度，即砂轮表面单位面积上磨料粒子个数；r 为切屑宽度与未变形切屑平均厚度之比。得出亚表面损伤深度与外部施加载荷的关系为

$$P\propto c^m \tag{5.10}$$

式中，$1/2\leqslant m\leqslant 3/2$。

4. 多磨粒作用对裂纹的影响

砂轮对工件表面的加工是多颗金刚石磨料颗粒切削结果的总和。Buijs 等在 Marshall 等的基础上利用弹/塑性材料的 Hill 孔洞扩张理论描述压痕塑性区外应力场，通过两相邻压痕在裂纹尖端的应力强度因子的叠加，并考虑上述相邻压痕的应力场对裂纹扩展贡献的差异，获得单个压痕造成的径向-中位裂纹长度 c 和两个相邻压痕的应力场相互作用导致径向-中位裂纹扩展后裂纹长度 c_1 为

$$c=\left(\frac{2.24\sigma_{\text{res}}a}{4\sqrt{\pi}K_c}\right)^2$$

$$c_1=c\left(1+a^2F_1F_2\right)^2$$

$$F_1=\begin{cases}1-\dfrac{1}{2a^3}\left(a-\dfrac{d}{2}\right)^2\left(2a+\dfrac{d}{2}\right), & 0\leqslant\dfrac{d}{2}<a\\ 1, & \dfrac{d}{2}>a\end{cases} \tag{5.11}$$

$$F_2=\frac{1}{(a+d)^2}-\frac{1}{(c+d)^2}$$

式中，σ_{res} 为残余应力；K_c 为材料断裂韧度；a 为半压痕对角线长度；d 为压痕间距离；F_1 为第二变形区超出第一变形区的体积分数。

由式(5.12)可得，当压痕间距远大于压痕对角线长度时，即 $d\gg 2a$ 时，F_2 趋近于0，压痕间的相互作用可以忽略，此时，两个相邻压痕的应力场相互作用导致表面径向-中位裂纹扩展后裂纹长度 c_1 与单个压痕造成的表面径向-中位裂纹长度c接近；随着间距的减小，F_2 的取值逐渐增大，而 $F_1=1$，表面径向-中位裂纹长度得到扩展；当压痕间距小于压痕对角线长度，即 $0<d<2a$ 时，由于 F_1 是关于压痕间距d的单调递增函数，F_2 是关于压痕间距d的单调递减函数，因此随着压痕间距减小，径向-中位裂纹长度不断增大，当达到某一值时，径向-中位裂纹逐步扩展直至达到最大值，然后进一步减小压痕间距，裂纹扩展长度随之降低，当两个压痕完全重合时(d=0)，此时 F_1=0，两个压痕对裂纹扩展的相互作用消失，即 $c_1=c$，也就是说二次压痕不会引起第一次压痕产生裂纹的扩展。

从另一个角度来说，裂纹尖端的残余应力层由塑性应力区和弹性应力区组成，在塑性应力区残余应力值保持恒定，即材料达到屈服极限值，如果超过这一极限值，裂纹将继续扩展，而弹性应力区中的残余应力与其距裂纹尖端的距离成反比。当两个压痕所形成的残余应力场相互作用，形成复合场，即 σ_{res} 增大，径向-中位裂纹的长度随残余负荷的增加而增大；同时，二次压痕会引起亚表面侧向裂纹的

扩展。对于侧向裂纹，不仅需要考虑相邻压痕间的相互作用，侧向裂纹系统与穿过它的径向-中位裂纹系统还会发生相互作用，情况非常复杂。

5.2.2　表征方法

根据亚表面损伤裂纹的产生机理和特征，提出有效全面的表征方法，以便针对不同的情况采用相应的表征方法，在保证光学元件使用性能的情况下，提高加工效率。

1. 裂纹的群集深度

磨削过程中产生的亚表面损伤裂纹在一定深度内纵横交错、相互连接，随着深度的不断增大，裂纹横向长度逐渐减小甚至消失，其横向间相互连接情况减少，即裂纹密度减小，直至达到某一深度后裂纹间横向相互连接消失，裂纹呈单个分布，将这一深度定义为亚表面损伤裂纹的群集深度。

采用磁流变斜面抛光法对磨削后的试件进行检测，距离工件表面下不同深度的亚表面损伤裂纹分布情况如图5.10所示，其磨削参数为：砂轮型号55-D64-BZM-C35，磨削深度为25μm，Z轴进给速度为0.05mm/s，砂轮线速度为15m/s，试件转速为100r/min。将试件放入1%浓度的HF溶液中刻蚀1min后取出，使用显微镜对其裂纹分布情况进行观察，显微镜放大倍数为3238.5倍，视场直径约为0.3mm。由于砂轮上附着的金刚石磨料粒子随机分布，所以亚表面损伤裂纹的分布也是随机的，可以看出，越接近表面处，裂纹相互连接，损伤情况越严重，随着深度的增加，裂纹间的相互连接情况越少，裂纹密度逐步降低，在距离表面以下3.47μm左右裂纹间相互连接的状况消失，如图5.10(e)所示，此深度即为该磨削参数下的亚表面损伤裂纹群集深度。

(a) 磨削后未经抛光的表面

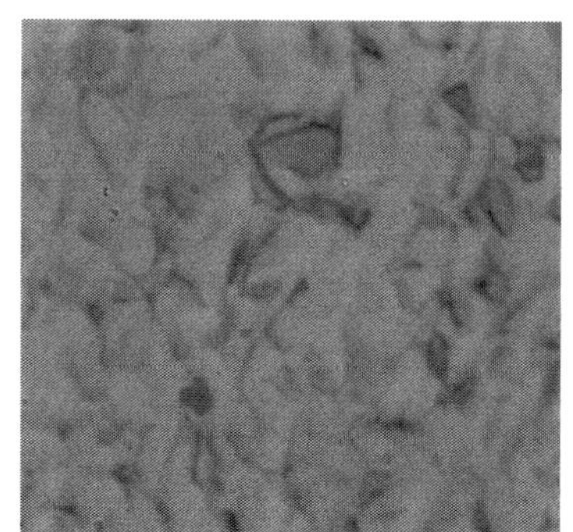

(b) 表面下1μm的裂纹分布

图 5.10　距离工件表面下不同深度的亚表面损伤裂纹分布情况

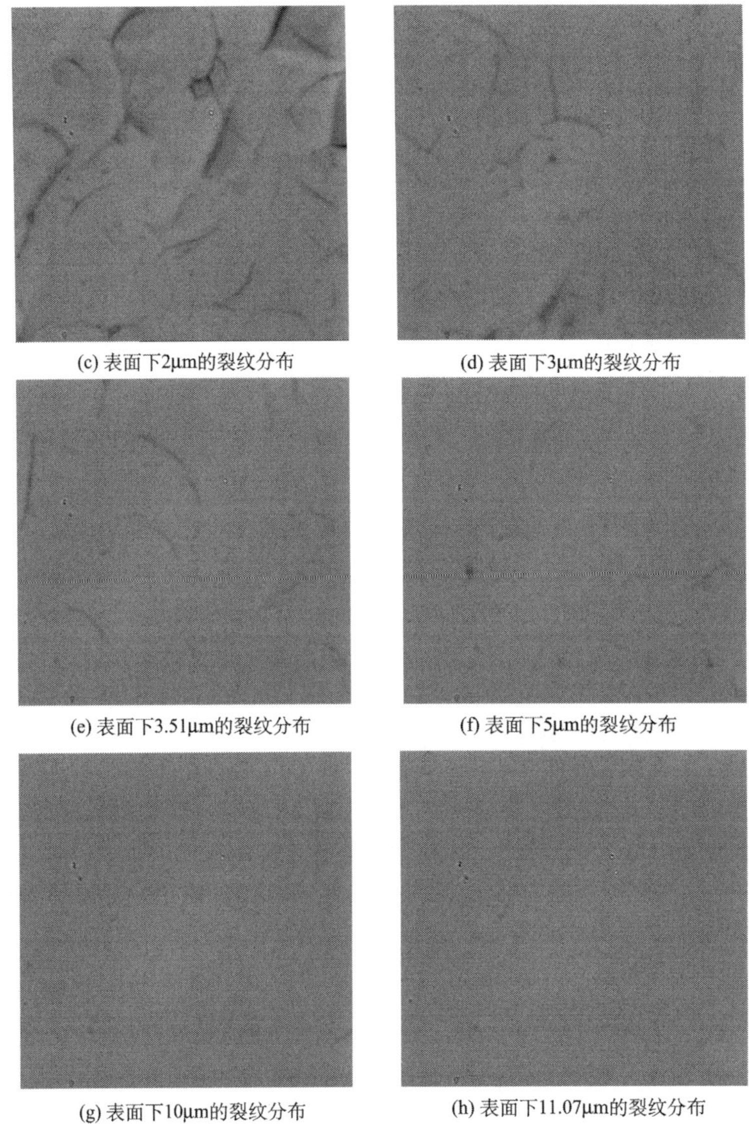

(c) 表面下2μm的裂纹分布　(d) 表面下3μm的裂纹分布

(e) 表面下3.51μm的裂纹分布　(f) 表面下5μm的裂纹分布

(g) 表面下10μm的裂纹分布　(h) 表面下11.07μm的裂纹分布

图 5.10　距离工件表面下不同深度的亚表面损伤裂纹分布情况（续）

2. 裂纹的最大深度

随着深度继续增加，裂纹呈单个分布，当深度达到 11.12μm 时，裂纹完全消失，呈现出未损伤的基体材料，如图 5.10(h)所示，此深度即为该磨削参数下亚表面损伤裂纹的最大深度。

5.3　亚表面损伤检测技术

国外于 20 世纪 70 年代开始对半导体硅片、陶瓷和光学材料进行亚表面损伤检测的研究，目前测量技术已较为成熟。国内对亚表面损伤的检测的研究主要集中在陶瓷材料和半导体硅片上。检测技术通常分为损伤性检测技术和无损检测技术。

5.3.1　破坏性检测

损伤性检测技术就是部分或全部破坏试件，使要检测的损伤得以显现，再根据具体条件计算所要测量的结果。损伤性检测技术原理简单，易于实现，直观性强，测量精度高，并且测试设备费用较低，探测深度大，是亚表面损伤检测技术中最基本也是最有效的测量手段。但是损坏性测试方法会导致光学零件损坏，这对昂贵的光学系统或元件不利。常用的损伤性检测技术包括 HF 化学刻蚀速率法、角度抛光法、Ball Dimpling 方法、磁流变斑点抛光法等。

1. HF 化学刻蚀速率法

HF化学刻蚀速率法的物理基础是：由于亚表面损伤层与化学试剂的接触面积大并且化学电位较高，所以刻蚀速率较大，随着刻蚀的进行，刻蚀速率逐渐减小。当刻蚀到达基体部分时，刻蚀速率保持恒定。通过试件的刻蚀速率曲线，获得材料的亚表面损伤层深度。该方法能够测量包括裂纹层和残余应力层在内的亚表面损伤层信息，具有操作简便、成本低等优点，但是需要多次刻蚀操作，刻蚀过程不容易控制，测量精度不高，且受酸浓度和环境温度等多种因素影响。

针对 HF 化学刻蚀速率法受外界环境因素影响大的缺陷，国防科学技术大学李改灵提出了差动速率法。差动方法的物理基础是：环境因素对加工试件和基体试件影响趋势相同，但是影响程度不同，随着刻蚀过程的进行，加工试件的亚表面损伤层逐步被刻蚀，环境因素对加工试件和基体试件的影响差异趋于恒定，当加工试件的亚表面损伤层完全被刻蚀掉，也就是刻蚀到达基体部分时，加工试件和基体试件的刻蚀速率差为一恒定值。利用相应的判断准则确定加工试件刻蚀到基体的刻蚀时间，该时间对应的刻蚀深度即为亚表面损伤层深度。该方法有效地降低了环境因素对恒定化学刻蚀速率法测量精度的影响，大大提高了实验效率和准确性。

2. 角度抛光法

角度抛光法是检测光学材料和半导体材料加工过程引入的亚表面损伤时最常用的一种方法。该方法的实质是将位于试件截面上的亚表面损伤信息用一个小角度的斜面放大显示出来，通过在斜面上检测裂纹的分布宽度 M，然后用简单的几何关系确定损伤层厚度 D。角度抛光法原理图如图 5.11 所示。

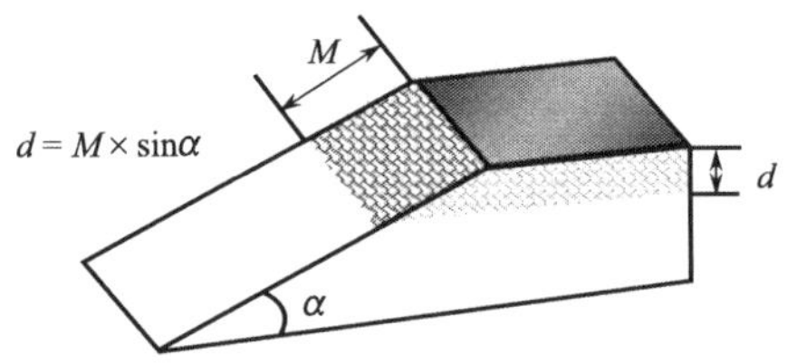

图 5.11 角度抛光法原理图

鉴于角度抛光法的重要性，美国材料与实验协会（American Society for Testing and Materials，ASTM）于 1998 年将角度抛光法标准化，标准号为 ASTM950-98，2002 年经过修订标准号更改为 ASTM950-02，该方法样本制作简单、容易实现，分辨率较高，但只能对特定区域进行检测，不能用于微小损伤深度的测量，ASTM950-98 标准规定该方法的最小损伤深度测量为 5μm，并且对研磨抛光斜面的要求较高，耗时长；在传统的角度抛光法中，抛光斜面的角度通过夹具来保证，夹具的加工精度和黏结过程引起的试件与夹具的不平行度会引入测量误差。

3. Ball Dimpling 方法

美国罗彻斯特大学光学制造中心针对确定性微磨（Deterministic Microgrinding，DMG）产生的亚表面损伤开发了一种 Ball Dimpling 损坏性检测方法。Ball Dimpling 方法的测量原理是用精密的钢球在试件表面抛光斑点将亚表面损伤充分暴露出来，用显微镜对凹陷进行观测，并通过计算出亚表面损伤深度 D，即

$$D=[R-\sqrt{R^2-(D_1/2)^2}]-[R-\sqrt{R^2-(D_2/2)^2}] \tag{5.12}$$

式中，D_1 为凹陷处所测得的最大直径；D_2 为凹陷中最深亚表面损伤处的直径；R 为抛光球的半径。

Ball Dimpling 方法原理如图 5.12 所示，图 5.13 所示为加工过程中用于夹持试件和钢球的夹具。该方法测量速度快，成本较小，但是该方法在测量软质材料时会产生附加损伤，并且难以与原有试件的亚表面损伤区分，测量硬质材料时效率较低。

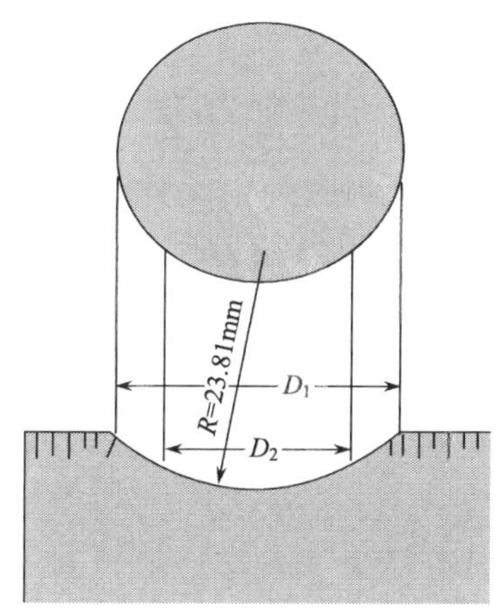

图 5.12　Ball Dimpling 方法原理

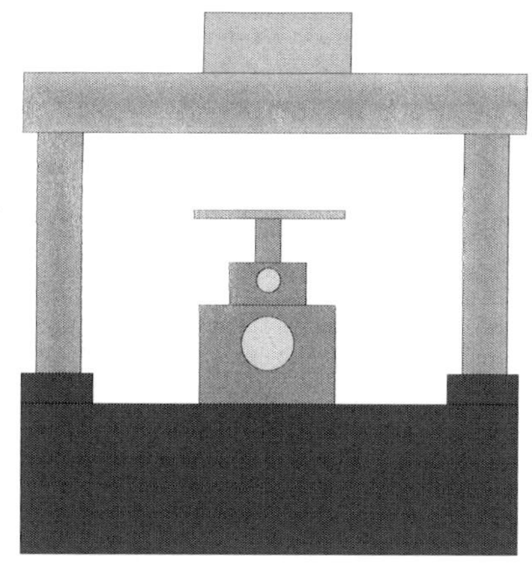

图 5.13　Ball Dimpling 方法所用夹具

5.3.2　非破坏性检测

无损检测利用无损伤测量方法得到物理的或其他导出参数与材料和介质中不均匀性之间的关系，并据此来定量地估计结构的亚表面结构。无损检测不会对光学元件造成破坏，但与损伤性检测相比，测量精度较低、测试系统成本高，并且测量结果不直观。常用的无损检测方法有预测预报法、全内反射法、激光散射法、X 射线衍射法等。

1. 预测预报法

以美国罗彻斯特大学激光实验室（The Laboratory for Laser Energetics，LLE）为代表的国内外多家研究机构希望能通过建立一个合理的数学模型来研究亚表面损伤（Subsurface Damage，SSD）与表面粗糙度（Surface Roughness，SR）之间的联系。通过测量光学零件表面粗糙度来预测亚表面损伤，该方法称为亚表面损伤/表面粗糙度（SSD/SR）比例模型预测预报法。其首先认为光学玻璃和光学晶体都是脆性材料，光学表面的加工过程是基于材料的脆性碎裂，在此基础上进一步综合考虑了亚表面损伤中的径向裂纹和横向裂纹对光学表面加工时的不同作用，最终建立起原料、磨料和机械加工相关参数之间的数学模型。

Miller等通过实验研究了不同研磨条件下熔石英材料亚表面损伤深度和长度的分布情况，并建立了损伤深度的理论模型，可以得出在游离小粒径磨粒研磨的情况下损伤的深度和长度都会降低。

日本三菱电机株式会社和日本东北大学合作对硅和锗材料进行磨削，得到这两种材料的亚表面损伤深度为表面粗糙度的 2～3 倍，并对在抛光过程中使用的磨料粒度因素影响进行了研究，得到实验结果如表 5.1 所示。

表 5.1　磨料直径和表面粗糙度与亚表面损伤深度之间的关系

	表面粗糙度 y 和磨粒直径 x 的关系	裂纹深度 z 和表面粗糙度 y 的关系
硅	$y = 2.25\ln(x) - 6.89$	$z = 2.2949y + 0.0177$
锗	$y = 3.19\ln(x) - 6.68$	$z = 2.8779y + 0.5788$

国内的王卓用压痕断裂力学理论，分别以尖锐压头和微小球形压头在脆性材料表面印压诱发的中位裂纹和侧向裂纹作为研究对象，并考虑压痕应力场弹性组元对中位裂纹扩展的贡献，建立了基于尖锐压头和微小球形压头印压的亚表面损伤与表面粗糙度间非线性关系模型，指出亚表面损伤与表面粗糙度呈单调递增的非线性关系，即 $\mathrm{SSD} \propto \mathrm{SR}^{4/3}$，并通过实验验证了其模型的正确性。相较于以磨粒载荷为自变量的线性模型，王卓建立的这种非线性模型反映了表面/亚表面质量间的本质联系。

该方法中 SSD/SR 的准确估算是在已知各加工参数的情况下进行的，对于未知加工参数和非传统加工工艺的材料，存在很大局限性。

2. *全内反射法*

全内反射法是利用元件亚表面的缺陷致使入射光发生散射，通过观察散射图样，以获得亚表面损伤信息。如图 5.14 所示，一束线偏振光以大于全反射临界角的某一角度入射到样品表面，根据全反射原理，入射光将会沿着理想的反射角方向出射，但是样品内损伤的存在会引起入射偏振光的散射，安装在显微镜上的 CCD 相机就可以对发生散射的位置成像，从而直观地显示样品内部的亚表面损伤。该方法比较直观，但只能用于定性观察，无法准确测量损伤深度及其分布。

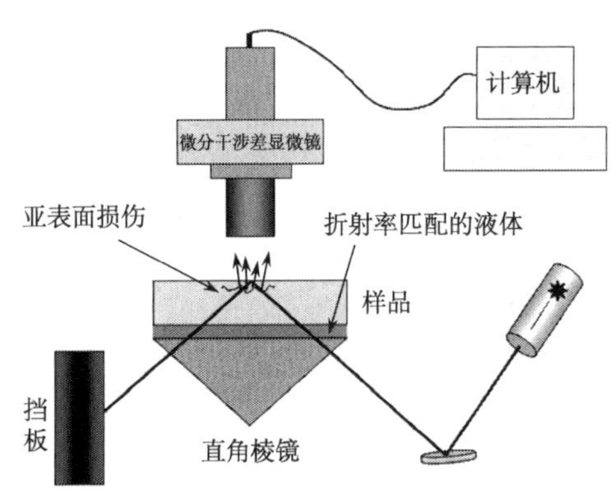

图 5.14　全内反射法原理图

针对上述不足，荷兰代尔夫特理工大学在全内反射技术基础上开发出全内反射强度检测法，该方法可以用于制造过程中的实时监控，在反射光的出射处放入光强检测器，检测器上检测的激光束能量与原始能量的差值是由表面和亚表面损伤致使光束发生散射造成的，通过对特征信号的提取、分离即可实现对亚表面损伤和表面粗糙度的测量。

成都精密光学工程研究中心使用全内反射照明理论分析和实验研究了全内反射检测法检测光学元件亚表面缺陷的方法。利用元件内不同深度驻波的照明强度的分布与入射光偏振态和入射角度的关系，根据缺陷点的可见度发生明显改变评价损伤点的尺寸范围，通过显微镜精密调焦确定亚表层损伤的深度位置。

3. 激光散射法

激光散射法是近年来发展迅速的一种无损检测方法，它是利用激光束受样品内微体缺陷的影响，形成散射光，记录光的散射图样，就可以得到缺陷图像，从而推断缺陷分布。该方法因便捷、方便而广泛应用。美国阿贡国家实验室最早研发了激光散射系统用以检测氮化硅的表面和亚表面损伤，如图 5.15 所示。

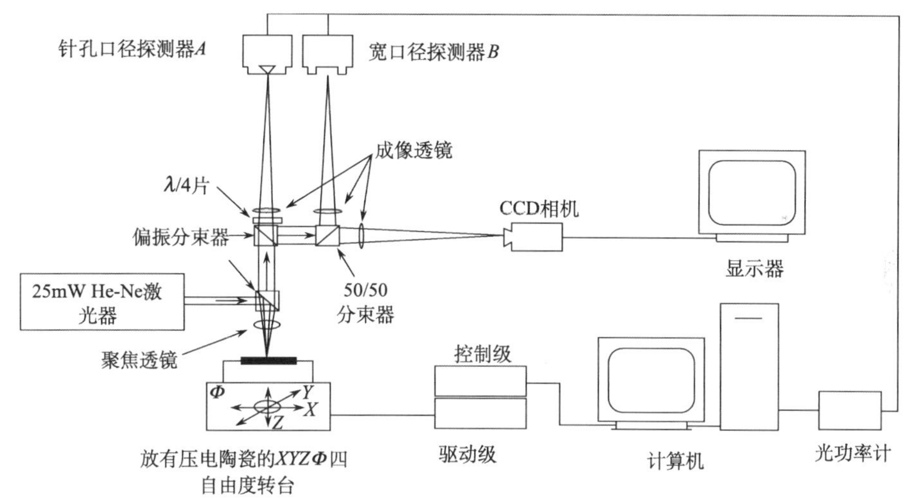

图 5.15　美国阿贡国家实验室研制的激光散射系统

随着数字化成像技术的发展，出现了基于光散射原理的新检测方法——激光扫描层析法，该方法将微光束入射样品内部，通过三维超精密工作台带动样品移动，实现焦点对样品内部各层面的扫描，用近红外敏感的线阵图像传感器接收扫描过程中由于硅样品内存在的缺陷而产生的散射光，根据散射图像判断硅材料内有无缺陷以及缺陷的大小和位置。图 5.16 所示为激光散射法测量亚表面装置示意图。该方法有极高的衬度，探测微缺陷尺寸可小到纳米，并且由于该方法具有较高的分辨率，可以展示实测区域的细节图，从而可以计算缺陷局部密度，因此其具有极大的发展潜力。

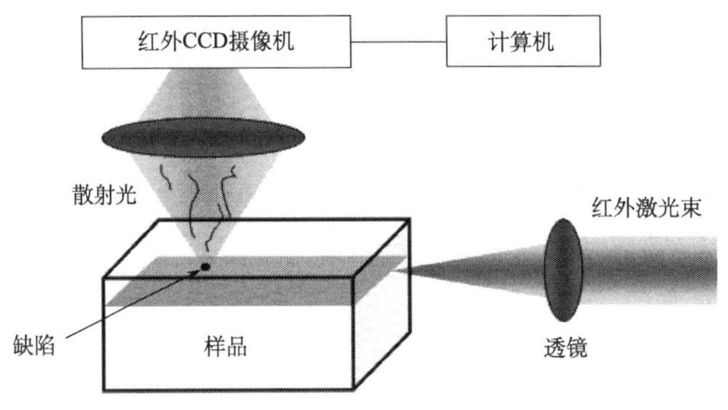

图 5.16 激光散射法测量亚表面装置示意图

4. X 射线衍射法

X 射线衍射法是一种用于测量晶体晶格变形引起的残余应力的无损检测方法。

1912 年，劳厄等根据理论预见，用试验证实 X 射线与晶体相遇时能发生衍射现象。1989 年，Brinkseier 介绍了利用 X 射线布拉格衍射检测材料内缺陷特性的实验，实验原理如图 5.17 所示，X 射线以一定角度照射到硅片表面会发生衍射现象，衍射条纹的位置会因为经过间距的不同而发生变化，通过对比在有无残余应力时的晶格间距的变化值，再结合晶学理论就可以计算出残余应力的大小。该方法只能测量晶体材料表层一定深度内的综合内应力，不能用于测量非晶体的光学玻璃，对超精密加工的材料分辨率低，且不同种类的 X 射线测得同一试件的残余应力存在很大差异。

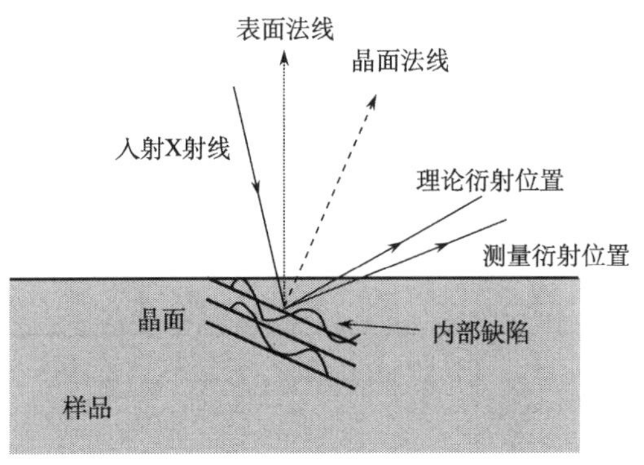

图 5.17 X 射线衍射法对晶体亚表面结构的测量

5.4　工 艺 试 验

5.4.1　亚表面损伤的测量

1. 试件制备

使用 SPM60 铣磨机床选取不同的铣磨参数对试件进行铣磨，铣磨参数包括砂轮型号、磨削深度、进给速度、砂轮线速度和工件转速等。

铣磨机床对工件进行加工，机床采用杯状弧形刀口砂轮，金刚石磨料颗粒固着在杯状砂轮杯口边沿处。在磨削过程中，砂轮刀口中心点对准转台中心，并在机床的带动下进行自转运动，工件在转台的带动下沿着与砂轮向相反的方向旋转，砂轮具有垂直于工件表面向下的进给速度，磨削过程示意图如图5.18所示。杯状砂轮表面固着的每一个金刚石磨料颗粒都相当于一个尖锐压头作用于工件表面，并伴随着相对运动，各磨料颗粒主要利用自身的切削作用实现对材料的去除。砂轮对工件表面的加工是多颗金刚石磨料颗粒切削结果的总和。

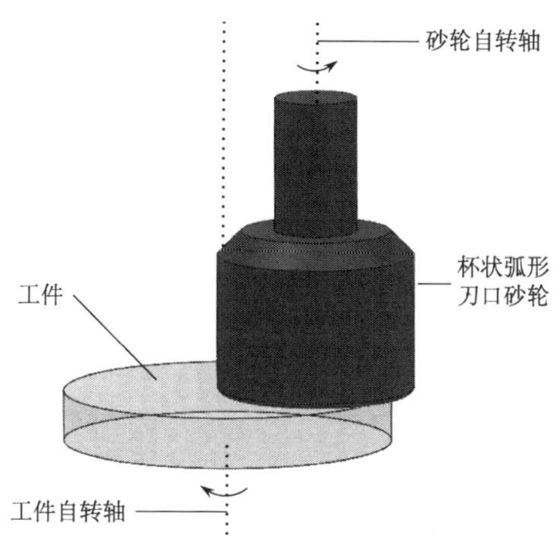

图 5.18　SPM60 铣磨机床磨削过程示意图

2. 制造斜面

磁流变抛光技术以其独特的剪切去除机理，既保证了较高的去除效率，又不引入新的亚表面损伤的特性。用磁流变抛光设备在磨削后的表面进行一维扫描，制造斜面，图 5.19 所示为经磁流变设备抛光后形成的斜面轮廓。磁流变抛光工艺参数如表 5.2 所示。由于试件旋转方向上的线速度可能影响亚表面损伤裂纹分布，而试件旋转方向上的线速度取决于试件转速和被测区域相对试件中心的半径，所以尽量保证每次被测区域相对于试件中心的距离相同。斜面深度要大于亚表面损伤层的深度，保证亚表面损伤层在水平视场中完全被暴露出来。

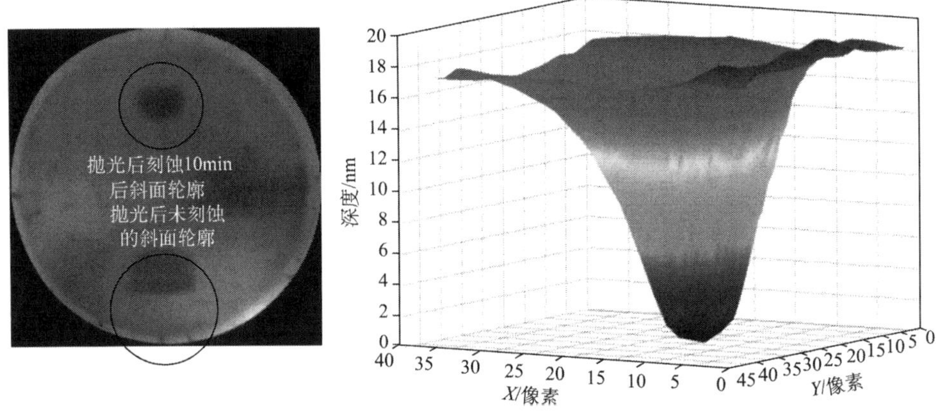

图 5.19　经磁流变设备抛光后形成的斜面轮廓

表 5.2　磁流变抛光工艺参数

磁流变液配方	羰基铁粉	71wt.%
	氧化铈	14 wt.%
	硅油	15 wt.%
自转速度	300r/min	
工作距离	1mm	
扫描范围	10mm	

3. 斜面轮廓测量

在测量过程中，磁流变斑点抛光法要求其测量亚表面损伤深度的运动轨迹与在被测抛光斑点轮廓的选取的截线重合，否则会造成测量结果不准确。因此在磁流变抛光斑点的基础上进行改进，使用磁流变抛光设备在被测光学元件上进行一维扫描，扫描宽度视被测工件尺寸而定。图 5.20 所示为磁流变斜面抛光法及其斜面轮廓。经过一维扫描后形成的斜面沿 Y 方向的轮廓如图 5.21(d)所示，沿 X 方向的轮廓如图 5.21(c)所示，其底部相对较平滑，即相临位置的最大去除量基本相同，当测量运动轨迹与抛光轮廓的轨迹存在偏差时，能够在一定程度上保持测量结果的准确性。因此，与斑点抛光法相比，磁流变斜面抛光法检测亚表面损伤深度更科学、更合理，测量数据更准确。

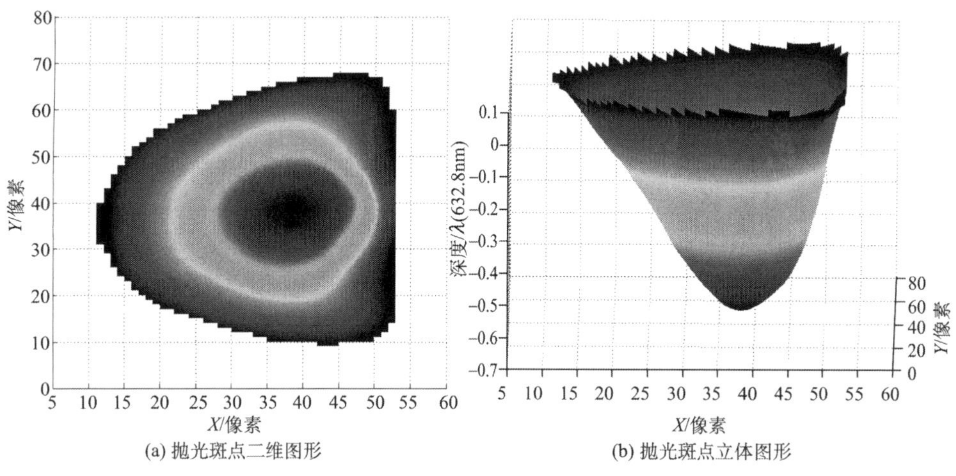

图 5.20　磁流变抛光斑点轮廓

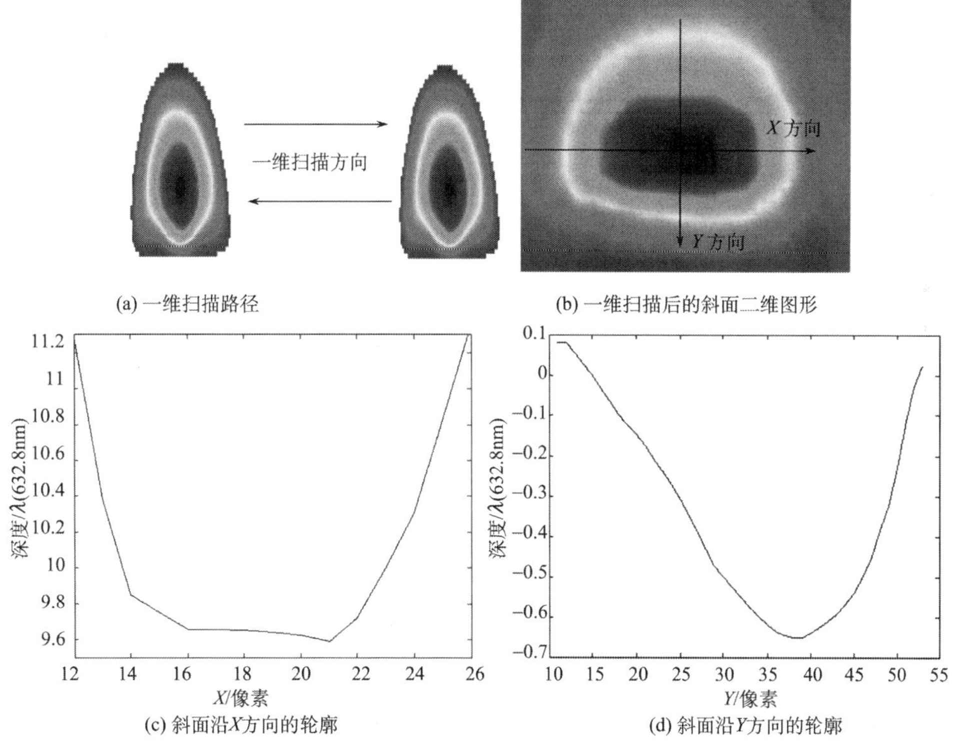

图 5.21　磁流变斜面抛光法及其去除轮廓

使用接触式轮廓测量仪对抛光斜面进行测量，在测量数据中选取图 5.21 中沿 Y 方向上的三条轮廓截线，分别确定抛光起始点并标定。

4. HF 酸腐蚀

将试件在HF液体中刻蚀后取出，使裂纹充分显现，以便于观测裂纹的位置和范围；刻蚀时间和HF溶液浓度需要通过实验确定。刻蚀后用超声波清洗机对试件进行清洗，将残留在工件表面和裂纹缝隙中的杂质去除，然后将试件烘干。

(1) 刻蚀速率

HF 对试件的刻蚀是使裂纹充分显现，但是其对材料基体也有去除作用，当所选试件为 K9 玻璃时，其主要成分是 SiO_2，占 69.13%，其余成分为碱金属氧化物，当遇到酸性溶液时，主要是硅酸盐玻璃中的碱金属离子（Na^+ 等）与酸性溶液的 H^+ 交换，其反应式为

$$\equiv Si-O-Na+H^+ \longrightarrow \equiv Si-OH\downarrow + Na^+ \tag{5.13}$$

刻蚀速率与溶液浓度、环境温度密切相关，通常浓度越大、温度越高，刻蚀速率越大。在角度抛光法和磁流变抛光法中，HF溶液的浓度一般为1%～5%，如果浓度过高，刻蚀时间不容易掌握，浓度过低，则溶液浓度的精确程度不容易掌握，在本书中，HF溶液的浓度为1%的体积浓度。通过测量刻蚀深度就可以得到刻蚀速率，将样品的一部分进行刻蚀，另一部分进行保护，刻蚀结束后两个平面间的高度差即为刻蚀深度，通过计算即可得到刻蚀速率。图5.22所示为Zygo显微轮廓仪对刻蚀台阶的测量结果。若刻蚀深度达到微米量级，则使用接触式轮廓测量仪对其进行测量。对于浓度为1%的HF酸溶液，在20℃的恒温下，对磁流变抛光后的K9样品进行刻蚀，得到的刻蚀速率与时间关系曲线如图5.23所示。由图5.23可知，在刻蚀的前几分钟速率较大，亚表面损伤裂纹的存在导致接触面积增大，从而使得刻蚀速率较大；随着刻蚀时间的增加，试件材料的刻蚀速率迅速下降，当刻蚀超过20分钟后，试件的刻蚀速率基本保持恒定，这是因为：随着刻蚀时间的延长，亚表面损伤裂纹逐渐减少，以及刻蚀后的化学生成物在表面的堆积，在一定程度上影响了酸与表面的直接接触，从而使刻蚀速率减小；当亚表面损伤裂纹层被完全去除时，HF对基体材料的刻蚀速率基本保持恒定。

(2) 刻蚀时间的选择

刻蚀过程是使裂纹显现的过程，若过腐蚀时间过短则不能使裂纹清晰显现，从而使测量结果不准确；如果刻蚀时间过长即过腐蚀，则裂纹将会变宽甚至变成斑点，从而导致不能更好地限定裂纹，影响到裂纹分布情况的表征。在室温为 20℃时，使用浓度为 1%的 HF 酸溶液对磨削后的 K9 试件的亚表面损伤裂纹深度进行检测，得出不同刻蚀时间、不同深度下裂纹分布图像和亚表面损伤裂纹深度值，

通过比较得出最佳的刻蚀时间。

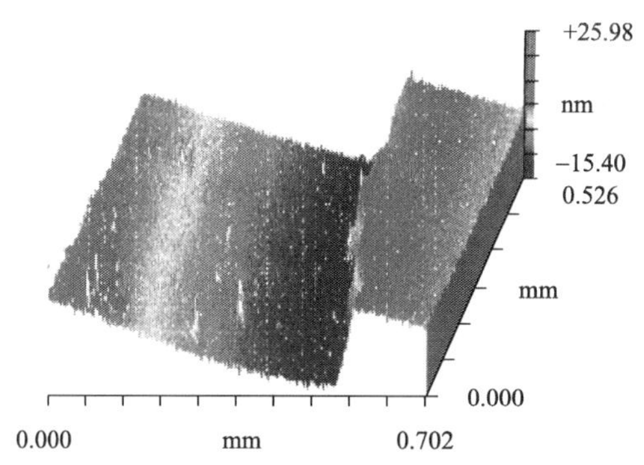

图 5.22　Zygo 显微轮廓仪对刻蚀台阶的测量结果

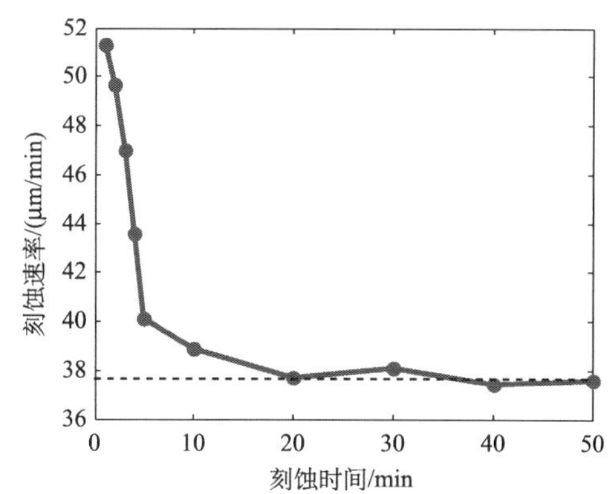

图 5.23　刻蚀速率与时间的关系曲线

5. 亚表面损伤裂纹的观察与测量

将试件放置在微动平台上，通过推动工件运动，使用光学显微镜沿选定的三条轮廓截线分别进行观察，如图 5.24 所示，记录从抛光起始点到裂纹消失处工件运动的水平距离，通过与接触式轮廓测量仪测得的轮廓截线的几何形状进行对应，就可以得到亚表面裂纹层的深度。将以上步骤重复并取平均值作为实际测得的亚表面损伤裂纹深度。

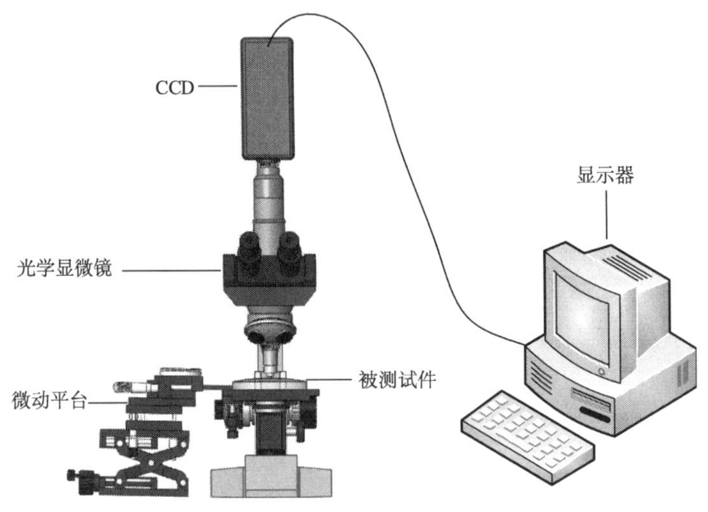

图 5.24　亚表面损伤裂纹测量装置

5.4.2　亚表面损伤和工艺参数的关联

1. 砂轮型号对亚表面损伤裂纹分布的影响

SPM60铣磨机床针对不同面形和精度要求配备多个型号铣磨砂轮，图5.25所示为弧形刀口砂轮，中间部分为空，底端的杯沿处为弧形，厚度为2mm，其上固着金刚石磨料颗粒。常用于铣磨口径为110mm的平面镜的砂轮型号如表5.3所示，以55-D15-BZM-C15为例说明各参数，55是指砂轮杯身直径，D15是指黏附在杯口

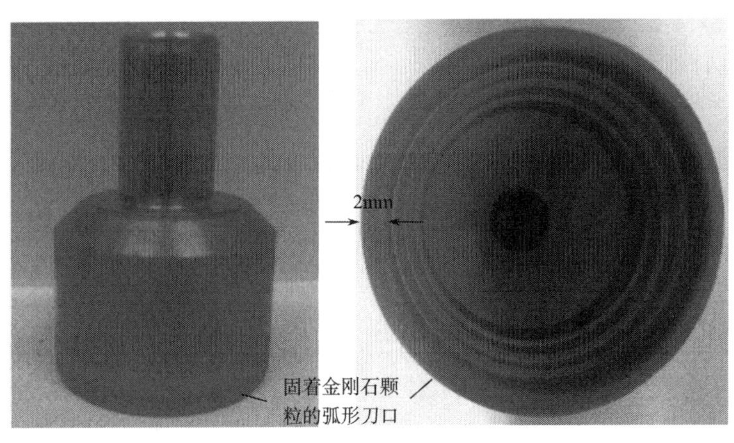

(a) 砂轮侧视图　　(b) 砂轮俯视图

图 5.25　SPM60 铣磨砂轮

的金刚石磨料的粒度，值越小磨料粒度越小，BZM是指杯身材料为铜合金，C15是指杯口处金刚石磨料的浓度，值越小磨料浓度越小。

表 5.3　SPM60 铣磨机床砂轮型号

序　号	型　号
1#	55-D15-BZM-C15
2#	55-D64-BZM-C35
3#	60-D46-BZM-C35
4#	60-D15-BZM-C50

分别使用4种型号砂轮对K9工件进行磨削，如表5.3所示。采用的磨削参数为：磨削深度为25μm，Z轴进给速度为0.06mm/s，砂轮线速度为15m/s，试件转速为100r/min。分别对4种型号的砂轮磨削产生的亚表面损伤裂纹分布进行检测，其检测结果如图5.26所示。

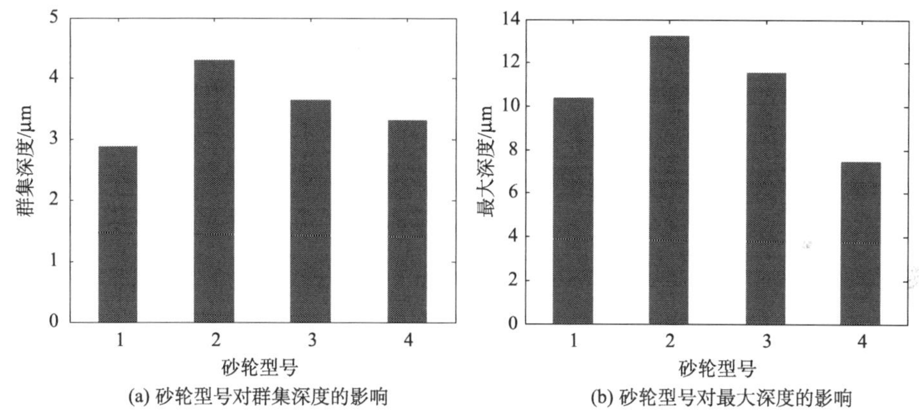

(a) 砂轮型号对群集深度的影响　(b) 砂轮型号对最大深度的影响

图 5.26　砂轮型号对亚表面损伤裂纹分布的影响

随着砂轮上的磨料粒度增大，当金刚石磨料粒子以垂直光学玻璃表面方向按一定进给量V 施加压入载荷 F_P 时，所得到的变形区域增大，即 a 增大，则径向-中位裂纹长度 c 和压痕间相互作用后产生的径向-中位裂纹长度 c_1 均增大，导致相同深度下，裂纹密度增大，最终导致亚表面损伤裂纹群集深度的增大，如图 5.26(a)所示。1#和 4#砂轮具有相同的磨料粒度，而 4#砂轮具有更高的磨料浓度，当相对运动速度恒定时，单位时间作用于工件表面的金刚石磨料颗粒更多，形成更多的亚表面损伤裂纹，并且裂纹间残余应力场的相互作用，致使亚表面径向-中位裂纹的长度增大，最终导致亚表面损伤裂纹群集深度的增大。

张壁等经过实验验证得出结论：当材料脆性很大时，磨料粒子粒度越大，空隙穿透深度越大，即裂纹深度越大。图5.26(b)中4种型号的砂轮的磨料粒度大小顺序为2#>3#>1#、4#，而亚表面损伤裂纹最大深度分布顺序为2#>3#>1#、4#，也符合此趋势。1#和4#砂轮具有相同的磨料粒度，1#具有较低的磨料浓度，因此当磨料粒子浓度小时，单颗磨料粒子所承受的载荷增大，径向-中位裂纹长度增加，则亚表面损伤裂纹最大深度增大。

2. 磨削深度对亚表面损伤裂纹分布的影响

由上面讨论可知，亚表面损伤深度随砂轮的切削深度的增大而增大。针对K9试件进行磨削，分别采用10μm、15μm、20μm和25μm的磨削深度。其他磨削参数为：砂轮型号55-D64-BZM-C35，*Z*轴进给速度为0.06mm/s，砂轮线速度为15m/s，试件转速为100r/min。使用磁流变斜面抛光法对四种磨削深度下的亚表面损伤裂纹分布进行检测，其结果如图5.27所示。

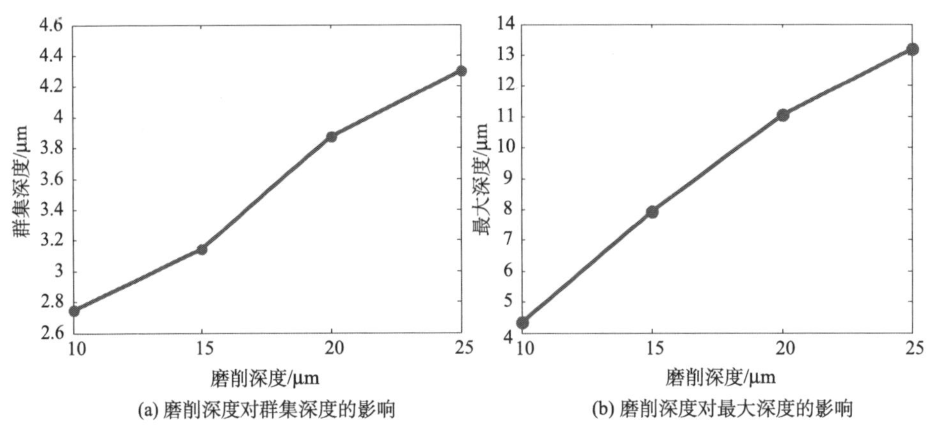

(a) 磨削深度对群集深度的影响　(b) 磨削深度对最大深度的影响

图 5.27　磨削深度对亚表面损伤裂纹分布的影响

如图 5.27 (a)所示，磨料粒子与试件表面相对运动，磨削深度增加，而进给速度恒定，则加工时间延长，致使磨料粒子与试件上点接触概率增加，增加了压痕数量及其残余应力场的相互作用，使得亚表面损伤裂纹群集深度增大。

由图 5.27(b)可见，随着磨削深度的增加，亚表面损伤裂纹的最大深度随之增大，并且近似呈现线性增长趋势。当磨削深度增大时，磨料粒子的最大切削深度增大，单颗磨料粒子的法向磨削力随之增大，最终引起亚表面损伤裂纹最大深度的增大。

3. *Z* 轴进给速度对亚表面损伤裂纹分布的影响

在研究 *Z* 轴进给速度对 K9 试件亚表面损伤裂纹分布影响的过程中，分别选

取四种 Z 轴进给速度：0.06mm/s、0.05mm/s、0.04mm/s、0.03mm/s。其他磨削参数为：砂轮型号 55-D64-BZM-C35，磨削深度为 25μm，砂轮线速度 15m/s，试件转速为 100r/min。其亚表面损伤裂纹分布结果如图 5.28 所示。

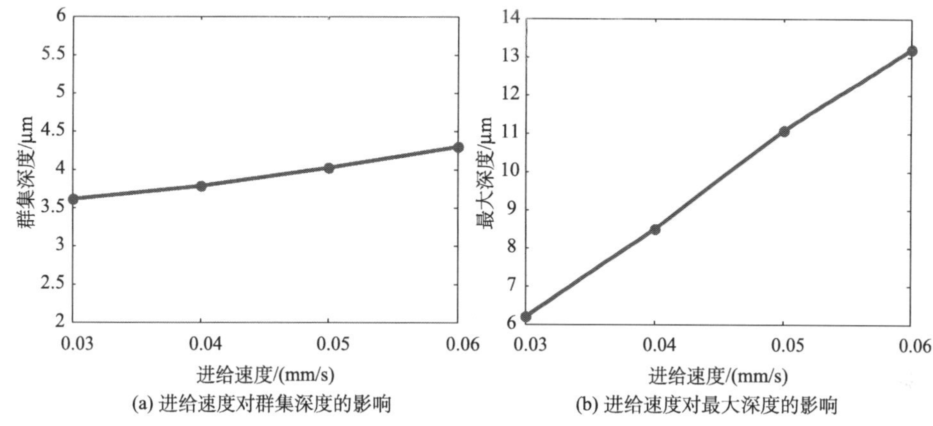

(a) 进给速度对群集深度的影响　　(b) 进给速度对最大深度的影响

图 5.28　进给速度对亚表面损伤裂纹分布的影响

当进给速度增大时，单颗磨料粒子的法向磨削力增大，进而导致亚表面损伤裂纹长度的增大。如图 5.28 所示，亚表面损伤裂纹的群集深度和最大深度都随着进给速度的增大而增大，即径向-中位裂纹深度随着进给速度的增大而增大，与上述分析趋势相符合。但是图 5.28(a)中亚表面损伤裂纹的群集密度随着进给速度的增加趋势，与最大深度随着进给速度增加趋势相比相对缓慢，这是由于在低速进给的条件下，砂轮在试件表面加工时间长，压痕数量增加，残余应力场的相互作用增大，增加了其亚表面损伤裂纹的群集深度。

4. 砂轮线速度和试件转速对亚表面损伤裂纹分布的影响

砂轮线速度分别选取 12m/s、13m/s、14m/s、15m/s，其他磨削参数为：砂轮型号 55-D64-BZM-C35，磨削深度为 25μm，Z 轴进给速度为 0.03mm/s，试件转速为 100r/min。使用磁流变斜面抛光法对 K9 磨削试件进行检测，研究砂轮线速度对亚表面损伤裂纹分布的影响，结果如图 5.29 所示。

试件转速对 K9 亚表面损伤裂纹分布影响的实验中，试件转速选取 100r/min、110r/min、120r/min、130r/min。其他磨削参数为：砂轮型号 55-D64-BZM-C35，磨削深度为 25μm，Z 轴进给速度为 0.03mm/s，砂轮线速度为 12m/s。其亚表面损伤裂纹分布检测结果如图 5.30 所示。

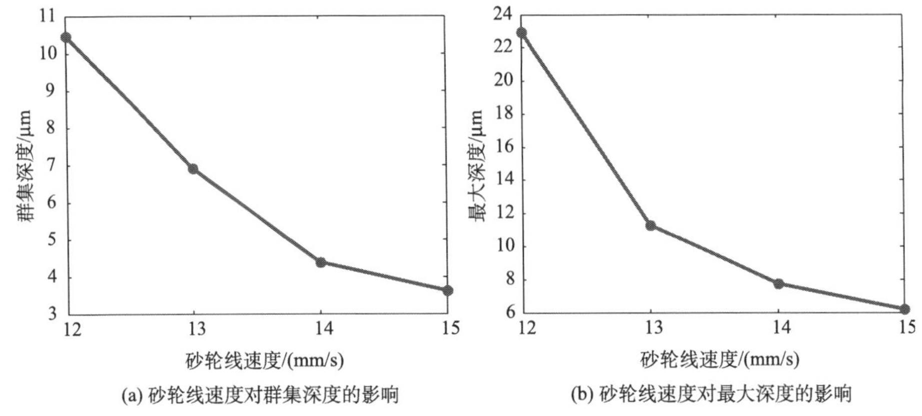

(a) 砂轮线速度对群集深度的影响　(b) 砂轮线速度对最大深度的影响

图 5.29　砂轮线速度对亚表面损伤裂纹分布的影响

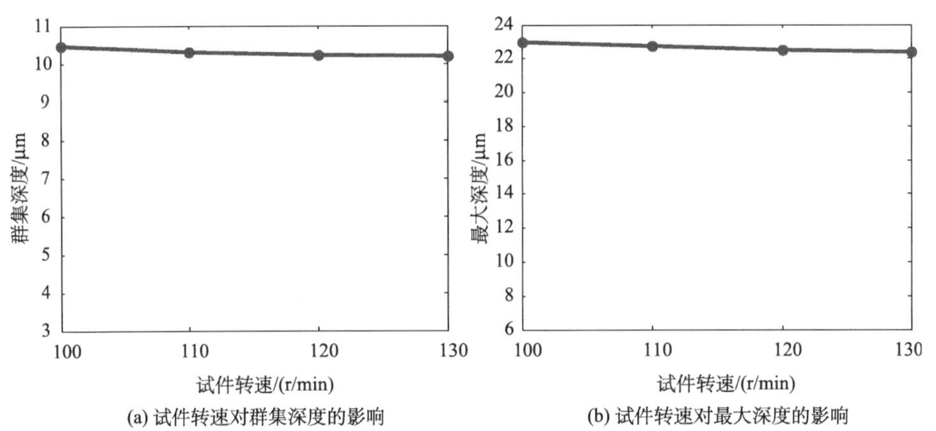

(a) 试件转速对群集深度的影响　(b) 试件转速对最大深度的影响

图 5.30　试件转速对亚表面损伤裂纹分布的影响

由图 5.29 和图 5.30 可以看出，随着砂轮线速度和试件转速的减小，亚表面损伤裂纹的群集深度和最大深度也随之减小。随着磨料粒子与试件表面相对速度的增加，磨料粒子切削深度随之降低，导致单颗磨料粒子的法向磨削力降低，最终导致亚表面损伤裂纹的最大深度减小。根据 SPM60 的运动方式，砂轮上磨料粒子与试件上任一点的相对速度示意图如图 5.31 所示，砂轮上磨料粒子与试件表面相对速度为砂轮线速度与粒子相对试件旋转方向上的线速度的合速度，而粒子相对试件旋转方向上的线速度可以由被测点半径和试件转速计算得出，因此在各组实验中被测点半径需要保持恒定，被测点在一个转动同期内只有在 A、B 两点与砂轮接触，在这两个点上，砂轮线速度或粒子相对试件旋转线速度的减小都会导致合速度的减小，使得亚表面损伤裂纹最大深度减小。通过计算试件粒子相对于试件旋转方向上线速度的值远小于砂轮线速度，而且在实验过程中，试件旋转方向上线速度的改变量也远小于砂轮线速度，则试件旋转方向上的线速度对亚表面损伤裂纹的最大深度的影响远小于砂轮的线速度。由图 5.30 可见，试件转速的减小虽然致使亚表面损伤裂纹的群集深度和最大深度减小，但影响程度很小。

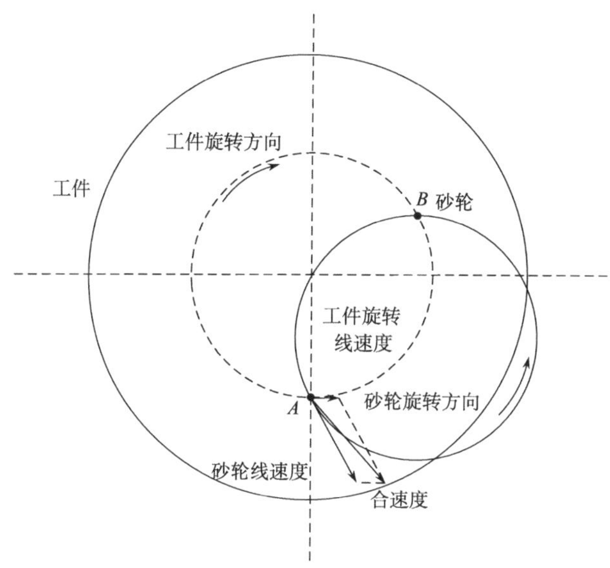

图 5.31　砂轮上磨料粒子与试件上任一点的相对速度示意图

5.4.3　损伤抑制策略

为了增大光学元件的高激光损伤阈值、提高成像质量、延长使用寿命、提高光学元件的质量、获得超光滑表面，需要在加工过程中将亚表面损伤完全去除。为了提高加工效率，在后续的研磨和抛光过程中减少材料的去除量，在磨削过程中应既保证加工效率又减少亚表面损伤。通过对磨削参数对亚表面损伤裂纹分布的研究，在磨削过程中选取合理的工艺路线，以抑制亚表面损伤深度。

磨削过程分为粗磨和精磨两个阶段，粗磨过程是工件的快速成型阶段，材料去除量较大，应更注重加工效率。因为工件材料的去除量在一定范围内随磨料粒度和磨料浓度的增大而增大，在粗磨过程中应选用磨料粒度较大和浓度较高的砂轮型号，在参数设定中选取较大的切削深度和较高的进给速度。在精磨过程中，更加注重工件的表面和亚表面质量，因此选用磨料粒度较小和浓度适中的砂轮型号，在参数设定中选取较小的切削深度和较低的进给速度；在粗磨和精磨过程中均使用高砂轮转速，不仅可以保证磨削效率，也降低亚表面损伤裂纹深度。

研磨过程是衔接磨削和抛光过程的中间工序，其材料去除效率小于磨削过程的材料去除率，却又高于抛光过程的去除效率，能够快速降低磨削过程中造成的亚表面损伤，提高面形质量，减小表面粗糙度，但同时又会引入新的亚表面损伤。应选取合理的工艺路线对其参数进行优化，以提高其表面粗糙度和亚表面质量。

抛光过程作为光学元件加工过程的最后一道工序，相对于磨削和研磨过程，其材料去除效率较低，但对于亚表面损伤要具有较好的去除效果。磁流变抛光方法的去除效率虽然相对较高，在加工过程中能够将磨削和研磨过程中造成的划痕、麻点和亚表面损伤裂纹层去除，并且不会引入新的亚表面损伤，但是在其加工后的表面和亚表面层会嵌入磁敏微粒与抛光磨料等杂质形成新的缺陷层。相关研究表明，这种缺陷使得光学元件的光学和物理性质与基体有很大差别，尤其对于强激光系统，这些杂质颗粒会强烈吸收激光能量并最终导致光学元件失效。因此经过磁流变抛光后，可以使用离子束抛光或酸刻蚀等方法对光学元件进行进一步的处理。

5.5　小　结

随着光学元件质量要求的进一步提高，光学元件加工过程中引入的亚表面损伤也越来越受到重视。因此如何检测和评价光学元件中的亚表面损伤，以进一步提高光学元件加工效率，提高光学元件质量已经成为光学制造业面临的新问题和挑战。本章通过分析光学材料的特性，研究不同加工程序下的亚表面损伤的表现形式。分析裂纹的形成与扩展过程，裂纹是在向材料表面施加和卸载载荷过程中产生的，根据断裂力学，当应变能释放率大于能量吸收率时，裂纹处于不稳定状态，裂纹发生扩展；当应变能释放率小于能量吸收率时，裂纹处于稳定状态，在裂纹尖端形成残余应力场。基于磁流变斜面抛光法对磨削过程中产生的亚表面损伤进行检测，根据检测结果研究了各磨削参数对亚表面损伤产生影响的规律，并据此提出了亚表面损伤的抑制策略，优化工艺路线。

参 考 文 献

程灏波, 冯之敬, 王英伟. 2005. 磁流变抛光超光滑光学表面[J]. 哈尔滨工业大学学报, 37(4): 433-436.

程灏波, 王英伟, 冯之敬. 2005. 永磁流变抛光纳米精度非球面技术研究[J]. 光学技术, 30(1): 52-54.

程靳, 赵树山. 2006. 断裂力学[M]. 北京：科学出版社.

党娟娟. 2011. 光学表面亚表层损伤表征技术研究[D]. 西安：西安工业大学.

邓燕, 许乔, 柴立群, 等. 2009. 光学元件亚表面缺陷的全内反射显微检测[J]. 强激光与粒子束, 21(6): 835-840.

黄德群. 1991. 新型光学材料[M]. 北京: 科学出版社.

霍凤伟. 2006. 硅片延性域磨削机理研究[D]. 大连：大连理工大学.

杰姆金娜. 1983. 光学玻璃生产的物理化学作用[M]. 李荣生, 张福初, 译. 北京: 科学出版社.

金钊. 2009. 硅片软磨料砂轮的磨削性能研究[D]. 大连：大连理工大学.

康念辉. 2004. 大中型非球面磨削成型的理论与实验研究[D]. 长沙: 国防科学技术大学, 49-50.

李改灵, 吴宇列, 王卓, 等. 2006. 光学材料亚表面损伤深度破坏性测量技术的实验研究[J]. 航空精密制造技术, 42(6): 19-22.

李改灵, 张宏涛, 常林枫. 2009. 光学材料亚表面损伤常用的测量方法研究[C]. 全国机械设计年会, 26: 135-138.

李改灵. 2006. 光学材料磨削加工亚表面损伤测量理论与实验研究[D]. 长沙：国防科学技术大学.

卢宏炎. 2003. 光学玻璃的化学稳定性及防腐[D]. 长春: 长春理工大学.

彭小强, 戴一帆, 李圣怡. 2004. 磁流变抛光的材料去除数学模型[J]. 机械工程学报, 40(4): 67-70.

若木守明. 2010. 光学材料手册[M]. 周海宪, 程云芳, 译. 北京: 化学工业出版社.

石峰, 戴一帆, 彭小强, 等. 2010. 磁流变抛光消除磨削亚表面损伤层新工艺[J]. 光学精密工程, 18（1）：162-167.

王慧军, 张飞虎, 赵航, 等. 2007. 超声波磁流变复合抛光中几种工艺参数对材料去除率的影响[J]. 光学精密工程, 15(10): 1583-1588.

王卓. 2008. 光学材料亚表面损伤检测及控制关键技术研究[D]. 长沙：国防科学技术大学.

许瑞, 鲁聪达, 南秀蓉. 2010. 磁射流抛光技术研究 [J]. 轻工机械, 28（5）：104-106.

杨力. 2001. 先进光学制造技术[M]. 北京：科学出版社.

杨雪玲, 苏君. 2010. 磁流变抛光技术现状与进展 [J]. 武汉理工学学报, 32 (24): 136-139.

尹韶辉. 2009. 磁场辅助超精密光学加工技术[M]. 长沙: 湖南大学出版社: 130-131.

查立豫. 1987. 光学零件工艺学[M]. 北京: 兵器工业出版社.

张保军, 滕敏. 2008. 光学透明高分子材料的光学特性及应用[J]. 湛江师范学院学报, 29（3）: 52-54.

张峰. 2000. 磁流变抛光技术的研究[D]. 长春: 中国科学院长春光学精密机械与物理研究所.

张银霞. 2004. 单晶硅片超精密加工表面\亚表面损伤检测技术[J]. 电子质量, 7: 72-75.

张银霞. 2006. 单晶硅片超精密磨削加工表面层损伤研究[D]. 大连：大连理工大学.

章小丽. 1996. 高脆性材料亚临界裂纹扩展机制[J]. 太原工业大学学报, 27(2): 52-56.

钟群鹏, 赵子华, 张峥. 2005. 断口学的发展及微观断裂机理研究[J]. 机械强度, 27(3): 358-370.

周旭升. 2007. 大中型非球面计算机控制研抛工艺方法研究[D]. 长沙: 国防科学技术大学.

Arrasmith S R, Jacobs S D, Lambropoulos J C, et al. 2001. The use of magnetorheological finishing (MRF) to relieve residual stress and subsurface damage on lapped semiconductor silicon wafers[J]. SPIE, 4451：286-294.

Buijs M, Liesan A, Martens A G. 1992. Effect of indentation interaction on cracking[J]. J Am Ceram Soc, 75(10): 2809-2814.

Campbell J H, Hawley-Fedder R A, Stolz C J, et al. 2004. NIF optical materials and fabrication technologies: an overview[J]. SPIE, 5341: 84-101.

Cheng H B, Yam Y, Wang Y T. 2009. Experimentation on MR fluid using a 2-axis wheel tool[J]. Journal of Materials Processing Technology, 209(12/13): 5254-5261.

Fine K R, Garbe R, Gip T, et al. 2005. Non-destructive, real time direct measurement of subsurface damage[J]. SPIE, 5799: 105-110.

Golini D, Kordonski W I, Dumas P. 1999. Magnetorheological finishing (MRF) in commercial precision optics manufacturing[J]. SPIE, 3782: 80-91.

Harris D C, Kordonski W, Golini D, et al. 2011. History of magnetorheological finishing[J]. SPIE, 8016: 1-22.

Harris D C. 2011. History of magnetorheological finishing [J]. SPIE, 8016: 1-22.

Hed P P, Edwards D F. 1987. Optical glass fabrication technology. 2: relationship between surface roughness and subsurface damage[J]. Appl Opt, 26(21): 4677-4680.

Inasaki I. 1987. Grinding of hard and brittle materials[J]. Annals of the CIRP, 2(36): 463-471.

Jacobs S D, Yang F Q, Fess E M. 1997. Magnetorheological finishing of IR materials[J]. SPIE, 3134: 258-269.

Kordonski W I, Shorey A B, Tricard M. 2006. Magnetorheological jet(MR JetTM) finishing technology[J]. Transactions of the ASMEJ, 128: 20-26.

Lambropoulos J C, Li Y, Funkenbusch P, et al. 1999. Non-contact estimate of grinding-induced subsurface damage[J]. SPIE, 3782: 41-50.

Lawn B R, Wilsaw T R. 1985. 脆性因体断裂力学[M]. 尹祥础, 译. 北京: 地震出版社.

Lawn B. 2010. 脆性固体断裂力学[M]. 龚江宏, 译. 北京: 高等教育出版社.

Li S Y, Wang Z, Wu Y L. 2005. Relationship between subsurface damage and surface roughness of ground optical materials[J]. J Cent South Univ Technol, 14(4): 546-551.

Marshall D B, Lawn B R, Evans A G. 1982. Elastic/plastic indentation damage in ceramics: the lateral crack system[J]. Journal of the American Ceramic Society, 65(11): 561-566.

Menapace J A, Davis P J, Steele W A, et al. 2005. Utilization of magnetorheological finishing as a diagnostic tool or investigating the three-dimensional structure of fractures in fused silica[J]. SPIE, 5991: 599102-1-13.

Miao C L, Shafrir S N, Lambropoulos J C, et al. 2009. Shear stress in magnetorheological finishing for glasses[J]. Applied Optics, 48(13): 2585-2594.

Miller P E, Suratwala T I, Wong L L, et al. 2010. The distribution of subsurface damage in fused silica [J]. SPIE, 5991(1): 1-25.

Ohta T, Yan J W, Kuriyagawa T, et al. 2007. Prediction of subsurface damage depth of ground brittle materials by surface profiling[J]. Machining and Machinability of Materials, 2(1): 108-123.

Randi J A, Lambropoulos J C, Jacobs S D. 2005. Subsurface damage in some crystalline optical materials[J]. Appl Opt, 44(12)：2241-2249.

Shen J, Liu S H, Yi K, et al. 2005. Subsurface damage in optical substrates[J]. Optik, 116: 288-294.

Suratwala T, Wong L, Miller P, et al. 2005. Sub-surface mechanical damage distribution during grinding of fused silica [J]. Non-Crystalline Solids, 352(52-54): 5601-5617.

Tain Y, Kawata K. 1984. Development of high-efficiency fine finishing process using magnetic fluid[J]. Annals of the CIRP, 33: 217-220.

Umehara N. 1994. Magnetic fluid grinding-a new technique for finishing advanced ceramics[J]. Annals of the CIRP, 43: 185-188.

van der Biji R M, Fahnle O W, van Brug H, et al. 2000. In-process monitoring of grinding and polishing of optical surfaces[J]. Appl Opt, 39(19): 3300-3303.

Wang C H. 1996. Introduction to fracture mechanics[R]. Australia: DSTO Aeronautical and Maritime Research Laboratory.

Zhang B, Howes T D. 1995. Subsurface evaluation of ground ceramics[J]. Annals of the CIRP, 44(1): 263-266.

Zhang J M. 2006. Laser Scattering Techniques for Subsurface Damage Measurements: System Development, Experimental Investigation, and Theoretical Analysis [D]. Kansas: Kansas State University Manhattan.

第 6 章　其他测量技术

本章主要介绍移相干涉、动态干涉、剪切干涉、点衍射干涉、白光干涉、外差干涉、补偿法检测技术和计算全息法检测技术等测量技术。

6.1　移相干涉测量技术

1. 相移法原理

相位移的基本思想是：通过采集多帧有一定相移的条纹图像来计算包含被测物体表面三维信息的相位初值。

假设条纹图像光强是标准正弦分布，则其光强分布函数为

$$I(x,y,t)=I_d(x,y)+I_a(x,y)\cos\left[\phi(x,y)-\delta(t)\right] \tag{6.1}$$

式中，$I_d(x,y)$ 为图像的平均灰度；$I_a(x,y)$ 为图像的灰度调制；$\delta(t)$ 为图像的相位移；$\phi(x,y)$ 为待计算的相对相位值（也称为相位主值)。对于给定的干涉场的某点 (x,y) 处，式(6.1)中 $I_d(x,y)$、$I_a(x,y)$ 和 $\phi(x,y)$ 均未知，至少需 $\delta(t_1)$、$\delta(t_2)$ 和 $\delta(t_3)$ 三幅干涉图才能确定出 $\phi(x,y)$。

2. 移相算法

目前相移算法主要有：标准N步相移法或等间距满周期法、N帧平均算法、N+1步相移算法和任意等步长相移算法等。下面详细介绍N步移相算法的推导过程并给出定步长4步相移算法的例子。

一般取 $\delta_i=\delta(t_i),i=1,2,\cdots,N(N\geqslant 3)$，式(6.1)可改写为

$$\begin{aligned}I(x,y,\delta_i)&=I_d(x,y)+I_a(x,y)\cos\left[\phi(x,y)+\delta_i\right]\\&=a_0(x,y)+a_1(x,y)\cos\delta_i+a_2(x,y)\sin\delta_i\end{aligned} \tag{6.2}$$

式中

$$\begin{aligned}a_0(x,y)&=I_d(x,y)\\a_1(x,y)&=I_a(x,y)\cos\phi(x,y)\\a_2(x,y)&=-I_a(x,y)\sin\phi(x,y)\end{aligned}$$

按最小二乘原理

$$\sum_{i=1}^{N}\left[I_i(x,y)-a_0(x,y)-a_1(x,y)\cos\delta_i-a_2(x,y)\sin\delta_i\right]^2=\min$$

得

$$\begin{bmatrix} a_0(x,y) \\ a_1(x,y) \\ a_2(x,y) \end{bmatrix} = A^{-1}(\delta_i)B(x,y,\delta_i) \tag{6.3}$$

$$A(\delta_i)=\begin{bmatrix} N & \sum\cos\delta_i & \sum\sin\delta_i \\ \sum\cos\delta_i & \sum\cos^2\delta_i & \sum\cos\delta_i\sin\delta_i \\ \sum\cos\delta_i & \sum\sin\delta_i\cos\delta_i & \sum\sin^2\delta_i \end{bmatrix} \tag{6.4}$$

$$B(x,y,\delta_i)=\begin{bmatrix} \sum I_i(x,y) \\ \sum I_i(x,y)\cos\delta_i \\ \sum I_i(x,y)\sin\delta_i \end{bmatrix} \tag{6.5}$$

最后，被测相位 $\phi(x,y)$ 可通过 $a_2(x,y)$ 与 $a_1(x,y)$ 的比值求得

$$\phi(x,y)=\arctan\left(\frac{a_2(x,y)}{a_1(x,y)}\right) \tag{6.6}$$

把投影光栅在一个周期内均匀移动 3 次共得到 4 帧图像，每次移动 $2\pi/N$ 、即 N=4，$\delta_1=0$ 、$\delta_2=\frac{\pi}{2}$ 、$\delta_3=\pi$ 、$\delta_2=\frac{3\pi}{2}$ ，代入式(6.3)、式(6.4)、式(6.5)、式(6.6)中，即可计算出 $\varphi(x,y)$ 为

$$\varphi(x,y)=\arctan\left(\frac{I_4(x,y)-I_2(x,y)}{I_1(x,y)-I_3(x,y)}\right) \tag{6.7}$$

图6.1所示为四步相移产生的干涉图例。由于相邻图片之间的相位相差为 $\pi/2$，所以同一级次的条纹是亮暗错开的，即前一幅干涉图中的亮条纹在下一幅干涉图中的相同位置则为暗条纹。若移相360°，则该干涉图样将与移相0°相同。

根据理论分析，N帧算法或满周期等间距算法可以抑制高次谐波单独存在时的误差。该算法对(N−2)次以下的谐波不敏感，虽不能抑制相移误差，但采用DLP等投射器可以避免相移误差，且此算法简单快捷易于实现，因此一般采用该技术。

为求得相位主值 $\phi(x,y)$，最少需要移相三次，而四步相移则可减小由于移相的不准确性引入的误差。当 $\phi(x,y)=360^\circ$ 时，移相的步数可提高到五步。五步相移又称为Schwider-Hariharan算法，看似回归到原始状态，但是这种算法对移相的校准误差的敏感程度大大降低，使得微小失谐误差影响有所减小。如果两幅相移图之间的位相差不是精确的90°，那么在移相过程中，干涉条纹的频率误差将出现

两次。五步相移法大大降低了相位计算过程中的这种误差。提高移相的步数，可更好地校准移相误差。

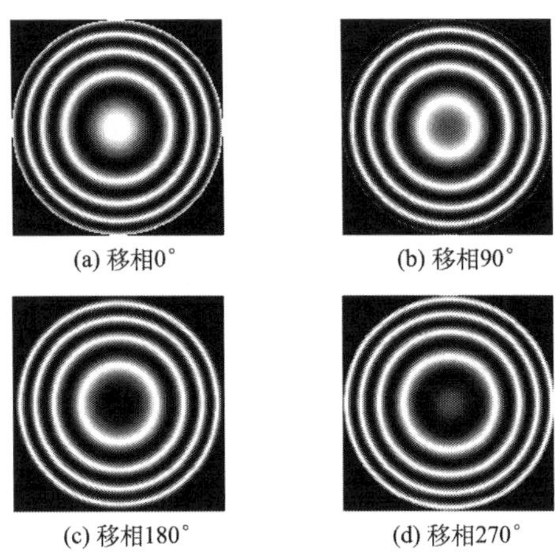

图 6.1　四步相移干涉图

3. 相位解包裹

自从 1981 年 Oppenheim 和 Lim 提出相位在信号处理领域具有重要作用开始，相位技术作为一个单独的研究领域已经有三十多年了。在相位处理的技术中，最关键的部分是位相展开。位相展开方法主要分为两大类：空间维和时间维。

空间维相位展开使用非常广泛，它又可以分为路径相关算法和路径无关算法。路径相关算法是指相位展开的过程与所选择的展开路径相关；路径无关算法是指相位展开的过程与所选择的展开路径无关。如果基于理想情况下展开相位梯度等于包裹相位梯度的假设，那么相位展开可以看成一个优化问题，最小二乘法是一种广泛使用的优化方法，它基于解缠相位和缠绕相位之差的平方和最小准则，然后对目标函数进行优化。

时间相位展开是使光栅条纹的频率随着时间而变化，每一像素点的相位沿着时间轴进行相位展开。这种方法由 Huntley 和 Saldner 于 1993 年提出，通过投射一系列不同频率的条纹图到物体表面，拍摄得到一个受物体表面调制的条纹图的序列，然后将每点的相位在这个序列上独立进行展开，从原理上避免了误差的传播。

具体的算法分类如表 6.1 所示。

表 6.1　位相展开算法分类

<table>
<tr><td rowspan="15">位相展开</td><td rowspan="4">时间维</td><td colspan="5">线性、拟合线性时间维展开</td></tr>
<tr><td colspan="5">指数、拟合指数时间维算法</td></tr>
<tr><td colspan="5">逆指数、拟合逆指数时间维算法</td></tr>
<tr><td colspan="5">其他（双频光栅等）</td></tr>
<tr><td rowspan="11">空间维</td><td rowspan="3">路径相关（局部）</td><td colspan="4">枝切法</td></tr>
<tr><td colspan="4">质量图法</td></tr>
<tr><td colspan="4">其他（掩模截断法、区域增长法、遗传算法等）</td></tr>
<tr><td rowspan="8">路径无关（全局）</td><td rowspan="7">最小范数法</td><td colspan="3">最小费用流法(L^1)</td></tr>
<tr><td rowspan="6">最小二乘法</td><td rowspan="3">无权重</td><td>高斯赛德尔松弛法</td></tr>
<tr><td>傅里叶变换法</td></tr>
<tr><td>离散余弦法</td></tr>
<tr><td rowspan="3">加权值</td><td>皮卡迭代法</td></tr>
<tr><td>先验共轭梯度法</td></tr>
<tr><td>多重网格法</td></tr>
<tr><td colspan="4">其他（贝叶斯法等）</td></tr>
</table>

相位解包裹的基本原理是将由于反三角运算引起的截断相位恢复成原有的相位，从而由相位函数计算被测物体的高度分布。在一般情况下，可沿着截断相位数据矩阵的行或列方向展开。具体做法为：在展开方向上比较相邻两个点的包裹相位值，如果差值小于$-\pi$，则后一点的相位值应该加上2π；如果差值大于π，则后一点的相位应该减去2π。以一维相位函数为例，假定有截断相位函数$\Phi_w(j)$，则相位展开过程可表示为

$$\begin{cases}\Phi_w(j)=\Phi_w(j)+2\pi n_j\\ n_j=\mathrm{INT}\left[(\Phi_w(j)-\Phi_w(j-1))/2\pi+0.5\right]+n_{j-1}\\ n_0=0\end{cases}\tag{6.8}$$

式中，$\mathrm{INT}[*]$为取整算符。解包原理示意图如图 6.2 所示。

相位的解包可以采用单一频率结构光结合格雷码的解码方式，也可以采用多种频率结合的解码方式。下面对这两种工业界主流的相位计算方法进行简单介绍。

1) 格雷码加相移算法

格雷码编码使用整数进行编码，具有全场唯一性，但空间分辨率较低；相反，相移编码使用相位进行编码，虽然有极高的空间分辨率，但解包困难，效率很低。如果把格雷码与相移结合起来，利用格雷码解码方便快速的特点给相移编码提供

解包参考，则可互补两种编码技术各自的缺点，在快速解码的同时保证空间高分辨率，甚至可以满足不连续曲面的测量。

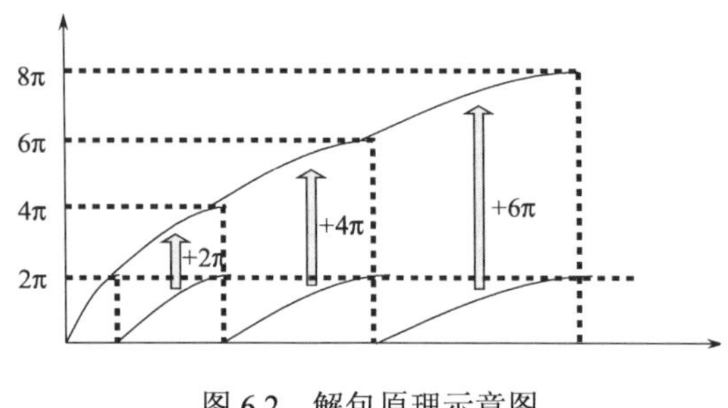

图 6.2　解包原理示意图

n 幅格雷码编码条纹图案可实现 n 位格雷码编码，每幅图案分别对应着所有格雷码码词的一位，将整个图案沿垂直于条纹的方向划分为 2^n 个编码区间。每个编码区间根据其在 n 幅编码图案中的位置所对应的逻辑值，可唯一确定其对应的由 0 和 1 组成的 n 位编码。

格雷码和相移结合的编码技术首先向被测物投射一系列格雷码编码条纹图案，将测量空间分为若干编码区域，每个编码区域对应一个编码周期，具有相同的格雷码码值。然后，向被测物投射特定的相移光栅图案，对格雷码定义的每个编码区域进行进一步的细分。这些特定的相移图案的空间周期必须与格雷码编码区域一致，可通过以下途径实现：假如采用的是 n 比特格雷码编码，则第一幅相移图案为对应第$(n+2)$幅格雷码向相位编码方向偏移 1/2 周期，此时格雷码和相移编码空间周期边界恰好一致，相移周期填充了每个格雷码编码周期。

格雷码和相移结合编码的解码过程首先对格雷码和相移编码图像分别进行解码，获得格雷码码词确定的离散编码值 m 和相移编码获得的截断相位值 φ，然后按照

$$\Phi = 2\pi m + \varphi \tag{6.9}$$

即可很容易地获取全场唯一的绝对相位值 Φ，实现格雷码和相移编码的结合解码。与只使用相移编码相比，可避免复杂的相位解包过程，大大提高计算效率和解包的准确率。格雷码加相移解包原理示意图如图 6.3 所示。

2) 多频相移解包算法

当测量场景较大时，需要投影的格雷码光栅数量将会增加。为了尽量减少投影光栅的数量，同时提高解包精度，近年来多频相移的测量方法得到广泛的研究和应用。

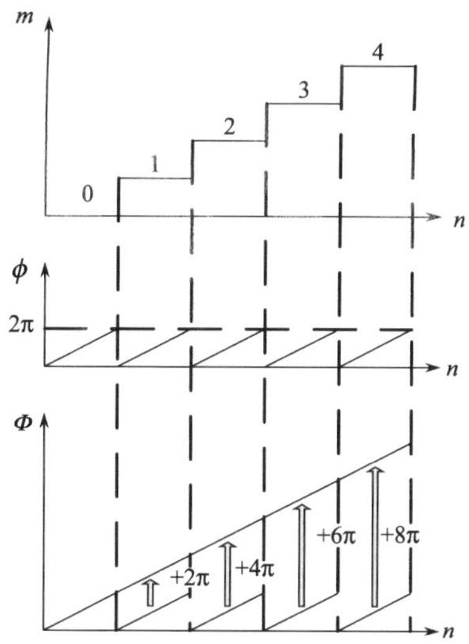

图 6.3　格雷码加相移解包原理示意图

多频相移的测量方法首先在被测物表面投影多个频率的光栅条纹，对于每一个频率都可以解得一组带包裹的相位值。在相位解包时，利用多组包裹相位之间的数学关系将包裹相位在整个测量场景中展开，得到绝对相位。利用三频相移进行相位解包的原理如图 6.4 所示。

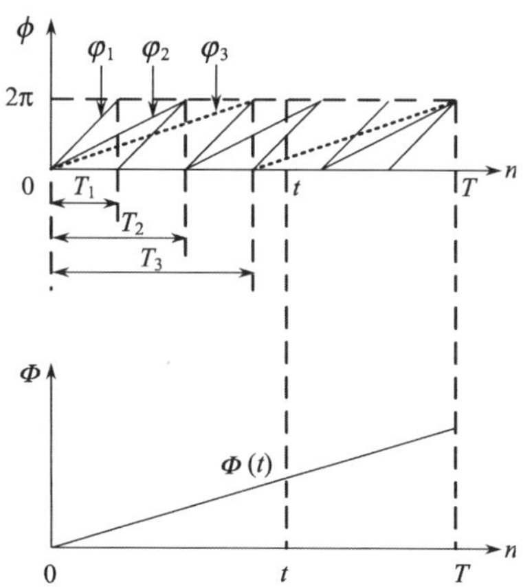

图 6.4　多频相移解包原理示意图

如图 6.4 所示，在测量场景中投影三种不同频率的相移结构光光栅，三个频率分别解得的包裹相位为 φ_1、φ_2、φ_3，且周期分别为 T_1、T_2、T_3。图中 T 为 T_1、T_2、T_3 的最小公倍数，在 T 处三个频率的包裹相位出现循环。多频相移方法解得

的绝对相位值 Φ 为三个包裹相位的函数，可表示为

$$\Phi(t) = f(\varphi_1(t), \varphi_2(t), \varphi_3(t)) \tag{6.10}$$

利用包裹相位 φ_1、φ_2、φ_3 求解绝对相位值 Φ 的方法有很多种，目前最常用的有查表法和外差法两种。

6.2 动态干涉测量技术

传统移相干涉测量法也称为静态干涉测量方法，具有技术成熟、检测精度高的特点，是当前高精度非球面检测的主流方法。然而该方法极易受到机械振动和大气扰动的干扰，环境要求极高。振动对移相干涉测量最直观的影响表现为在波面结果中引入了周期性的波纹误差，其空间频率为干涉条纹频率的两倍。为了消除环境振动和大气扰动对干涉测量的影响，国内外一些从事干涉测量的科学家提出了不同的解决方法，动态干涉就是研究的重点之一。本节将介绍现在市场上的几种主流动态干涉的基本原理，对各种最新的技术进行分析。

1. 4D 公司动态干涉仪

2001 年，Millerd 发明了一种综合全息分光、位相掩模板、偏振器、CCD 采样的专利技术。4D 公司根据这些关键技术开发了 PhaseCam 系列泰曼型动态干涉仪，如图 6.5 所示。系统采用光全息器件把正交偏振的参考光和测试光会合后的光束分成四束独立的光束，这四束光分别通过一组有四个双折射位相延迟器构成的位相掩模板，每束光中测试光和参考光分别产生 0°、90°、180° 和 270° 的附加位相差。再将一个透射方向与参考光和测试光的偏振方向为 45° 的检偏器放置在 CCD 摄像机的前面，这样在 CCD 靶面上即可同时接收四幅移相干涉图。

Millerd等于2004年改进了位相掩模板，以微偏振移相阵列代替原来的全息分光位相掩模技术，阵列上的四个微偏振片阵列构成的移相单元尺寸与CCD上的每一像素单元尺寸相匹配，如图6.6所示。这些移相单元四个为一组，每组的四个偏振单元透振方向依次相差45°，即对该点的干涉条纹分别引进0°、90°、180°、270°的相移。于是在波面复原的时候，将相邻的四个单元按照四步移相算法计算即可。而且该掩模板可以应用于任意偏振移相干涉仪中实现空间移相动态干涉测量，可以用于扩展光源或者白光。该系统掩模板的制作成本很高，系统整体价格非常昂贵。

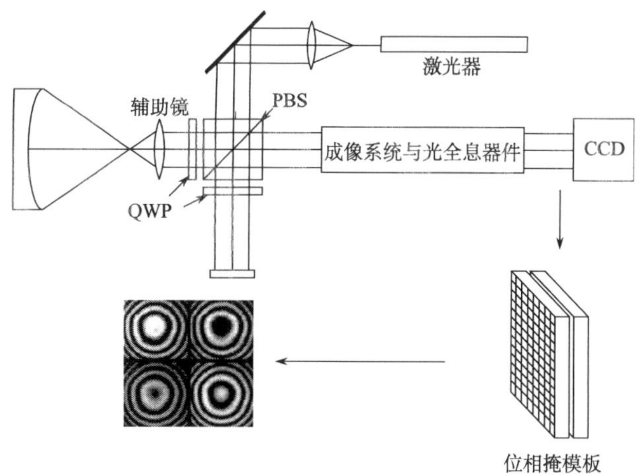

图 6.5　泰曼型动态干涉仪光路图

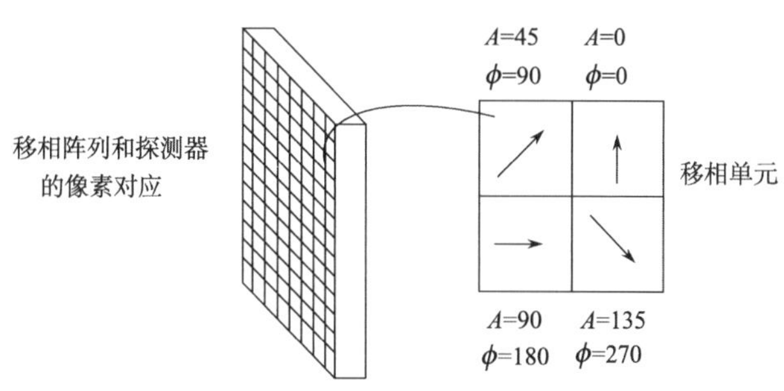

图 6.6　微偏振移相阵列位相掩模

2006年，Millerd等在同步移相Fizeau干涉仪专利技术中提出一种短相干光源光程匹配方案，如图6.7所示。在这个系统中，干涉仪的光源采用短相干光源，其相干长度小于干涉腔长的两倍，光源经过一套由Twyman干涉光路构成的偏振延迟系统后，形成两路偏振态正交的p光和s光，它们之间的光程差是干涉腔长的两倍，先后分别在参考面和测试面反射后，得到四路光，其中只有参考面反射的s光和测试面反射的p光之间的光程差小于光源相干长度，满足相干条件，其余的光非相干叠加，作为背景。系统采用前述的微偏振片移相模板在一个CCD上采集得到四幅干涉图。干涉仪中短相干光源采用微波调制的方法改变半导体激光二极管的相干性，调制频率高达1GHz。4D公司开发的产品FizCam2000动态Fizeau干涉仪就是应用该技术。该方案保持了Fizeau干涉仪的共光路优势，由于采用了短相干的光源，可以解决普通Fizeau干涉仪不能解决的问题，如平行平板的面形误差、折射率非均匀性等相关参数的测试。缺点是干涉图的对比度有所下降，并且测试光程受延迟光路延迟量的限制。

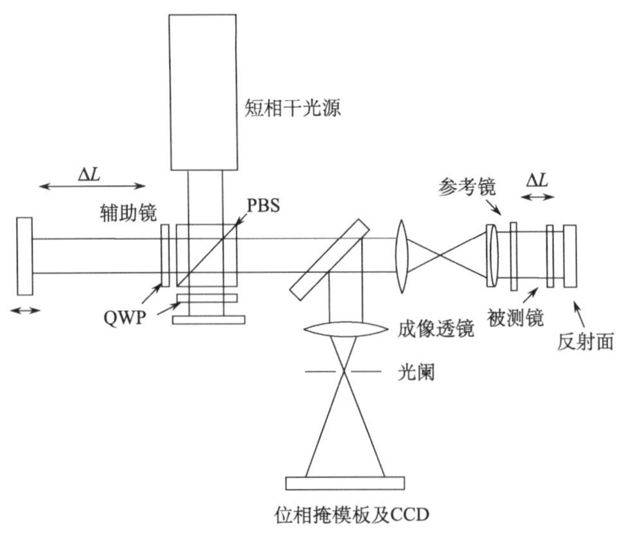

图 6.7　短相干光源光程匹配法光路简图

图 6.7 所示的干涉仪的工作原理为：短相干光源发出短相干光经偏振分束镜后分成偏振态不同的两束光 s 和 p，并使 S_T（携带样品表面信息的 s 偏振光）和 P_R（携带参考表面信息的 p 偏振光）相遇，并能通过掩模板后发生干涉，从而得到全分辨表面干涉图。

图 6.7 中使用了短相干光源，该光源中包含了两路延迟的正交偏振光。两路偏振光之间的位相延迟可抵消它们在干涉仪内部的光程差。干涉条纹是由从参考面反射的长光程光束和从被检面反射的短光程光束相干涉的结果。所有光束都位于轴上，因此离轴偏差不会造成误差。因为干涉条纹仅由需要的 S_T 和 P_R 光干涉形成，所以条纹对比度会有所下降，但仍满足要求的分辨率。由于使用了短相干光源，伪条纹的影响大大降低。

要满足有且只有 S_T 和 P_R 相遇并能通过掩模板发生干涉，则需消除 S_R（含参考镜表面信息的s偏振光）和 P_T（含样品表面信息的p偏振光）的影响。4D干涉仪通过采用短相干光源和可调节延迟光路（左侧可平移反射镜）使p偏振光滞后s偏振光一段距离，从而在时间顺序上被参考镜和样品表面依次反射，先后产生四束反射光：S_R、S_T、P_R、P_T，通过调节延迟光路长短可使 S_T 和 P_R 相遇，而短相干光则可避免另两束光对干涉的干扰。

图 6.7 所示干涉仪的测量方法为：在干涉仪工作时，通过马达移动最左侧反射镜，使 p 偏振光滞后于 s 偏振光 ΔL（样品与参考镜之间间距）的距离，则通过共光路后，S_T（含样品前表面 S_1 的表面信息）与 P_R 在透过掩模板时发生偏振光干涉，从而得到干涉图。通过调整 ΔL，可以很方便地确定参与干涉的样品

表面。

2008 年，4D 公司 Kimbrough 等提出了一种频移匹配 Fizeau 干涉仪方案，并推出了新产品 FizCam3000 动态 Fizeau 干涉仪，其光路如图 6.8 所示。系统分三部分，光源、偏振频移装置和 Fizeau 干涉仪，光源采用稳频激光器，偏振频移系统可以看成一个偏振 Twyman 干涉仪，其中，一个反射器固定，另一个可动。该系统将光源分成两正交偏振光 p 光和 s 光，其中，s 相对 p 光频率发生了改变，频移是由动镜快速沿一个方向移动产生的。Fizeau 干涉系统的参考镜和偏振频移装置中的动镜一起，可以沿一个方向快速移动，所以在参考面上反射的光由于多普勒效应，其频率也将发生变化。由此，p 光、s 光先后分别经过参考镜测试镜反射后，只有参考面反射的 p 光和测试镜反射 s 的频率相同，可以产生稳定的干涉条纹。该方案同样保持了 Fizeau 干涉仪的共光路特性，可有效地分开参考光和测试光的偏振态，但需要用三个 PZT 驱动参考镜进行快速平动，因此当干涉仪参考镜口径比较大（$\Phi > 600\,\text{mm}$）时，不是太实用。另外，该干涉仪的参考镜无法取下来。

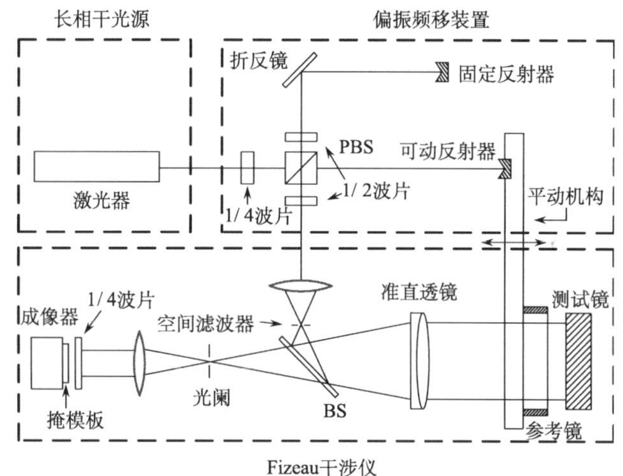

图 6.8　频移匹配法光学系统结构示意图

2. ESDI 公司动态干涉仪

ESDI 公司的动态斐索型干涉仪是一种实时、高速、防振动的测量装置，其瞬态响应速度可达 10μs，理论上可应用于车间生产场所与任何存在振动和干扰的环境。ESDI 公司的动态斐索型干涉仪用途广泛，在光学检测、机械加工、半导体晶片表面等领域都可提供极高的测量精度、稳定性和重复性。

ESDI公司动态干涉仪使用连续的激光源和偏振光作为共光路斐索干涉仪的光源，可同时产生三幅移相干涉图。这三幅干涉图将同时被三个独立的摄像系统记录。为了产生多样的干涉图，系统要求其参考光和检测光是正交偏振的。为了达到这个目的，通过加入两个空间分离和正交偏振的光源，对斐索干涉仪进行了改进。如图6.9所示，两束正交偏振光从两个光源发出，通过干涉仪的瞄准器，以一个微小角度发射出去。

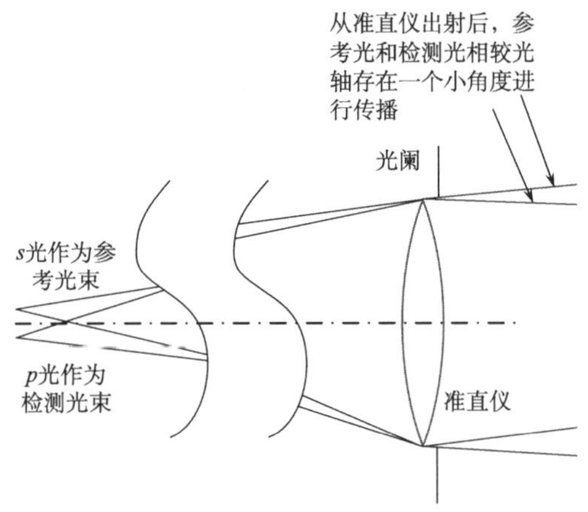

图 6.9　移相斐索型干涉仪的照明部分

两束光经安装在瞄准器外部的参考面（或参考球面）和被测物体发生反射。光学传输系统是沿着干涉仪的光轴反射两束正交偏振光的，其余经光学传输系统和被测物体反射的光束则被放置在干涉仪焦平面的空间滤波器阻挡进入干涉仪，该结构如图 6.10 所示。这里需要注意，为了使两束正交偏振光能够沿着干涉仪的光轴进行反射，光学传输系统和被测物相较其他结构必须更为仔细地进行安置。参考光和检测光是沿着共光路在干涉仪内进行传输的，这对于减小干涉仪的回程误差具有极其重要的意义。

为了产生三幅独立的干涉图，ESDI公司动态干涉仪采用一个特殊装置代替了标准摄像机，将检测光和参考光同时分成三个部分，进入三个通道。每个通道中的相位延迟是利用一个控制系统分别引入的。形成的三幅连续干涉图的相干光之间的相位差为120°，同时获得并被传输到计算机中。曝光时间仅受限于进入系统的光照量和摄像系统的性能。图6.11展示了干涉仪内部的光路结构。

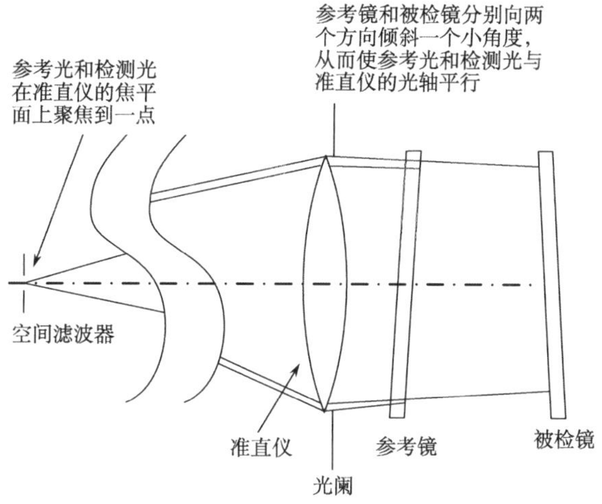

图6.10　移相斐索型干涉仪的光线传输结构

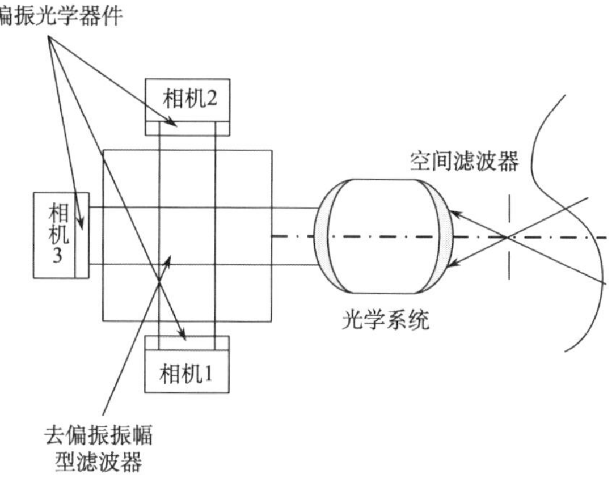

图6.11　移相斐索型干涉仪的内部光路结构

3. Zygo公司动态干涉仪

GPI FlashPhase瞬态测量分析软件是在Zygo MetroPro软件基础上推出的一套新型的数据采集方法，为Zygo激光干涉仪能在非理想环境下（如大口径、长腔、加工现场）提供相位测量。FlashPhase能从单一镜头角度来决定相位，能够代替传统相移技术。此方法不仅缩短数据采集时间，而且有效消除环境噪声，能够让GPI系列安装在生产线上使用。GPI FlashPhase的原理是在Zygo标准的MetroPro软件上加上一个高速数据采集功能。通过简单的斐索结构结合操作简单的增强软件，就可以达到价格昂贵、硬件复杂的其他解决方案同样的性能，且造价大幅降低。

Zygo 公司的 FlashPhase 实际上是一套基于单帧静态干涉条纹的快速傅里叶分析算法的软件，可用于 Zygo 公司较新的干涉仪系统以实现瞬态测量。FlashPhase 方法在测量时对干涉腔引入一个倾斜量，获取经空间载频调制的干涉图，利用傅里叶变换分离出一阶空间频率成分，再经过傅里叶逆变换，最终恢复出测试波前信息。

Zygo 干涉仪中的 FlashPhase 是利用数字滤波器滤出图像中的一阶频率，每个滤波器都被设置成标准偏差的二维高斯滤波器。FlashPhase 滤波器通常是一种带通滤波器，Alias 和 DC 滤波器则为带阻滤波器，用于基频分量的滤除。

FlashPhase系统应用于Zygo斐索构型的干涉仪，可以方便地从高精度的相移测量模式切换到振动环境下实现瞬态测量的FlashPhase模式，以实现不同环境下的应用，并且兼容原有的Zygo标准镜头，扩大了现有干涉仪的应用范围，但是这种方法不是相移干涉计量，其精度和可靠性对软件算法的依赖性比较大。这项技术在被测表面为已知的简单表面时，可以进行快速的高精度动态测量。由于干涉腔倾斜，一旦表面为未知的复杂表面时，则可靠性将降低很多，并且无法对具有封闭条纹的表面进行正确的解析。

6.3 剪切干涉

剪切干涉法是干涉法中一种很重要的方法，在很多领域都有着广泛的应用。目前已有很多种剪切干涉仪器，人们通常按剪切方向或剪切方法对它们进行分类。从剪切方向上可分为横向剪切、径向剪切、旋转剪切、反转剪切；从剪切方法上可分为平板剪切干涉仪、萨瓦偏光镜干涉仪、渥拉斯特棱镜干涉仪和光栅剪切干涉仪。在此介绍剪切干涉的基本原理和几种典型的剪切干涉仪。

1. 剪切干涉原理

剪切干涉技术，就是通过某种错位元件，将一个空间相干的波面分裂为两个完全相同或相似的波面，两者彼此间产生一个小的空间位移。因为波面上各点是相干的，在两个波面的重叠区形成一组干涉条纹，通过分析和处理该错位形成的干涉图形，可以获得原始的波面信息。

波面错位的方式很多，图 6.12 所示分别为横向、径向、旋转和翻转错位。图中 *ABCD* 为原始波面，*A′B′C′D′* 为剪切波面，两波面的重叠区即为干涉区。

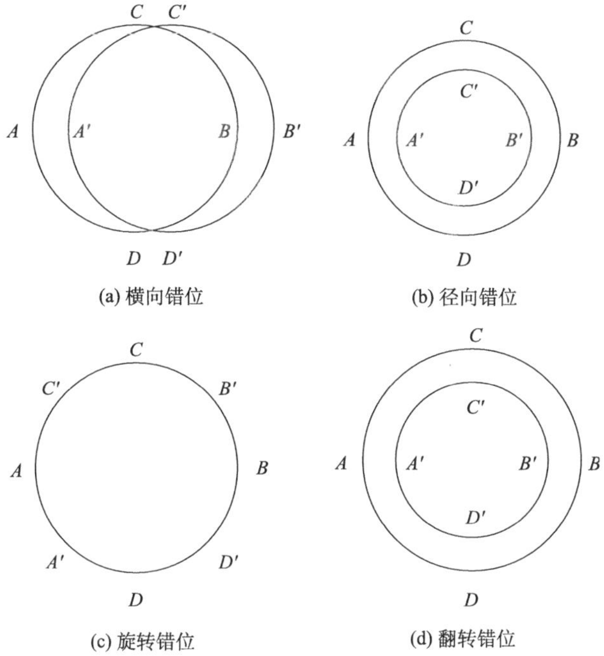

图 6.12　波面剪切的类型

1) 基于几何光学原理

利用光在错位元件上的反射和折射实现波面的错位。这种方法既可用于平行光路中，又可用于会聚光路中。

如图 6.13 所示，一束准直的待测波面以入射角 i 射向平行玻璃平板，一部分光线在前表面形成原始波面，另一部分光线进入玻璃平板，经后表面反射并经前表面折射形成剪切波面。两个波面的剪切量 S 的大小与玻璃平板的厚度 t 、折射率 n 和光线的入射角 i 之间的关系式可表示为

$$S = \frac{t\sin 2i}{\sqrt{n^2 - \sin^2 i}} \tag{6.11}$$

2) 基于衍射原理

利用衍射原理实现波面剪切，是将一个衍射光栅置于被测面的焦点附近，利用光栅的衍射产生若干级次的剪切波面。由于高次衍射波束的强度减弱，实际用零级和一级衍射波面。

将一束会聚光入射在一个周期为 d 的透射式光栅上，其中心光线垂直于光栅，聚焦点与光栅面重合，会聚光束的锥顶角为 2α ，由衍射光栅公式得一级衍射角为

$$\theta = \arcsin\frac{\lambda}{d} \tag{6.12}$$

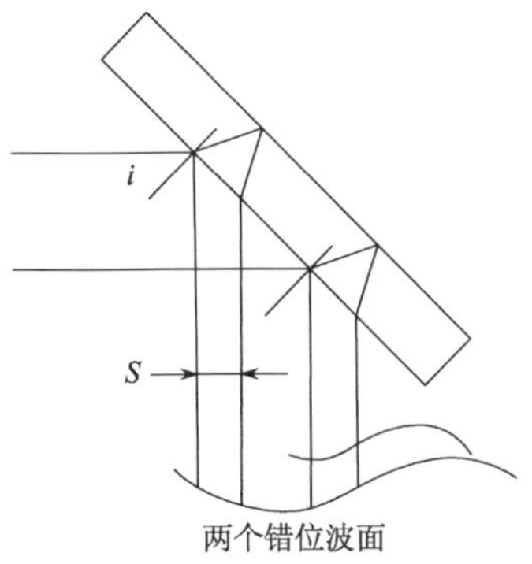

图 6.13　单平板剪切

适当选择 d 值，使零级光束和 ±1 级光束皆有部分重叠而 ±1 级光束波次分开，这个条件为 $\theta \geqslant \alpha$ ，即

$$d \leqslant 2\lambda F \tag{6.13}$$

式(6.13)表明，光栅周期的选择是由被测系统的 F 数和波长 λ 决定的。光栅栅距恰好使两个一级光束相切，并通过零级光束的中心。

3) 基于偏振原理

当一束光入射到双折射材料上时，会产生两束振动方向互相垂直的偏振光。利用这个偏振现象可以实现相干波面的剪切干涉。

如图 6.14 所示，单轴晶体单平面的光轴与入射面垂直，用一束偏振方向与入射面呈 45° 的偏振平行光入射。由晶体的性质可知，出射光束将分裂为两束相互错开的平行光束，一束偏振方向平行于入射面，另一束偏振方向垂直于入射面。设晶体对寻常光的折射率为 n_0 ，平板的厚度为 t ，入射角为 i ，可导出两束光之间

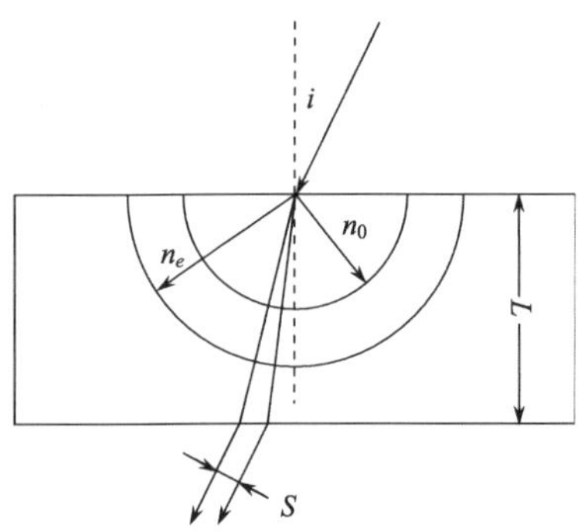

图 6.14　由晶体单平板产生剪切干涉

的横向剪切量为

$$S = \frac{t}{2}\sin 2i\left(\frac{1}{\sqrt{n_0^2 - \sin^2 i}} - \frac{1}{\sqrt{n_e^2 - \sin^2 i}}\right) \tag{6.14}$$

由式(6.14)可见，只要绕光轴转动晶体平板，就可达到剪切量连续可调的目的。

2. 剪切干涉仪

1) 横向剪切干涉仪

横向剪切干涉法可以用图 6.15 来说明，一束由被检验光学零件或系统射出的波面即被测波面，通过特定的分光元件后得到一束与原光束有一定横向位移（相对于波的传播方向）的波面，这一波面与原始波面重合，在波面的重合区域出现干涉条纹。从被剪切的波面形式看，可分为平行光的横向剪切和会聚光的横向剪切，如图 6.15 所示，其中，平行光横向剪切是波面在其自身平面内移动而得到的横向错位；会聚光横向剪切是球面绕其曲率半径中心转动而得到的横向错位。

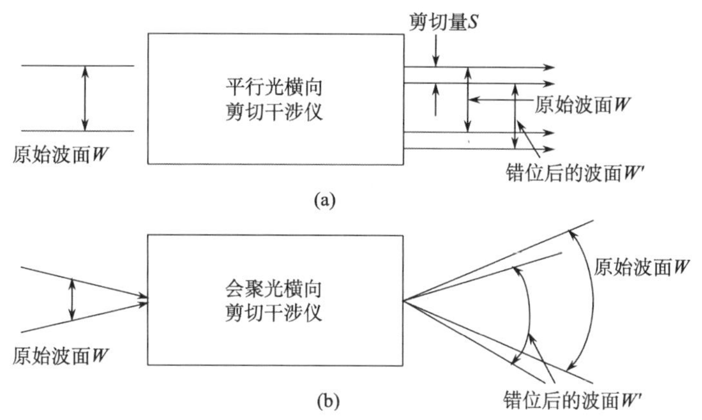

图 6.15　横向剪切干涉原理

图 6.16 所示的两个剪切波面，其原始波面记为 $W(x,y)$，(x,y) 是波面 P 点处的平面坐标，其剪切波面记为 $W(x-S_x,y)$，沿 x 方向的剪切量为 S_x。在波面的重叠区内，按光程差 $\Delta W(x,y)$ 为波长的整数倍，得干涉亮条纹为

$$\Delta W(x,y) = W(x,y) - W(x-S_x,y) = N_x\lambda \tag{6.15}$$

当 S_x 足够小时，可写为

$$\frac{\partial W}{\partial x}S_x = N_x\lambda \tag{6.16}$$

式中，N_x 为沿 x 方向错位 S_x 的干涉条纹序号；λ 为光波波长。

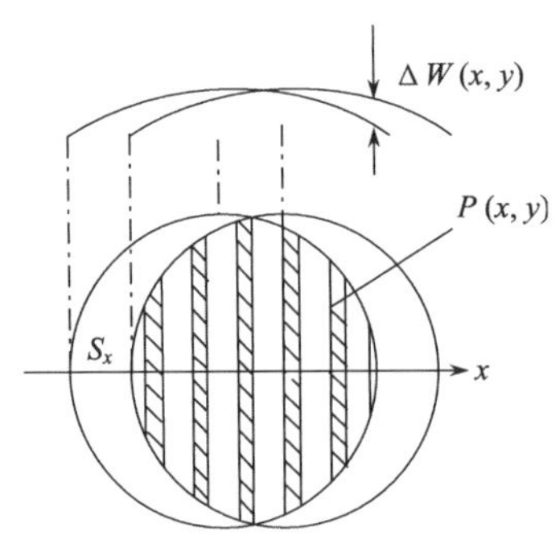

图 6.16　横向剪切波面

为提高处理原始波面的精度，需要采集另一幅正交方向错位的干涉图。这是因为 x 方向错位干涉图不反映 y 方向的波面变化，而且对接近错位量 S_x 整数倍的波面谐波成分也变得不灵敏。若记另一方向的错位量为 S_y，则同理可得这幅干涉图的亮纹方程式为

$$\frac{\partial W}{\partial y}S_y = N_y\lambda \tag{6.17}$$

通过数值求解式(6.16)和式(6.17)，获得原始波面 $W(x,y)$。

2) 径向剪切干涉仪

径向剪切干涉系统通过产生一个扩大和一个缩小的光束，利用其相互干涉形成的条纹进行测量，大、小波前之间的相互干涉导致了直接从干涉条纹中求解出的波前仅是大小波前之差，称为剪切波前。必须对剪切波前继续求解，才可得原始波前，本质上来说，这种探测波前的特点是由径向剪切干涉仪形成干涉条纹的机理所决定的。

图 6.17 所示为以马赫-曾德尔干涉仪为基础发展而来的径向剪切干涉装置。在这种干涉仪的两个光臂中放置两个倍率均为 N 的望远系统，且方向相反放置。入射被测激光束经过分光镜被分成两束光，两束光分别经过望远系统后被扩大和缩小，最终在干涉仪出射端形成非定域的径向剪切干涉条纹图，显然，一路光束扩大了 N 倍，而另一路光束缩小了 N 倍。

3) 旋转剪切干涉仪

设用 $W(\rho,\theta)$ 表示一个波面。旋转剪切干涉仪就是使一个波面相对另一个波面旋转并产生干涉的一种仪器，其干涉图方程为

$$\mathrm{OPD}(\rho,\theta) = W\left(\rho,\theta-\frac{\phi}{2}\right) - W\left(\rho,\theta+\frac{\phi}{2}\right) \tag{6.18}$$

式中，ϕ 为一个波面相对另一个波面的转角。

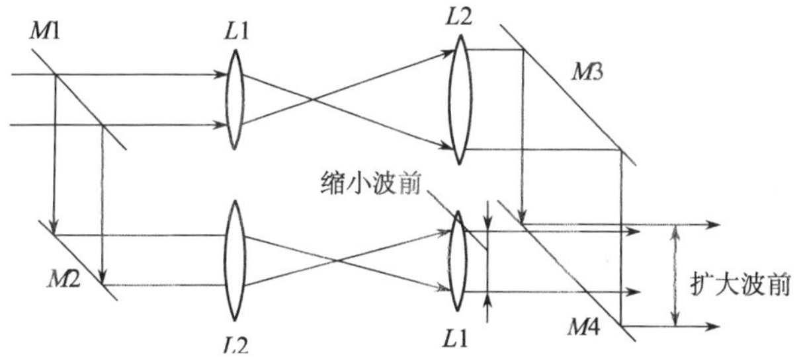

图 6.17　马赫-曾德尔型径向干涉系统

如果波面上某点错过一角度ϕ，则波面上两相干点间的距离为

$$d = 2\rho \sin\frac{\phi}{2} \tag{6.19}$$

波面上任何两点间的相干度为

$$g_{12} = \frac{2J_1\left[(4\pi/\lambda)\alpha\rho\sin(\phi/2)\right]}{(4\pi/\lambda)\alpha\rho\sin(\phi/2)} \tag{6.20}$$

为了得到好的条纹对比度，旋转剪切干涉仪的针孔大小需满足

$$\alpha \leqslant \frac{1.22\lambda}{2D\sin(\phi/2)} \tag{6.21}$$

式中，D 为干涉仪出瞳直径，光源的角直径 2α 是从出瞳处量起的。

一个普通的泰曼-格林干涉仪，在一支光臂中用一个猫眼反射器或一个三面直角棱镜代替反射镜，可以产生 180° 切量。

4) 倒转剪切干涉仪

以科斯特尔棱镜为基础，用两个 30°- 60°- 90° 干涉仪，其系统如图 6.18 所示。由分光面确定的平面与光学系统的直径不重合，就产生横向剪切 S 。通过倾斜被检反射镜可控制干涉条纹的疏密。如果在被检透镜后面用一块自准平面镜，则可检验透镜。

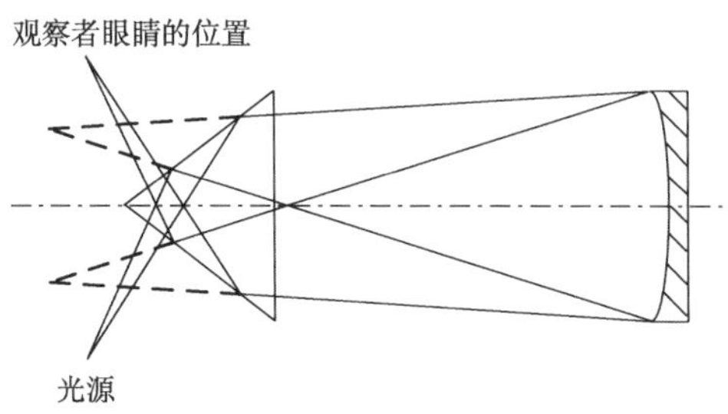

图 6.18　科斯特尔型倒转错位干涉仪

这种干涉仪是对白光补偿的，因为两支光程精确相等，对光源大小也是补偿的。但由于制作中的微小差错，光源的直径限于 0.5mm 左右。

根据相同原理，利用常用的立方分光棱镜制作的干涉仪，如图 6.19 所示。这种干涉仪的缺点是只能测试小数值孔径的光线系统。

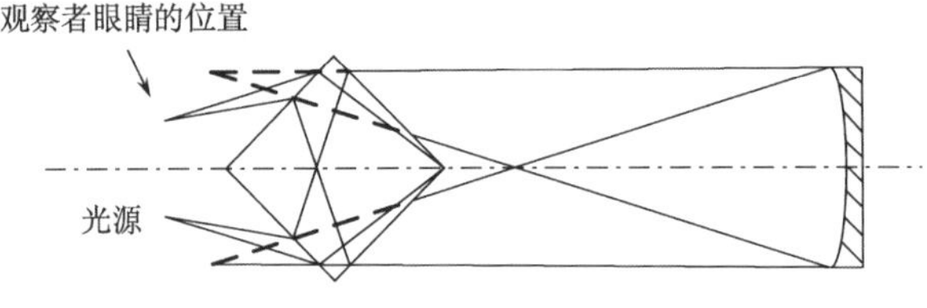

图 6.19　盖茨型倒转剪切干涉仪

剪切干涉的优点是对机械振动、温度扰动和空气流动都不敏感，但是仍有其局限性，例如，难以形成相移，不易进行定量分析，要得到完整信息还需进行二维剪切，以及不易进行自动处理等。

6.4　点衍射干涉

点衍射干涉仪属于共光路干涉仪的一种，是由斯马特和斯特朗发明并做了进一步发展。点衍射干涉仪是由调相检验技术的“相衬法”发展而来的。相衬技术使用一个具有 $\lambda/4$ 光学厚度、半径为 r 的圆盘作为调制光阑，使穿过该光阑的光与从光阑外通过的光之间的光程差为 $\lambda/4$，实现位相调制，进行光学干涉检测。

1. 点衍射干涉原理

根据波动光学理论，通过理想小孔衍射可以产生近似理想的球面波，如果小孔的直径是 4λ，那么远场衍射波前在数值孔径 NA=0.2 时，衍射球面波对理想球面的偏离小于 $\lambda/100000$。因此，如果可以用这个理想球面波作为斐索干涉仪和泰曼-格林干涉仪中的参考波前，就可以摆脱实物标准球面镜对干涉仪精度的限制了。点衍射干涉仪的基本原理就是用小孔产生接近理想的波前作为参考波，与测量波面干涉，形成条纹，如图 6.20 所示。当入射波前经过会聚透镜时，会在小孔处形成一个弥散斑，小孔或者不透明圆盘的吸收膜片使其中一部分光线衍射产生参考球面波，另一部分光线直接透过小孔或者膜片，其波前形状不发生变化而振幅被膜片所衰减，这部分保持原来入射波前波形的光束作为测量光束，两束光在点衍射板的后方发生干涉形成干涉条纹。

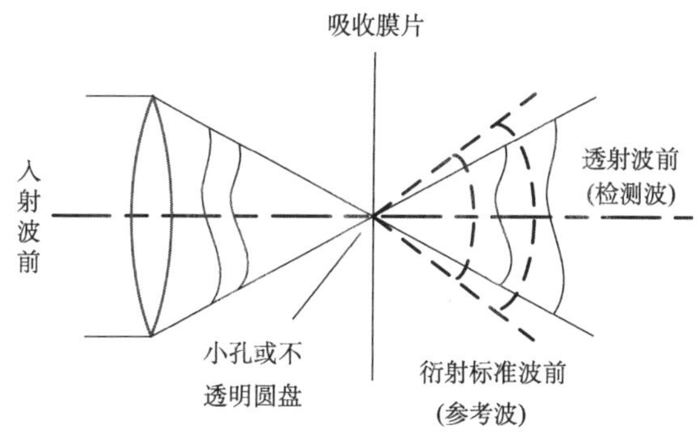

图 6.20　点衍射干涉仪基本原理

通过横向和纵向移动小孔，则可使参考波面产生相应的倾斜和离焦。通过对干涉图的分析，就能获得被测波前的相位信息。这样，点衍射干涉仪就可以产生与常用干涉仪相似的干涉图，直观反映被测波前相位分布。

2. 光纤点衍射干涉仪

近年来，由于光纤制造工艺和耦合技术的发展，单模光纤纤芯不断缩小，为光纤点衍射干涉仪得以发展提供了前提条件，该干涉仪由激光照明，除了检测会聚波前，还可以用来检测反射凹球面，进而应用到单个面形的检测；另外，光纤点衍射干涉仪最大的优点是不需要标准镜，在干涉检测中，标准镜是检测精度受限的重要原因，光纤点衍射干涉仪能绕开这一难度，为进行高精度的光学检测提供广阔的前景。

光纤点衍射干涉仪由形成干涉场的光路部分、数据采集系统和干涉图像数据处理软件组成。该干涉仪选用光纤作为光束传输工具，利用光纤纤芯很细的特点，产生标准球面波，并采用动态相移的方法，实现对数据的采集。

光纤点衍射干涉仪的系统结构和具体工作状态对高精度的面形检测至关重要，是进行数据采集的基础。一般而言，光纤点衍射干涉仪主要组成部分包括光纤、激光器、调整架、压电陶瓷、CCD 等。

光纤点衍射干涉仪的工作原理是：激光器出射的偏振光，由分光镜分成两束，在光纤出射端出射后，发生形变的波前与近似理想的球面波前相干涉，由压电陶瓷控制位相变化产生相移，通过 CCD 记录发生变化的干涉条纹。

6.5　白光干涉测量技术

传统的干涉计量通常采用相干长度很长的单色（或窄带）光源，通过检测干涉条纹的位置、形状和间距等参数的变化来精确测定被测物理量的微小量值，它们具有极高的测量分辨率和测量精度，可达到纳米级直至埃级的测量精度。由于光波振动具有周期性，干涉光强中被位相调制的干涉项是周期函数，会产生2π相位模糊问题。因此，这种方法仅能实现对应2π弧度相位范围内光程的测量，超过此范围，干涉仪输出将呈周期性变化，导致测量结果不唯一。

为了克服上述缺点，人们研究和发展了一些扩大测量范围的方法，包括相移干涉法、外差法、多波长法等。其中，白光干涉测量技术采用白光光源（或称为宽带光源），能够很好地扩大测量范围。

白光干涉中，光源中各频谱分量均参与干涉，干涉图是由各光谱分量干涉光强叠加而成的。与所有的干涉测量原理一样，被测量引起的光程变化可以通过观测干涉条纹来进行分析测量。白光干涉条纹的特征是有一个主极大值即中心条纹，它与零光程差位置相对应而与波长无关，中心条纹两边是彩色条纹。中心条纹的位置可被精确判定，为测量提供了一个可靠的绝对位置参考，因此可实现大量程的绝对测量。这种方法将被测量转变为对干涉信号中心条纹的有效识别，即检测干涉条纹的相对变化，而不是检测条纹的绝对强度或相位变化。

由上述分析可知，白光干涉测量技术具有如下优点：可测绝对光程，因为不存在2π相位模糊问题，测量范围可以有效扩大；系统的分辨率与光源的波长稳定性、光源功率的波动等无关，对外界环境因素不敏感，系统抗干扰能力强；结构简单、成本低；测量精度仅由干涉条纹位置的确定精度和相应的扫描机构位移精度确定。

1. 白光干涉仪光路结构类型分析

目前，用于微表面形貌测量的白光干涉仪基本都是双光路干涉显微结构，它是光波干涉与显微系统相结合的产物。根据分光方式的不同大致分为 Michelson、Mirau、Linnik 三种类型，如图 6.21 所示。

Michelson干涉显微镜。Michelson干涉显微镜的原理图如图6.21(a)所示。来自光学系统前端光路的平行光束经显微物镜和分光棱镜后分为两束，一束投射到参考镜，另一束投射到样品表面。这两束光被反射后再次经过分光棱镜，在物镜上方相干叠加，发生干涉。

Mirau干涉显微镜。Mirau干涉显微镜的原理图如图6.21(b)所示。来自光学系统前端光路的平行光束经显微物镜后透过参考板，然后由分光板上的半透半反膜分成两束，一束透过分光板投射到被测面上，反射后经分光板和参考板回到显微镜，另一束被分光板反射到参考板下表面中心区域，反射后回到分光板并再次被反射，然后透过参考板回到显微镜，两束光在显微物镜视场中会合并发生干涉。

Linnik干涉显微镜。Linnik干涉显微镜的原理图如图6.21(c)所示。由光学系统前端光路出射的平行光束经过分光棱镜后分成两束，一束经过显微物镜聚集在参考面上并被反射回显微物镜还原成平行光，另一束经过另一个显微物镜聚集在被测表面上，反射后经过显微物镜还原成平行光，两束光经过分光棱镜后重新会合并发生干涉。

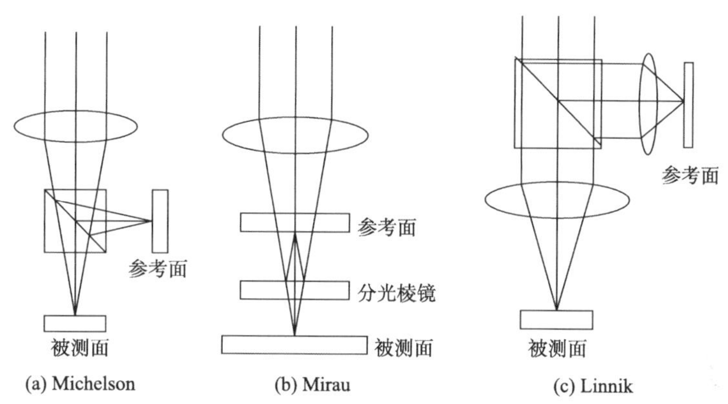

图 6.21　三种不同类型的干涉显微结构原理图

2. 扫描白光干涉技术原理

在利用白光干涉测量表面三维形貌过程中，对于被测表面上某一点来说，为了定位其零光程差位置，必须采用扫描方式改变参考镜或者被测表面的位置，以此来获得该点光强变化的离散数据，然后依据白光干涉的典型特征来判别并提取最佳干涉点。这种方法称为白光扫描干涉测量法。

图 6.22 所示为白光干涉垂直扫描系统的原理图，基本光路结构为 Michelson 干涉仪。测试光路上的载物台与移相器相连接，被测样品固定在载物台上，PZT 推动被测样品沿光轴轴向运动，以改变测试臂的光程。被测样品返回的测试光线和参考镜 R 返回的参考光线被成像透镜会聚到 CCD 上形成干涉图。

在 PZT 推动被测样品沿光轴方向移动的过程中，样品表面的 A、B 两点的测试光路光程依次达到与参考光路光程相同的状态，即样品表面的 A、B 两点依次达到零光程差位置，即对应的 CCD 采集的干涉图上的 A、B 两点的光强依次达到最大值。设 A、B 两点对应的零光程差位置到起始扫描位置的高度分别为 h_A、h_B，则可计算得到 A 点相对于 B 点的高度为

$$\Delta h_{AB} = h_A - h_B \tag{6.22}$$

在 PZT 推动被测样品沿光轴方向移动的过程中，CCD 采集的干涉图序列对应样品表面各点的干涉光强信号，因此根据各点的光强变化曲线计算出其对应的

零光程差位置到起始扫描点的高度 h，如果所有点都以 B 点为基准计算相对的高度值，则可以获得被测样品的表面形貌信息。

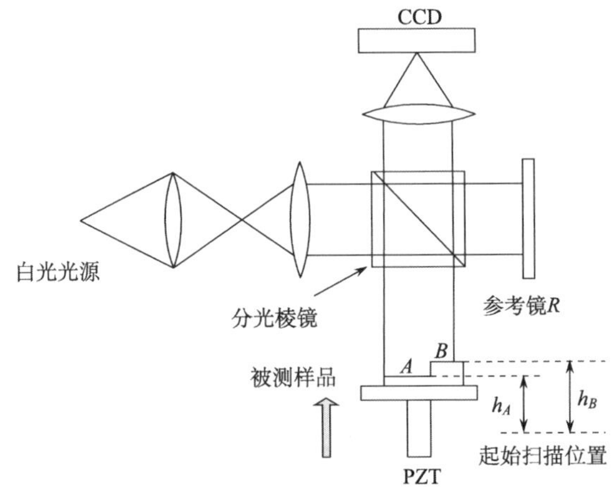

图 6.22　白光干涉垂直扫描系统的原理图

由于被测样品各点位置的白光干涉光强曲线的峰值位置是唯一的，所以只要 PZT 的伸长量大于被测样品表面的最大高度差，并且要求 PZT 的扫描范围包含各点的零光程差位置，就可准确地获得被测样品表面的形貌。

3. 白光干涉仪的应用

白光扫描干涉仪的出现为超精密检测技术带来了巨大进步，因此超精加工技术中产品的质量控制变得非常方便。下面将简单介绍白光干涉仪在工业生产中的一些应用。

表面粗糙度测量。测量表面粗糙度时，白光干涉法就是利用两道相同特性的相干光在零光程差时将产生高对比度的零级条纹的特性，以此来判定零光程差，即相位调制的具体位置。通过干涉相位原理和相关公式，就能取得待测零件的相移参数，再还原相关三维形貌轮廓，对表面粗糙度进行测量。

薄膜结构测量。图 6.23 所示装置可用于测量薄膜厚度。由光源钨卤素灯发出的光线经过物镜后透过参考板入射到分光板 BS 上，分光板上的半透半反膜将光线分成两路：一路光线入射到待测薄膜样品表面，另一路光线反射至参考板上的标准面，这束光线经过标准面反射后再次回到 BS 上并再次被 BS 反射，同时在物镜视场中与由待测表面返回的光束发生干涉。

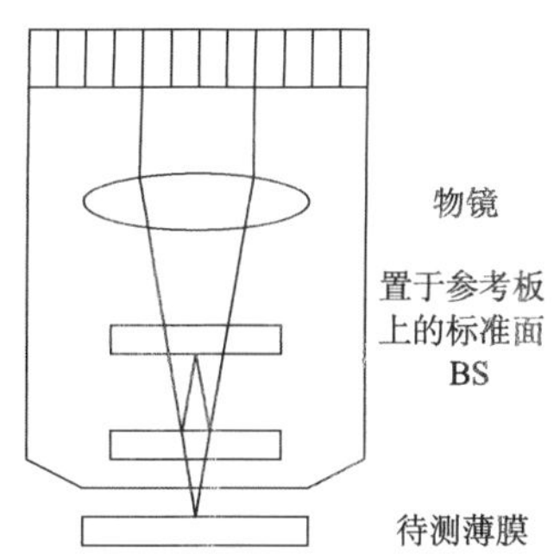

图 6.23　白光干涉测量薄膜结构原理图

白光定位测长。图 6.24 所示为一种白光定位的激光干涉测长装置的光路原理图。图中 B_1、B_2 分别为白光干涉仪和激光干涉仪的分光器；D_1、D_2 分别为白光干涉仪和激光干涉仪的光电接收器。两干涉仪的测量镜由滑板带动做同向联动。当滑块移动使白光干涉仪中测量光光程与量块上表面形成的参考光光程严格相等时，D_1 将接收白光干涉零级条纹信号，将此信号用于激光干涉计数的开门信号；当滑块继续移动且使白光干涉仪中的测量光光程与量块下表面（即平晶上表面）形成的参考光光程严格相等时，D_1 将再次接收清晰的白光干涉零级条纹信号，用此信号来控制激光干涉计数关门，这样就完成了对待测量块长度的干涉测量。

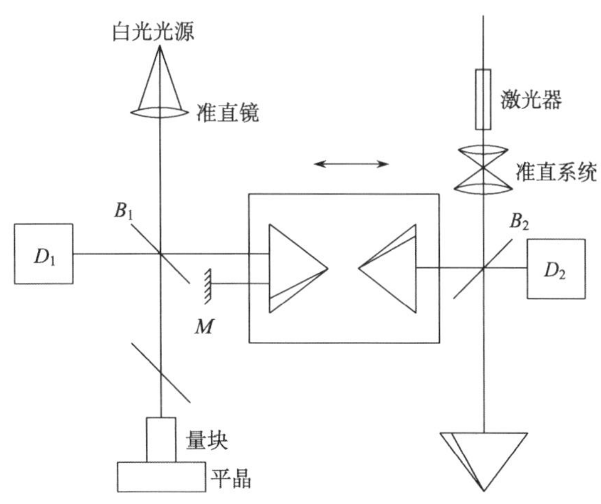

图 6.24　激光量块干涉仪光学系统

白光显微干涉光谱分析法。白光显微干涉光谱分析法是目前白光扫描干涉术的另一个重要发展方向。该项技术通过光谱仪分析干涉条纹的光谱特性，能够得到相应的长度信息，特别适合于位置和薄膜厚度类相关测量。在测量过程中，该方法并不涉及任何形式的扫描运动，因此具有很高的测量效率和环境噪声抗御能力。Hlubina、Debnath 等和国内的浙江大学都在进行该方面的研究。

6.6　外差干涉测量技术

激光外差干涉是利用载波技术，将被测物理量转换成调频或者调相信号，提高了光电信号的信噪比，具有抗干扰能力强、测量速度高、易于实现高测量分辨力等特点，因而在精密测量中发挥了重大作用。激光外差干涉测量系统是目前最常用的激光测量系统之一，它不仅用于长度测量，还用于工业中位移、角度、直线度、平面度等方面的测量，以及与几何量测量相关领域的测量，特别是对纳米量级的位移和面形的测量。

1. 光外差干涉原理

所谓外差就是将要接收的信号与一个已知频率信号（本振信号）通过非线性环节进行混频，提取差频信号。外差技术最显著的特点就是信号以交流的方式进行传输、处理。

激光外差干涉就是利用了外差技术的这个特点。当用激光探测一个物体的位移时，由于多普勒效应，被物体散射（或者反射）的光的频率将产生多普勒频移，即物体的位移对光频进行了调制。由于光波的频率很高，所以利用干涉方法（光学混频）将该调制信号的频率降低到电子线路可处理频段。

如图 6.25 所示，f_r 为参考信号，即本振光的光波频率；f_m 为测量臂的光波频率；f_d 为被测量的多普勒频移。

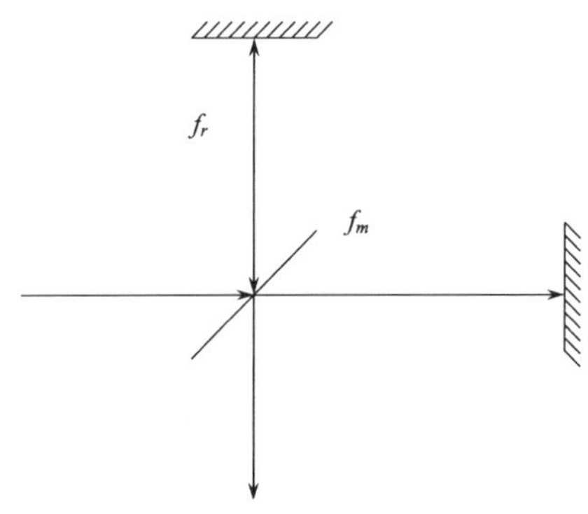

图 6.25　光外差干涉原理图

设测量臂的光矢量和参考臂光矢量分别为

$$E_r = E_0 \cos(2\pi f_r) \tag{6.23}$$

$$E_m = E_{0m} \cos 2\pi(f_m + f_d) \tag{6.24}$$

由于光电探测器敏感的是光矢量的平方，所以光电探测器起到了混频的作用，接收的是差频信号，即

$$I = B(E_r + E_m)^2 = B[E_{0r}^2 + E_{0m}^2 + 2E_{0r}E_{om} \cos 2\pi(f_r - f_m - f_d)] \tag{6.25}$$

如果 f_r 与测量频率的载波频率 f_m 相等，则

$$I = B[E_{0r}^2 + E_{0m}^2]2BE_{0r}E_{om} \cos 2\pi f_d \tag{6.26}$$

这就是单频激光干涉仪，因为物体运动的速度是从零开始且变化很大，所以接收的光电信号从直流开始，在信号处理时要进行直流放大，实现高准确度测量比较困难。

如果 f_r 与测量信号的载波频率 f_m 有一定的频差，则

$$I = B[E_{0r}^2 + E_{0m}^2] + 2BE_{0r}E_{om} \cos[2\pi(f_r - f_m - f_d)] \tag{6.27}$$

可见接收的光电信号是交流信号，这是外差干涉测量最显著的特点。进行交流信号处理，提高了光电信号的信噪比。因此外差干涉测量较一般的激光干涉测量系统，具有抗干扰能力强、测量速度高，易于实现高测量分辨力等优点。

2. 双频激光干涉仪

目前实现外差干涉的方法主要有三种：用双频 He-Ne 激光器作为测量光源的双频激光测量系统；利用光学频移器件实现外差干涉测量系统；利用导体激光线性调频实现外差干涉测量。双频激光干涉是最常用的外差干涉方式，下面将对其进行介绍。

图 6.26 所示为外差式双频激光干涉工作原理。单模激光器 1 置于纵向磁场 2 中，塞曼效应使输出激光分裂为具有一定频差（1～2MHz），旋转方向相反的左、右圆偏振光，双频激光干涉仪就是以这两个具有不同频率（f_1、f_2）的圆偏振光作为光源。

左、右圆偏振光通过 $\lambda/4$ 波片 3 后成为相互垂直的线偏振光（f_1 垂直于纸面，f_2 平行于纸面），分光镜 4 将一小部分光反射，经过主截面 45° 放置的检偏器 6，在 C 处由光电探测器接收，接收信号经前置放大整形电路 8 处理后，作为后续电路处理的基准信号。

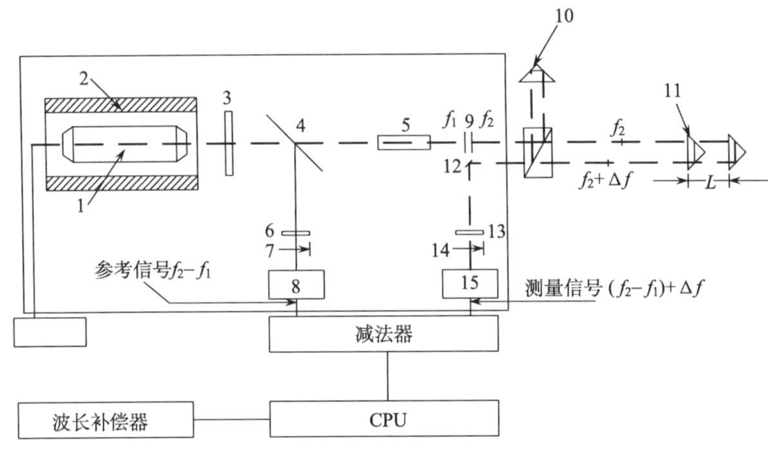

图 6.26　外差式双频激光干涉工作原理

1.单模激光器；2.纵向磁场；3.$\lambda/4$ 波片；4.折光镜；5.扩束器；6.检偏器 1；7.光电探测器 1；8.放大整形电路；9.偏振分光镜；10.固定棱镜 $M1$；11.测量棱镜 $M2$；12.反射镜；13.检偏镜；14.光电探测器 2；15.放大整形电路 2

通过分光镜 4 的光经扩束器 5 扩束后射向偏振分光镜 9，偏振分光镜按照偏振光方向将 f_1 和 f_2 分离，偏振方向平行于纸面的 f_2 光透过偏振分光镜到测量反射镜 11。当测量反射镜移动时，产生多普勒效应，返回光频率变为 $f_2 \pm \Delta f$ ，Δf 为多普勒频移量，它包含了测量反射镜的位移信息。

返回的 f_1、$f_2 \pm \Delta f$ 光在偏振分光镜再度会合，经反射镜 12、主截面 45° 放置的检偏器 13 在 A 处由光电探测器 14 接收，接收信号经前置放大整形电路 15 处理后，作为系统的测量信号，即

$$L = N\frac{\lambda}{2} \tag{6.28}$$

在仪器中，由图 6.26 中的 CPU 单元完成运算。图 6.26 中的稳频器是一套闭环控制系统，通过控制激光器的腔长以保证输出激光波长的恒定性。波长补偿器用于测量环境条件参数，从而补偿由于空气折射率的波动引起的波长变化。双频激光干涉仪的测量信息是叠加在一个固定频差$(f_2 - f_1)$上的，属于交流信号，具有很大的增益和高信噪比，完全克服了单频激光干涉仪因光强变动造成的直流电平漂移，使系统无法正常工作的弊端。测量时即使光强衰减 90%，双频激光干涉仪仍能正常工作，由于其具有很强的抗干扰能力，所以特别适合现场条件下使用。

6.7　补偿法检测非球面

干涉测量技术的快速发展，为高精度非球面元件的检测和制造提供了支持和

保障。针对中度非球面，可以采用双波长全息、双波长干涉测量技术，或者采用 Sub-Nyquist 干涉测量技术进行测量。然而对于深度非球面的面形测量，通常使用零位补偿器控制波前的球差，使之与被检波前相一致才能应用干涉检验。本章将主要研究抛光阶段离轴非球面零位干涉测量的原理、零位补偿器的设计和测量精度分析，以及应用干涉测量的结果指导非球面的抛光。

1. 零位补偿法的原理

如图 6.27 所示，检验光束由干涉仪出射至补偿器，光束经过补偿器再经非球面反射，再次经过补偿器回到干涉仪。此时含有被检非球面面形误差信息的检验光与参考光相互干涉形成干涉条纹，对干涉条纹进行分析、处理就可得到非球面的面形误差。

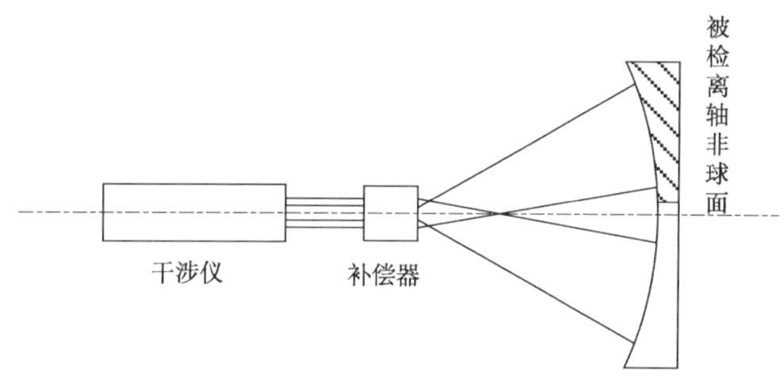

图 6.27　零位补偿法原理示意图

在零位检验中，经过特殊设计的补偿器一般由球面元件或系统组成，它将来自干涉仪的球面或平面检验波前变为带有球差的波前，经设计使这样的波前与非球面在特定位置的波前相同，从而实现补偿检验。如果零位补偿器与被检非球面都是理想的，检验光束将完全按照原路返回，与参考光束相干涉得到完美的“零”（无面形误差）条纹结果。反之，若被检面含有一定的误差，则这些误差将影响反射光束，并最终反映到干涉条纹中，反射光束中含有的误差是镜子面形误差的两倍。这里应注意的是，任何由补偿器引入的误差都将使检验光束波前发生改变，经过被检面反射回干涉仪后，这些由补偿器引入的误差都将被认为是被检表面的面形误差，因此零位补偿器需要精确的设计、制造和装配。

2. 补偿器

先期零位补偿器的设计使用单光路来矫正镜面产生的非球面波前。对于单光路的设计，补偿器将补偿两倍于镜面的非球面偏离量。单光路补偿检验一般应用于面形斜率的检验（如刀口检验等）。Couder采用双透镜补偿器来检验直径为 30cm、 f/5 的抛物面，Burch设计了镜式补偿器来检验直径为 91cm、f/3.75 的抛物面。最为普遍使用的检验f数大于f/5 或者只要求中等精度的非球面补偿器为Dall型补偿器，Dall补偿器仅由一块平凸透镜构成。共路补偿检验使用双光路的补偿器，来自光源的光线经过补偿器到达被检镜面，经镜面反射后按原光路返回补偿器，再回到光源。双光路补偿检验可以应用于干涉测量，而且补偿器对非球面偏离的补偿只是单光路检验的一半。双光路补偿器的类型为：Ross型，采用单正透镜；Shafer型，由 3 块透镜组成；但最为广泛地适用于大口径、深度非球面的补偿器是Offner型补偿器。

采用 Offner 折射型补偿器检验深度非球面时，不仅可以获得很高的测量精度，而且补偿器的制造公差也比较合理。这样的补偿器由一个较大口径的补偿镜和一个较小口径的场镜组成。其原理是由场镜将被检面成像到补偿镜上，而补偿镜通过引入一定的球差来补偿被检镜的非球面偏离量。

几种折射式零位补偿器的检验光路如图 6.28 所示。

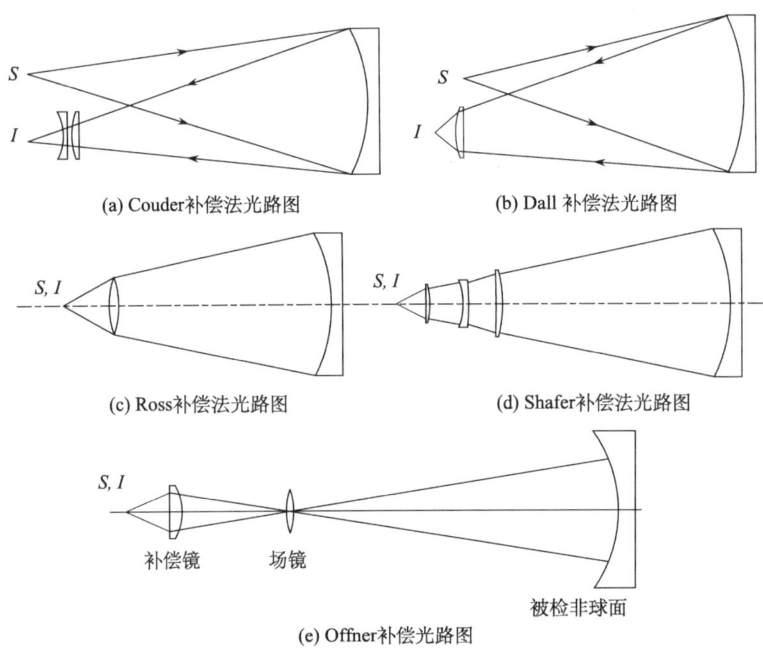

图 6.28　几种折射式零位补偿检验光路图

根据非球面元件的精度要求进行误差分配后，补偿器得到的精度允差是非常小的。换句话说，只有对补偿器进行全面细致的允差分析，才能确保补偿器既具有足够的精度，又具有合理的加工允差，从而最终满足所需非球面的面形精度要求。

补偿器在光学设计时，一方面要能够很好地矫正非球面波前，使残余误差最小，同时元件的厚度、曲率半径、空气间隔、同心度等公差分配应该比较合理，使补偿器的设计精度在装配后能够实现。另一方面在补偿器机械结构的设计时，应尽可能地增加其结构刚度，通过提高系统的稳定性来降低震动引起的误差。

3. 非球面检测数据校正技术

在抛光阶段，一般结合干涉仪进行检测。Zygo干涉仪是目前光学行业广泛认可的一种商用干涉仪。Zygo干涉仪是一种斐索型干涉仪，出射波面由Zygo的标准镜来控制，到达标准镜位置之前的波面是平面波。对于球面的检验，在光学调整准确的情况下，球面镜的球心与图6.29中的焦点重合，入射光线沿球面的法线入射，经被检球面反射后沿原路返回，然后再经过Zygo的标准镜，形成包含被检球面位相信息的平面波，与标准镜后表面反射的参考光相干涉，从而测量被检球面与标准球面的偏差。在这种情况下，由于被检表面是球面，其曲率处处相等，而干涉仪内部的平面波与干涉仪成像系统CCD的坐标（测量坐标）是一致的，测量球面时，球面的镜面坐标与测量坐标的关系是比较简单的线性关系。由于平面可以看成曲率半径无穷大的球面，所以其测量坐标系与镜面坐标系是简单的线性关系。

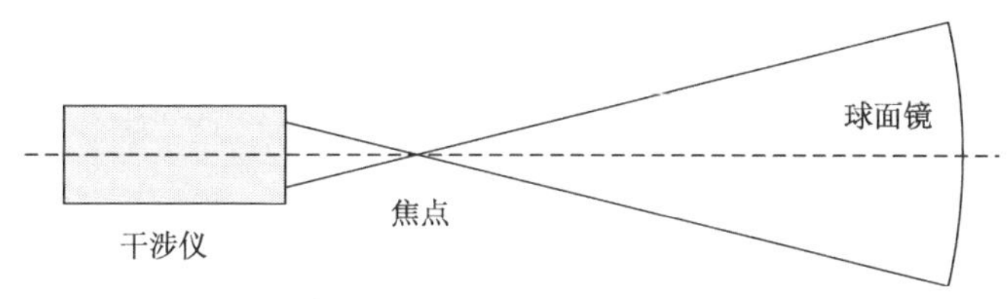

图 6.29　Zygo 球面测量示意图

对于非球面的测量，在干涉仪的标准镜后面需要附加零补偿器。零补偿器引入了一个较大的球差来补偿被检镜的非球面偏离量检验非球面时，由干涉仪标准镜产生平面或球面波前，经补偿后的光线沿着非球面的法线方向入射到被检镜，然后沿原路返回到补偿器的入射端，再返回干涉仪，由于非球面表面的曲率随着镜面坐标的变化而变化，所以被检非球面镜面坐标与干涉仪的测量坐标之间并非简单的线性关系，由非线性关系引起的坐标误差称为非线性误差。

以一块离轴非球面进行分析，非球面口径为 600mm，顶点曲率半径为 3600mm，K=−0.9214，离轴量为 460mm。离轴镜母镜的口径为 1500mm，选择 Offner 补偿器进行补偿检测，如图 6.30 所示，设计精度达到$\mathrm{PV}=0.007\lambda$，波前像差如图 6.31 所示。

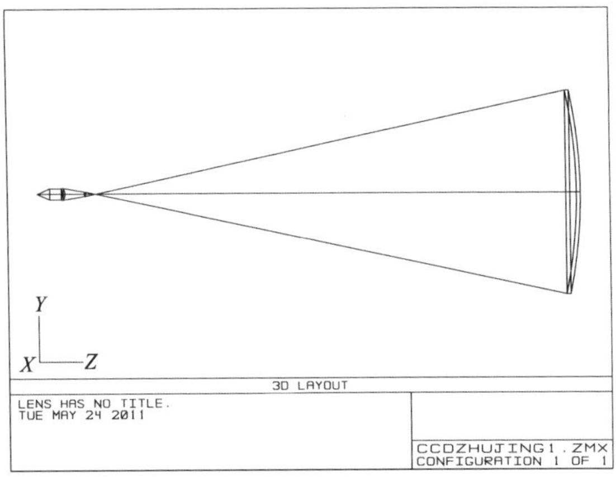

图 6.30　补偿法检测示意图

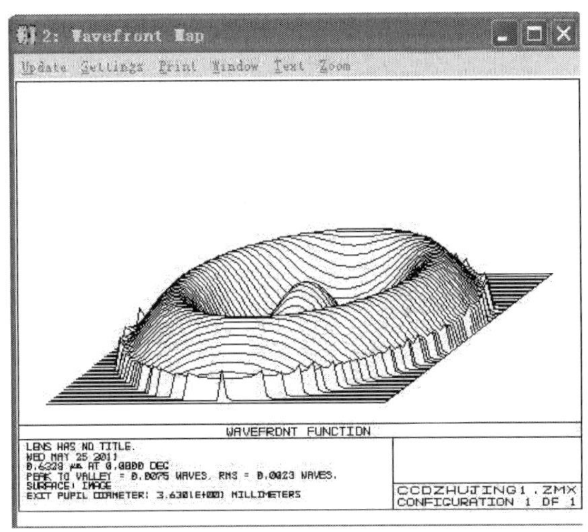

图 6.31　补偿器设计波前

在补偿器入射端将入射平行光束沿半径方向等分，并作为入射光线的入射点，利用 Zemax 的动态数据交换（Dynamic Data Exchange，DDE）接口，在 MATLAB 中按照光线追迹的原理，求出入射光线在待检测非球面上的坐标值。为了更好地显示非线性效应，将追迹的光线数目设为 100 条。由于补偿器入射端平面波光束的坐标系与 Zemax 光瞳坐标呈线性关系，而光线追迹获得的光线与待测非球面交点的 Y 坐标的分布情况可以说明测量坐标系与镜面坐标系的关系。

为了说明非线性效应，将获得的光线追迹的坐标值，采用线性拟合的方法，即利用公式 $y = p_1 \cdot x + p_0$ 拟合光线追迹结果，得到 $p_1 = 299.24$， $p_0 = -1.3412$，拟合误差如图 6.32 所示，误差的 PV=3.0067mm， RMS=0.7988mm。从图中可以明显看出非球面检测中的非线性效应。

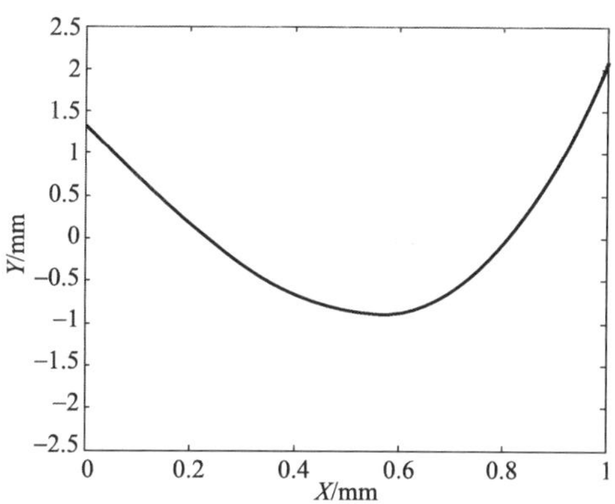

图 6.32　光线追迹结果的线性拟合误差

非球面零位补偿检验引起的非线性误差对计算机控制光学表面成形（Computer Controlled Optical Surfacing，CCOS）技术加工的影响非常大。根据 CCOS 原理，在光学抛光过程中，数控加工采用的坐标系是工件的几何坐标，而检验结果则采用了干涉仪的测量坐标。CCOS 技术的核心是根据定量的面形检验结果，确定在被加工表面不同坐标位置的加工参数，使加工后的面形精度逐步收敛。CCOS 的技术方法客观上要求测量坐标和加工坐标必须严格对应，因此必须对测量过程中的非线性误差进行补偿，使之线性化，以便用于指导加工。

采用多项式拟合的方法来逼近光学追迹的结果。设拟合多项式为

$$P(x) = p_0 + p_1 x + p_2 x^2 + p_3 x^3 + \cdots \tag{6.29}$$

图 6.33 给出了多项式拟合的最高幂数分别为一次、二次、三次和四次的情况。其中，一次多项式拟合系数 $p_1 = 299.24$，$p_0 = -1.3412$，拟合误差PV＝3.0067mm，RMS=0.7988mm；二次多项式拟合系数 $p_0 = 0.36097$，$p_1 = 288.92$，$p_2 = 10.316$，拟合误差PV＝0.7637mm， RMS=0.1522mm；三次多项式拟合系数 $p_0 = -0.018124$，$p_1 = 293.58$，$p_2 = -1.4057$，$p_3 = 7.8148$，拟合误差 PV＝0.0344mm，RMS=0.0077mm；四次多项式拟合系数 $p_0 = 0.002591$，$p_1 = 293.15$，$p_2 = 0.56893$，$p_3 = 4.7331$，$p_4 = 1.5408$，拟合误差PV＝0.0055mm， RMS=9.5338×10^{-4} mm。根据拟合误差可以看出，当拟合多项式的最高幂数高于 3 次时，误差已经小于数控机床的定位精度，因此可以使用四次多项式进行拟合，将实际的干涉检验结果按照镜面坐标系进行面形重构，从而校正测量坐标系与工件坐标系之间的偏差，然后用校正后面形误差指导加工。

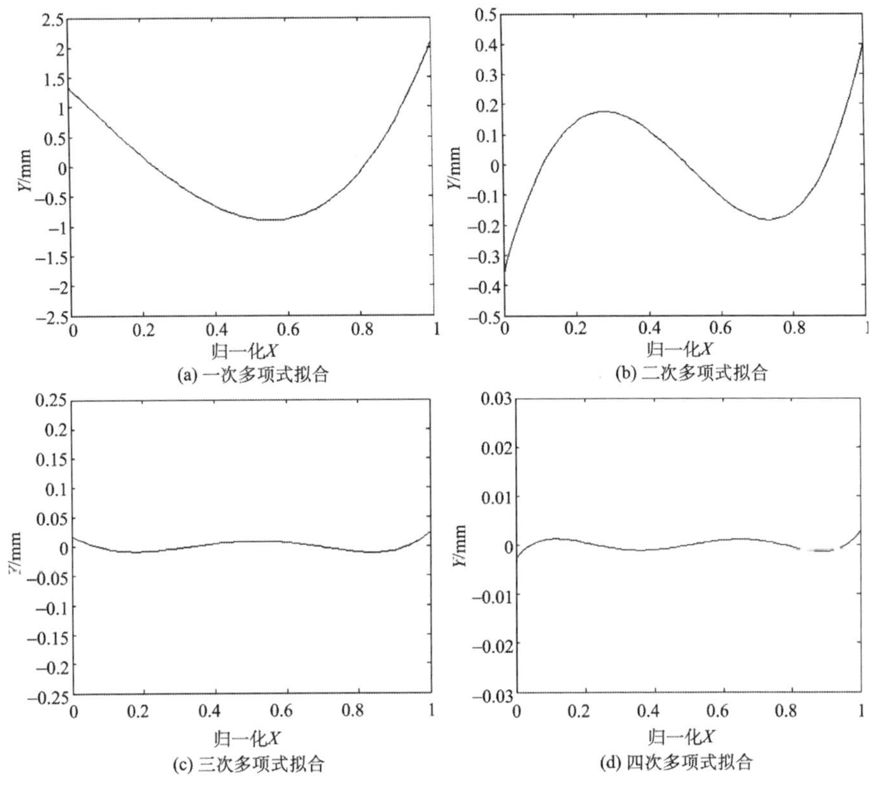

图 6.33　光线追迹拟合结果

对上述的Offner补偿法检测非球面光路进行光线追迹(追迹光线为半口径100条)，得到离轴非球面母镜坐标系与测量坐标系之间的关系，如图 6.34 所示，拟合系数分别为 $p_0 = 0.27087$，$p_1 = 664.18$，$p_2 = 51.634$，$p_3 = -49.475$，$p_4 = 97.94$。多项式拟合数据和光线追迹结果几乎完全吻合。

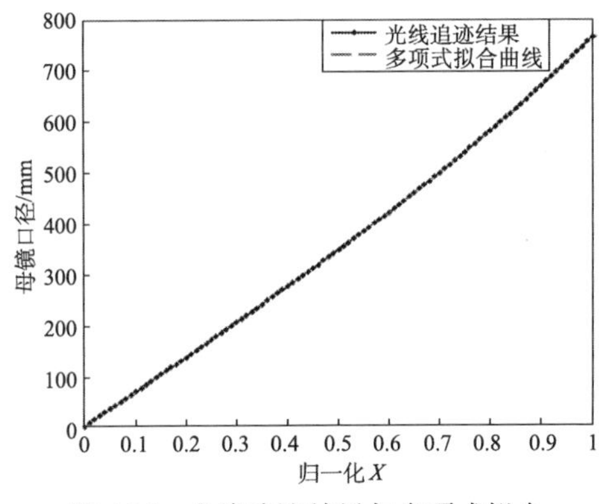

图 6.34　光线追迹结果与多项式拟合

首先确定离轴非球面镜在母镜上的位置，从给出的指标可以得出离轴非球面镜在母镜上的位置为 $-306 \leqslant x \leqslant 306$ ， $156.5 \leqslant y \leqslant 763.5$ 。通过拟合曲线可以求出离轴非球面边界对应的测量坐标系下的坐标值。由于拟合曲线为高次方程，可以采取数值计算方法求解（如对分区间法、简单迭代法、Newton 法等），或者在追迹光线数足够多的情况下，采取插值的方法求出。

通过Zemax的DDE接口实现与Zemax的通信，方便地实现大数据量的光线追迹和计算，能够快速准确地实现非球面检测误差的校正。首先程序读入Zygo干涉仪测量得到的数据，其坐标系为CCD像元坐标系，按照线性变换关系将CCD像元坐标归一化，使之与光线追迹和数据拟合时设定的测量坐标系一致。然后使用光线追迹的方法，可以求得每一个CCD像元对应的离轴非球面母镜坐标系中的坐标值，再通过坐标旋转将坐标转换至离轴非球面的镜面坐标系。离轴镜镜面坐标系的数据是CCOS需要的用于指导加工的数据。非球面误差校正程序如图6.35所示。

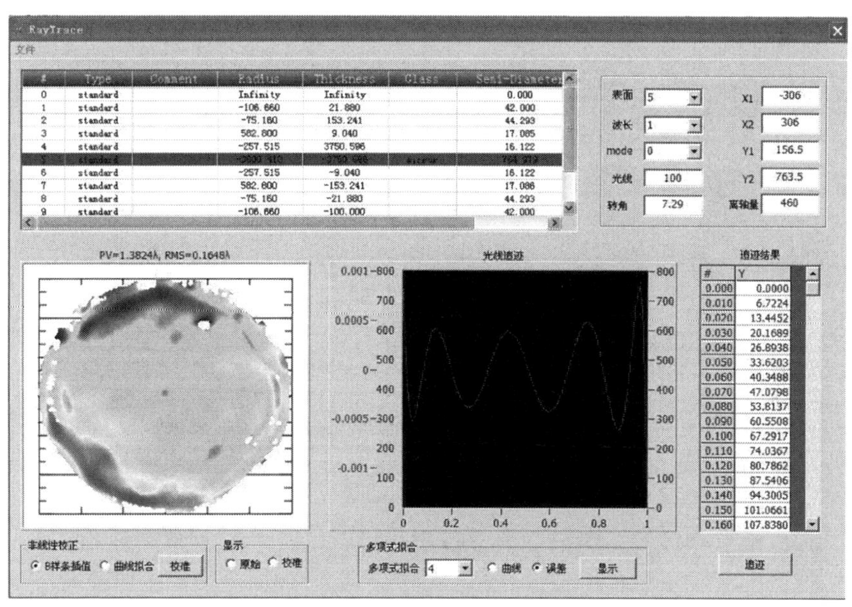

图 6.35　非球面误差校正程序

如图 6.36 所示，可以看出圆形口径的离轴镜在测量坐标中显示为一个扁椭圆，X 方向和 Y 方向差 15 像素，按线性变化估计 15 像素对应 50mm，这对于 CCOS 加工将是致命缺陷。将上述的离轴镜检测结果经过作者的校正程序处理之后，为直观显示其变化结果，将校正数据转换为 MATLAB 格式，在显示时使用“Axis Equal”命令，使不同的方向上数据的比例相同，得到图 6.37 所示非线性校正后数据，明显看出数据的圆形轮廓。其中，图 6.38 为离轴镜在归一化测量坐标系中的位置。

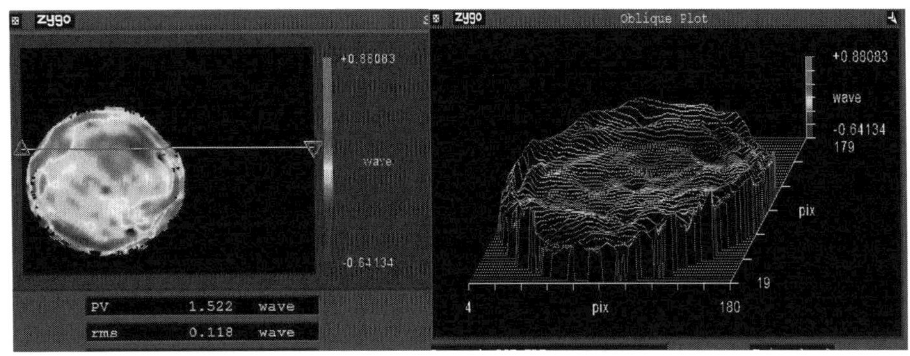

图 6.36　离轴镜检测结果

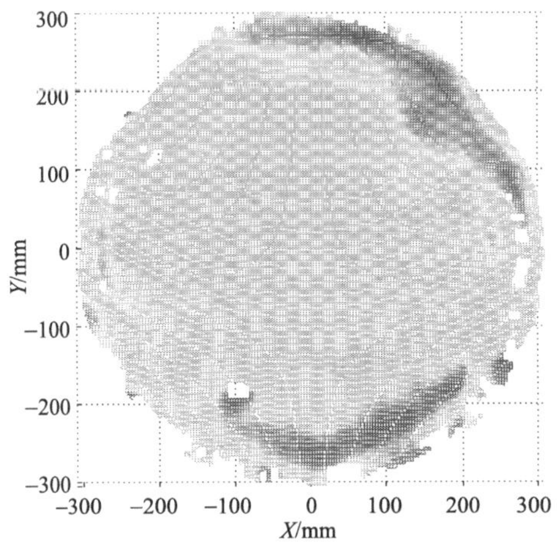

图 6.37　非线性校正后数据

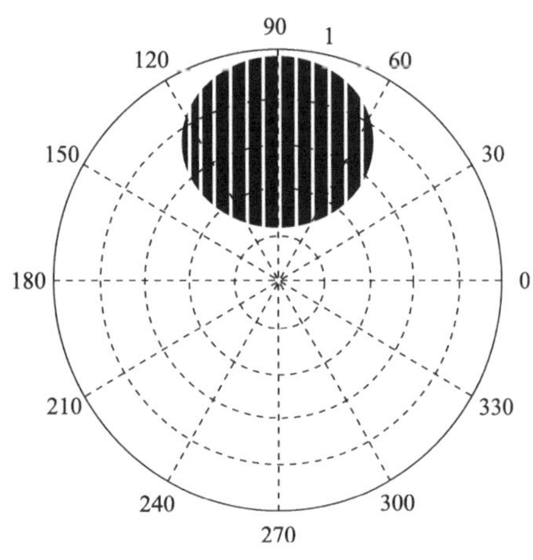

图 6.38　离轴镜在归一化测量坐标系中的位置

总之，通过非球面检测的非线性校正，可以将实际的干涉检验结果从测量坐标系转换到实际加工元件的镜面坐标系，然后通过重新插值求得镜面加工坐标中的面形误差分布，用于指导 CCOS 加工。

6.8　计算全息法检测非球面

早在 1948 年，英国的 Gabor 就提出全息的概念，并获得了 1971 年的诺贝尔物理学奖。当时他为消除电子显微镜球差对分辨率的影响，提出了一种不经过任何透镜直接记录物体振幅和相位信息的成像方法。他称这种方法为“电子干涉显微镜”，就是后来发展起来的全息术。但是由于没有足够强的相干性辐射源，全息术在 20 世纪 50 年代进展得非常缓慢。因此全息术真正形成应用还是在 60 年代中期以后。1965 年，德国光学专家 Lohmann 使用计算机及其控制的绘图仪做出了世界上第一个计算全息（Computer Generated Hologram，CGH）图，它不仅可以全面地记录光波的振幅和相位，而且能记录错综复杂的图像或者世间不存在的物体，因而具有独特的优点和极大的灵活性。而所谓的全息法检测非球面就是将全息图放置在干涉仪观察臂的适当位置，通过波前再现和空间滤波，获得参考波与检测波所形成的干涉图来检测非球面。

全息图是具有黑度连续变化的图案。如果不是用物体来形成黑度变化，而是用数字计算机来实现这些黑度变化，那么有可能利用计算机人为地制造一个想象中的物体。因此，CGH 图就是利用数字计算机产生的全息图。

CGH 图的特点是依据数学模型，通过全息图来形成一个标准波面或物体像，这给精密检测提供了制造一个比较标准的崭新途径。例如，非球面测试，各种复杂三维形状的检验等，可以人为制造一个标准的非球面波面或任意形状的标准波面来检验工件。这对今后的大型精密加工、汽车、航空、造船等工业中的轮廓检验提供了新手段。

CGH 图检测法是美国 Arizona 大学光学中心的 Macgovern 和 Want 于 1971 年提出的，该方法利用计算机、绘图仪和照像技术合成全息图（即 CGH 图），可以说是全息图检测法的一个重大突破。采用该方法检测非球面，首先需要利用上述设备和相关工艺制得一个与被检非球面相应的 CGH 图；然后将该全息图放在干涉仪检测装置中适当的位置，同时将被检非球面元件放入干涉仪检验臂中，通过波前再现和空间滤波，获得由参考波面与检测波面相干涉而形成的干涉图，根据此干涉图确定被检非球面的面形误差。

1985 年，美国的 Ono 和 Wyant 提出 Fizeau 型 CGH 干涉检测系统和新的滤波方法，其参考光和检测光位于同一臂，该结构受环境影响较小，除了高质量的参考镜，对光路中其他元件的要求相对较低，可显著提高检测精度。利用该结构检测非球面主要有波带板法和全息测试板法。

CGH 波带板法检测非球面中的 CGH 为一波带板，会聚光经过 CGH 的 0 级衍射后聚焦在非球面中心，不受表面面形的影响而反射再次经过 CGH，取 −1 级衍射光，即(0，−1)形成参考光，检测光则是由 CGH 的−1 衍射级次入射至待测面反射后的 0 级，即(−1，0)而形成，该检测光携带表面面形信息与参考光干涉即形成干涉图，如图 6.39 所示。

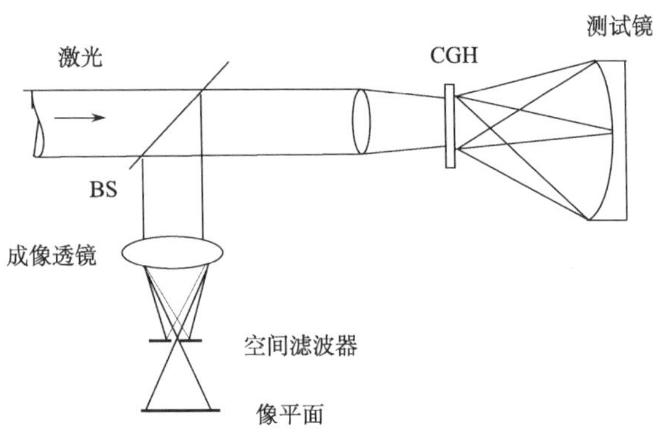

图 6.39　波带板法

测试板法是将 CGH 图与传统的透镜补偿器相结合，原理如图 6.40 所示，其参考光是由 CGH 面反射原路返回的–1 级衍射光，其检测光是从 CGH 面透过的 0 级光垂直入射非球面后原路返回的光。此法很适用于由不透明材料制成的大口径凸非球面的检测。

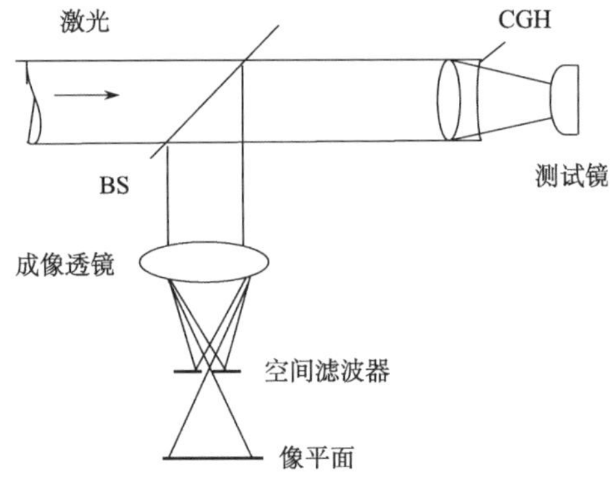

图 6.40　CGH 测试法

1994 年美国 Arizona 大学光学中心 Burge 等应用曲面计算全息图（CGH）成功地检测了口径为 380mm、840mm 的凸非球面，他们安排的检测光路如图 6.41 所示，光波经过照明透镜到达测试板的 CGH 面时，0 级衍射光直接透过，到达被检非球面，通过设计照明透镜和测试板，使得该光能垂直入射到被检非球面后原路返回作为检测光波，此光波携带被检面的面形误差信息；取经过 CGH 反射的–1 级衍射光波作为参考光波，设计 CGH 时，此反射的–1 级衍射光能以入射光相反的方向原路返回，它与从被检面反射回的光波相干涉。检测光波和参考光波的干涉条纹被 CCD 相机记录并得到处理。图 6.42 给出了参考光波与检测光波形成的原理图。

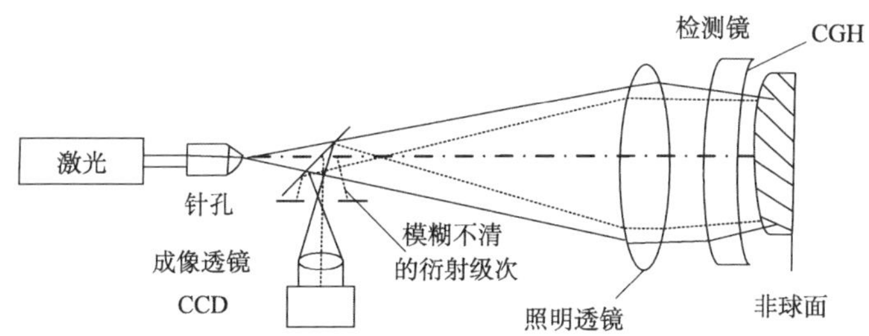

图 6.41　曲面 CGH 图检测凸非球面示意图

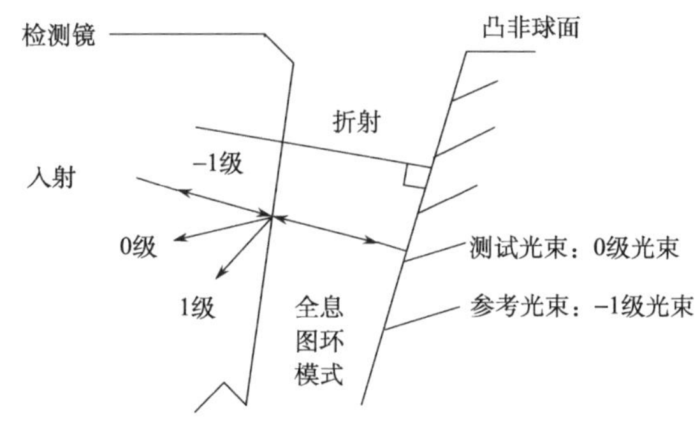

图 6.42　参考光波与检测光波形成的原理图

利用上述原理装置检测非球面，产生参考光的CGH面和被检面相距很小，所以参考光和检测光基本是共路的，抗干扰能力强，然而CGH刻制在曲面基底上，对写入设备要求较高，而且由于CGH图的图形是旋转对称式的，各衍射级次将会聚在轴上不同位置，当在所需要的级次放置小孔光阑进行滤波时，其他不需要的级次的中心部分不可避免地也要通过小孔，这些杂散光便在干涉图的中心部位形成亮斑，使得非球面相对应的中心部分无法检测。

2007年，Burge等又提出利用双CGH检测大口径离轴凸非球面，其原理如图6.43所示，此法中参考光和检测光都要经过非球面元件，因此对非球面元件的透过率、材料的折射率和前表面的面形等都有一定的要求。

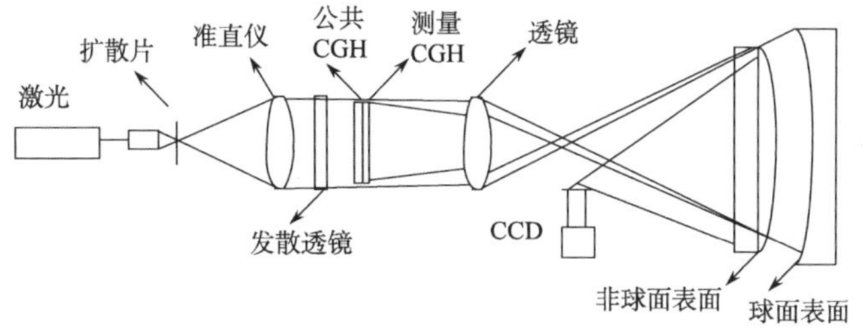

图 6.43　双 CGH 检测离轴凸非球面示意图

国内虽已注意到CGH检测非球面方法的应用前景，但起步较晚，写入设备较落后，而且制得的CGH样板精度较低，目前只有一些高等院校和研究所在研究该方法，且只停留在实验室阶段，并没有在工程项目上推广。这方面的研究主要有：清华大学、中国科学院光电技术研究所、中国科学院长春光学精密机械与物理研究所和天津大学等是国内较早研究CGH检测非球面的单位，为后续该方面的研究奠定了一定的基础；2003年，中国科学院长春光学精密机械与物理研究所利用自行研制的激光直写设备，在曲面上写入全息图，开展了用球面计算全息样板检测大口径非球面的研究；2006年，北京理工大学对衍射元件理论、设计和制作进行了深入探讨，开展了应用计算机全息波面发生器进行非球面光学元件检测的研究；2008年，南京理工大学探讨了两个波面混合的双重计算全息（Twin-CGH）的编码融合方法，并对利用Twin-CGH实现非球面的绝对检验进行了理论和实验方面的一些研究。苏州大学在国家自然科学基金的资助下，也正在开展CGH检测非球面的研究。

CGH不仅为精密检测开辟了途径，而且为光学滤波、信息存储等光学信息处理提供了新途径。当然CGH技术从实验室到商品化还有一段距离要走，但随着计算机技术与数字绘图技术的普及推广，CGH在精密测试上有着广阔的前景。

全息图的制作可分为两种：一般光学全息图和计算机制全息图。光学全息图就是直接用光学干涉法在记录介质上记录物光波和参考光波叠加后形成的干涉图样。计算机制全息图是利用数字计算机来综合的全息图，它不需要物体的实际存在，而是把物光波的数学描述输入数字计算机处理后，控制绘图仪输出或阴极射线显像管（Cathode Ray Tube，CRT）显示而制成的全息图。

1. 理论基础

计算全息（Computer Generated Hologram，CGH）将先进的计算机技术与光全息技术结合起来，可以实现光全息术无法实现或难以实现的某些特殊功能。光全息术是利用光的干涉原理，借助于参考光将物光的复振幅记录在感光材料上，能够实现这种记录的必要条件之一是物体的真实存在。然而在很多实际应用中理想的“物体”是很难制作成功的，例如，用于检测光学元件加工质量的标准件，用于光学信息处理的各种特殊的空间滤波器，用于数据存储系统的相移器，用于工程设计的复杂模型等。但是，用 CGH 术就不难实现了。近年来，CGH 发展极其迅速，已经应用在三维显示、全息干涉计量、空间滤波、光信息存储和激光扫描等诸多方面，随着计算机技术的日趋成熟和普及，CGH 术越来越受到人们的重视。

计算全息图是先用计算机制作全息图，然后用光学方法再现。具体过程分为五步，包括对物光信息的采集、处理、编码、存储和再现，以下分别加以概括说明。

1) 物光信息的采集

由于要采用计算机进行处理，所以物光信息的采集是指获得确定物光信息的函数形式，一般表现为复振幅透过率函数（或反射率函数）。对于实际存在的物体，可利用扫描仪或数字摄像机进行数据采集；而对于那些实际不存在的物体，可将其函数形式直接从键盘输入计算机。一般情况下，物函数多为空间连续分布函数，为适应计算机处理，必须利用抽样定理将其离散化。这里应考虑抽样点的选取问题，抽样点过少，会丢失许多物光信息而使再现像质量下降；抽样点过多，会使计算速度过慢。一般取抽样单元数不超过物的空间-带宽积，即满足

$$M \cdot N \leqslant \Delta x \cdot \Delta y \cdot \Delta f_x \cdot \Delta f_y \tag{6.30}$$

式中，M、N 分别为 x 方向和 y 方向的抽样单元数；Δx 和 Δy 为物体的空间宽度；Δf_x 和 Δf_y 为物的频带宽度。

2) 物光信息的处理

光波从物到全息图必然经过一个传播过程，而到达全息图的光场复振幅函数必然对应于物函数的某种变换，物光信息的处理是指由计算机完成物函数的这种变换。

显然，对于不同的全息图，变换的内容是不同的。例如，对于傅里叶变换全息图，必须使用计算机完成物函数的傅里叶变换，得到全息图平面的光场复振幅函数。为了提高效率，通常采用快速傅里叶变换。再如，对于菲涅耳全息图，必须计算物函数经菲涅耳衍射到达全息图的函数分布。最方便的是像全息，由于到达全息图平面的是物体的几何像，所以只需由计算机完成物函数的坐标缩放变换。值得注意的是，全息图平面上函数的抽样数不得少于物函数的抽样数。

3) 信息的编码

到达全息图的物光波通常呈现为复数形式，包括振幅信息和相位信息。由于CGH 在“锁定”相位信息方面可以通过两种途径，所以它比光全息术要灵活得多。相位和振幅信息的锁定是通过编码方式实现的一种途径，是人们比较熟悉的对光全息术的计算机仿真，即借助参考光波与物光波干涉来锁定相位信息，用计算机算出全息图上干涉条纹的分布函数，即全息图的透过率函数 t_H。这种编码方式称为干涉型编码方式，用这种方法制作的全息图称为干涉型计算全息图。

另一种编码方式是CGH所特有的，称为迂回相位法。它利用全息图上两个独立的参量来分别编码物函数的振幅和相位。由于这两个独立参量均为非负的实数，所以可用一般的记录介质记录。考虑到计算机绘制的全息图没有灰阶，是二进制的，因而这种方法是在一个抽样单元内用一个长方形透明孔来反映物函数在这一点的值。

4) 信息的存储与再现

由于CGH图通常都用光学方法实现波前再现，所以存储手段必须与此相适应。信息存储的方法有多种，最普遍的一种是用计算机绘图仪将计算机处理的结果直接画在纸上，然后用精密照相机拍制在照相底片上，适当放大或缩小到合适的尺寸，制成实用的全息图。对于用迂回编码法和干涉编码法形成的振幅型全息图，都可以用这种方法。此外，还可用图形发生器、光绘仪、显微密度仪、激光光束扫描记录装置等来制作振幅型CGH图。而对于浮雕型相位CGH图（如相息图），由于只记录物的相位信息，所以还必须用光刻机、离子束刻蚀机或电子束刻蚀机等制作。

CGH 图的再现方法是根据全息图类型来确定的，它还与编码方法有关。例如，对于用干涉型编码方法制作的各种变换全息图，就可以用与各种变换相对应的光学系统来再现；而对于迂回编码法制作的全息图，必须在编码之初就把再现条件设计在内。

CGH 图和一般的光学全息图相比较，有一些独特的优点。CGH 图功能灵活，适用范围广。CGH 图大部分都是二元的，即只有黑与白两种灰阶，全息图的透过率函数取值为 0 或者 1。二元 CGH 图只需要记录和识别两种信号状态，因而抗外界干扰的能力强，噪声少，而且易于复制，这一点比光学全息图优越得多。二元 CGH 图经漂白处理后，变成位相型全息图，可得到很高的衍射效率。声波、微波或者其他电磁波的全息图，可应用计算机技术来制作和再现，这进一步扩大了全息照相术在这些领域中的应用。

CGH 的这些独特优点使得它在光学数据处理、干涉度量术、激光光束扫描、图像的三维显示等方面有广泛的应用。

目前，CGH最重要的和最有价值的应用是在干涉量度中用于干涉测试。由于CGH的制作简便和灵活，可以方便地应用它再现和存储一些特殊形式的光学参考波面，以便用于干涉测试中检测有特殊相位变化的物体，而这种参考波面是难以用其他光学制作技术来生成的。另外，CGH（二元CGH）抗外界噪声和干扰能力强，且能有目的地把误差因素的补偿事先计入全息图中，再现波面就能降低甚至消除这些误差，这特别适宜于干涉测试中消除系统误差。本书的主要工作就是利用CGH图来检测非球面。

非球面检测所用的CGH图，大多数是二元像全息图，像全息图的应用是由测试仪的特点决定的，由于像全息再现补偿波面时不需要附加任何透镜元件，所以可以减少测试误差。测试用的CGH图的编码类型可以是多样的，如罗曼型的迂回位相全息图、李氏型的延迟抽样全息图、干涉型CGH图、斜条型CGH图、双向CGH图，各类全息图有不同的优缺点。应当指出，由于在干涉检测中，常希望发生位相型波前，所以应用CGH干涉图是较为合适的，其制作方便，再现波前的精度也较高。

用计算机模拟产生光学干涉图，只需预先知道干涉图样的数学模式。但一般的光学干涉图，其透过率是连续变化的函数，而用计算机输出的数字信号经绘图仪来制作的 CGH 干涉图，常希望得到二元透过率（即取 0 或 1 值），即二元 CGH 干涉图。为了达到这一目的，就必须把连续透过率函数进行非线性变换，转化成二元形式，而且此二元形式的干涉图仍应保存物光波的全部信息，在再现时能得到所需的物光波。下面具体讨论一下计算全息图的形成原理。

(1) CGH 图的二元化原理

在 CGH 中，物光波 $E_T = A(x,y)\exp\left[\mathrm{j}\phi(x,y)\right]$ 和一个倾斜平面参考光波 $E_R = R\exp(\mathrm{j}2\pi x/T)$ 相干涉，形成的强度分布为

$$I(x,y) = \left|A(x,y)\exp\left[\mathrm{j}\phi(x,y)\right] + R\exp(\mathrm{j}2\pi x/T)\right|^2 \tag{6.31}$$

由式(6.32)可得透过率为

$$h(x,y) = R^2 + A^2(x,y) + 2RA(x,y)\cos\left[2\pi x/T - \phi(x,y)\right] \tag{6.32}$$

在实际记录的波面中，参考光振幅和物光振幅相等，只有位相变化，式(6.32)可以简化为

$$h(x,y) = 1/2\left\{1 + \cos\left[2\pi x/T - \phi(x,y)\right]\right\} \tag{6.33}$$

但由式(6.33)确定的透过率函数是连续的，而制作连续灰阶的干涉型全息图十分困难。可以借用电讯系统中的非线性硬限幅器的模型来对CGH进行处理，使CGH二值化，即使$h(x,y)$的取值为 0 或 1。适用的非线性限幅器的框图及其输入输出的波形如图 6.44 所示。

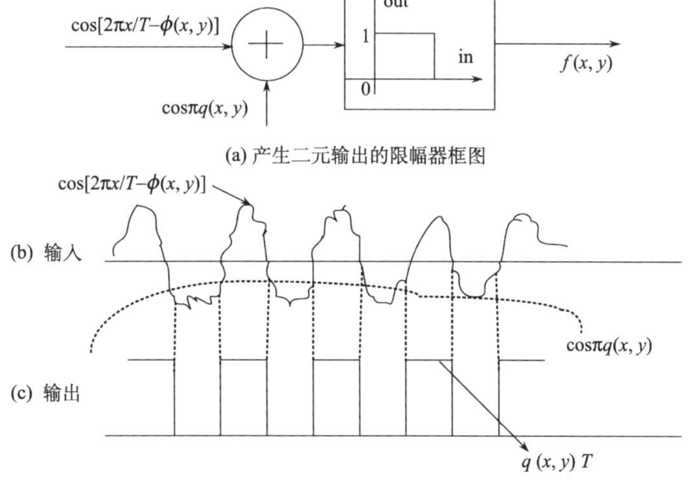

图 6.44　输入输出波形图

如果限幅器的输入为正弦周期函数 $\cos[2\pi x/T-\phi(x,y)]$；加偏置函数 $\cos\pi q(x,y)$ 到输入信号中，输出函数 $f(x,y)$ 是取二元值（0 或 1）的周期函数，其波形是一系列周期为 T，宽度为 $q(x,y)T$ 的矩形脉冲序列：$f(x,y)$ 的傅里叶级数展开式为

$$f(x,y)=\sum_{m}\frac{\sin[\pi mq(x,y)]}{\pi m}\exp\{\mathrm{j}m[2\pi x/T-\phi(x,y)]\} \tag{6.34}$$

由输入输出的波形图可见，限幅器的输出 $f(x,y)$ 为周期可变，而且宽度也可变的脉冲序列，取值仍为 0 或 1，实际上它是采用脉位调制和脉宽调制技术将连续的透过率函数变换成了二元函数。

（2）CGH 波面再现原理

以一平面单色光波照射全息干涉图 $q(x,y)=\sin^{-1}A(x,y)/\pi$，照明光波复振幅 $\exp(-\mathrm{j}2\pi x/d),1/d=\sin\alpha/\lambda$，如图 6.45 所示。

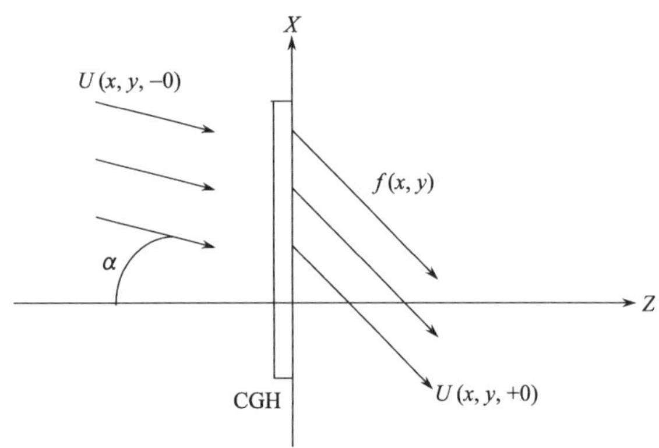

图 6.45　全息干涉图的再现

透过全息干涉图后，光波复振幅为

$$U(x,y;+0)=f(x,y)U(x,y;-0) \tag{6.35}$$

式中，$U(x,y;-0)=\exp(-\mathrm{j}2\pi x/d)$ 为照明光波；$f(x,y)$ 即为二元全息函数。

$$U(x,y;+0)=\sum_{m=-\infty}^{\infty}\frac{\sin[\pi m\cdot q(x,y)]}{\pi m}\exp\{-\mathrm{j}2\pi x/d+\mathrm{j}m[2\pi x/T-\phi(x,y)]\} \tag{6.36}$$

可见，二元化的变换是高度非线性变换，故透过光波就出现多重衍射波，这正是所有的二元透过率形式的全息图的特点。只对 m=−1（或 m=+1）级衍射波感兴趣。同时令 $q(x,y)=\sin^{-1}A(x,y)/\pi$，$A(x,y)$ 为物光波振幅，仍取归一化值。则有

$$U(x,y;+0)_{m=-1} = kA(x,y)\exp\left\{\mathrm{j}\phi(x,y)\exp\left[-\mathrm{j}2\pi(1/d+1/T)x\right]\right\} \tag{6.37}$$

除了常数因子 k 和线性位相项，式(6.37)再现了物光波 $A(x,y)\exp\left[\mathrm{j}\phi(x,y)\right]$。

2. 检测原理

干涉法测试中检测非球面面形所需要的“标准样板”不易得到，而CGH的最大特点是只要物光波的数学模型已知，就能产生实际上并不存在的衍射，因而它能精确地提供非球面检测中所需要的“标准样板”，如果再辅以并不复杂的单透镜补偿系统，则可以满足面形特殊、相对口径又比较大的非球面检测需要。如果所检测非球面口径不是太大，又要求实时检测，则可以不再配合透镜补偿器。

如图 6.46 所示（未加透镜补偿器），在泰曼-格林干涉仪中，为了检测非球面镜的面形偏差信息，分光镜将平行光束分为测试光与参考光两束，测试光经过补偿镜后变成非球面波到达非球面镜，其反射光通过补偿镜后再次变成平行波，在分光镜处，测试光与平面参考光干涉叠加，形成干涉图样。通过分析干涉图样的变化情况，即可获得非球面的面形信息。其中，全息片不仅可以位于观察臂，也可以位于测试臂。斐索干涉仪的原理是相似的，如图 6.47 所示（未加透镜补偿器），但它的参考光是由测试臂上的半透半反镜提供的，两束光在接收屏处形成干涉图。

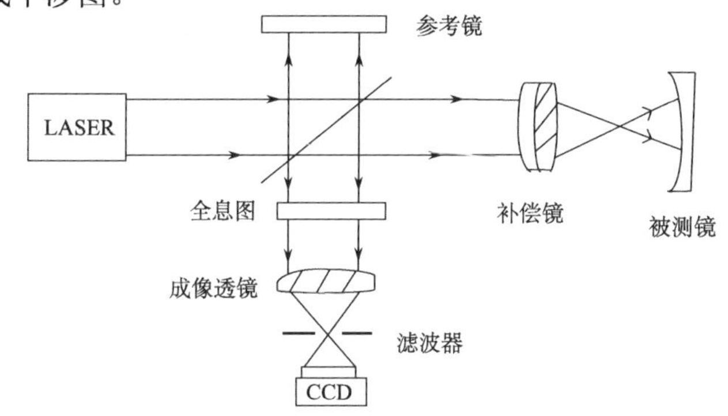

图 6.46　泰曼-格林非球面检测光路图

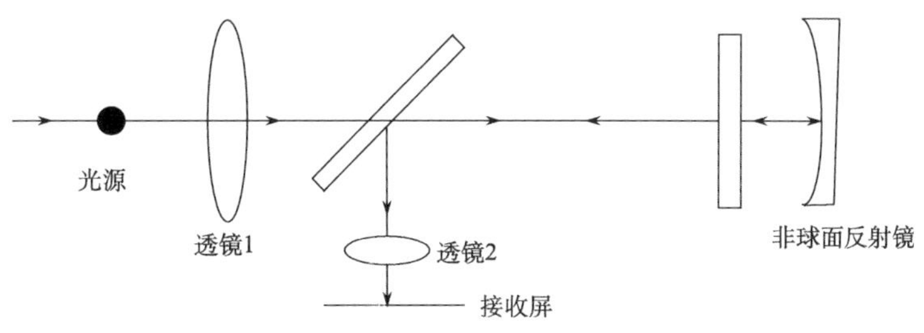

图 6.47　斐索干涉仪原理图

此外，上述光路的共同特点是通过CGH图来代替补偿器，用它来补偿非球面的波相差，使其出射的光波沿非球面法线方向入射，并按原路返回。这里，CGH图的制作是个较为复杂的问题。需要求出计算全息图所在位置处波面的波差系数，进而求出CGH的波差表达式$W(x, y)$，再求出CGH片上条纹各点的位置坐标，即可制得CGH图。一般常用的CGH图的制作有两种方法：光线追迹和波面拟合。

1) CGH 法检测大口径凹非球面

利用曲面计算全息图进行凹面非球面检测，其检测方法如图 6.48 所示，激光经显微物镜和针孔后，形成点光源。其产生的标准球面波，入射到带有 CGH 图的补偿镜上，由全息图的衍射 1 级光产生标准的待检非球面波前。设计时使照明光经带有全息图的透镜后，垂直照射在待检非球面上，由非球面反射的波前再次经 CGH 图衍射后，其中衍射 1 级形成检测波，最后由成像物镜成像到 CCD 探测器上。为了滤掉其他级次杂光，可在反射光会聚处加光阑。

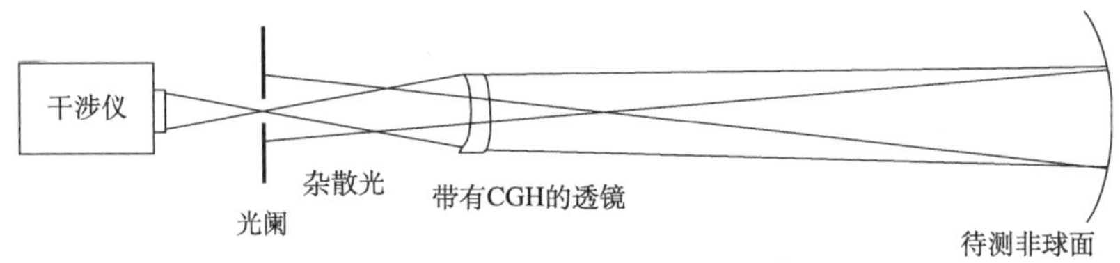

图 6.48　用 CGH 检测的光路图

检测一个二次曲面（c=−1/893.902，k=0.963059），通过设计可知，在最大半孔径 38.48mm 处的球面 CGH 样板上每毫米共有大约 17 个环带周期，比较容易制作。

对检测系统进行分析有三部分：CGH图的位相函数、CGH图的衍射特性、干涉条纹对比度。

CGH 图的位相函数为

$$W_{\mathrm{CGH}}(r) = \mathrm{OPL}'(r) - \mathrm{OPL}(r) \tag{6.38}$$

由于CGH图是刻制在补偿镜的曲面上的，选择适当的补偿镜，就可以增加全息图的最小线宽，使其达到几十甚至几百微米，大大降低对全息图的制作要求。当确定好各元件相互的位置后， CGH图的位相函数经过式(6.38)的计算可分为两部分，即

$$W_{\mathrm{CGH}}(r) = W_f(r) + W_p(r) \tag{6.39}$$

$W_{\mathrm{CGH}}(r) \propto r^2$，可以调节光焦度，使各衍射波最后成像于光轴上不同位置，以致在理想像面上分离掉其他级次的杂散光，而$W_p(r)$用来补偿理想凹非球面与理想球面之间的部分位相差。

标准球面波入射到带有 CGH 图的补偿镜上后，各级衍射波的波前为

$$
\begin{aligned}
H\left[W(r)\right] &= \sum_{m} A_m \exp\left[2\pi \mathrm{i} m W(r)/\lambda + 2\pi \mathrm{i} W_c(r)/\lambda + 2\pi \mathrm{i} W_{\mathrm{in}}(r)/\lambda\right] \\
&= \cdots A_{-1} \exp\left[-2\pi \mathrm{i} W(r)/\lambda + 2\pi \mathrm{i} W_c(r)/\lambda + 2\pi \mathrm{i} W_{\mathrm{in}}(r)/\lambda\right] \\
&\quad + A_0 \exp\left[2\pi \mathrm{i} W_c(r)/\lambda + 2\pi \mathrm{i} W_{\mathrm{in}}(r)/\lambda\right] \\
&\quad + A_1 \exp\left[2\pi \mathrm{i} W(r)/\lambda + 2\pi \mathrm{i} W_c(r)/\lambda + 2\pi \mathrm{i} W_{\mathrm{in}}(r)/\lambda\right] \\
A_m &= D \sin c(Dm), A_0 = D, W(r) = W_f + W_p
\end{aligned}
\tag{6.40}
$$

式中，D为CGH图的占空比；m代表各衍射级次；$W_{\mathrm{in}}(r)$为标准球面波的位相；$W_{\mathrm{c}}(r)$为补偿镜引起的位相，用来补偿理想凹非球面与球面之间的部分波相差并承担部分光焦度。各衍射波中m=+1级为所需要的级次，形成理想的凹非球面波，垂直照射到待检凹非球面上。由凹非球面反射的波前再次经过CGH图和补偿镜的补偿后，其中的$m' = +1$级衍射光产生带有凹非球面表面误差的波前并会聚于一点。而其他级次则成像于光轴上其他不同的位置如图6.49所示。在$m = +1, m' = +1$级衍射光的会聚处加光栏形成空间滤波器，滤掉其他级次杂光。与传统的凹非球面折射式零检测光学系统相比，减少了系统中光学元件的数目，使装调变得相对容易。同时可以先对补偿镜进行精确检测，利用CGH图自身的特性，在刻制时对其制作误差进行补偿，这样就可以降低补偿镜的制作精度，减少费用。

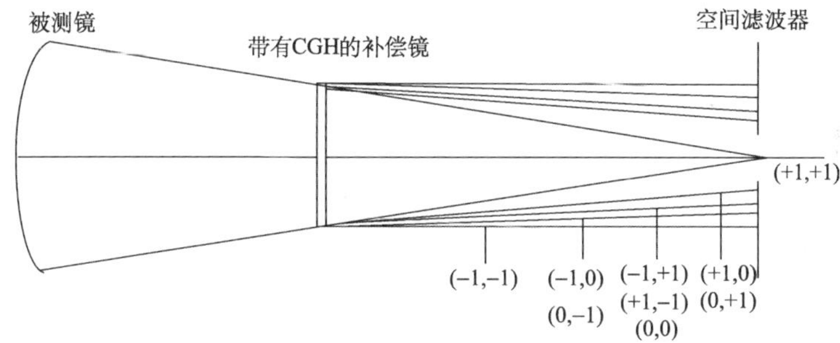

图 6.49　利用空间滤波器以滤掉不必要级次

在干涉检测系统中检测待检非球面，重要的是获得对比度高的干涉图，然后通过处理软件对干涉图进行处理，从而得到待检面的面形质量。干涉图的对比V可表示为

$$
V = \frac{2A_R A_T}{A_R^2 + A_T^2} = \frac{2(A_R / A_T)}{1 + (A_R / A_T)^2} \tag{6.41}
$$

式中，A_R 为参考光波的振幅；A_T 为检测光波的振幅。由式(6.41)可知，当 A_R=A_T 时，干涉条纹对比度为 1，其反差最大。

在前面所述的凹非球面检测方法中，激光经显微物镜和针孔后，产生标准球面波，入射到带有CGH图的补偿镜上。由补偿镜反射面反射回来的标准球面波形成参考波前，而由全息图的衍射 1 级光产生标准的检测波前，经待检非球面反射后，再次经全息图衍射，其中的衍射 1 级形成检测光波。所以参考波的光强大约为入射总强度的 4%(由补偿经反射面材料决定，对于玻璃材料一般在 4%左右)，若想获得清晰的干涉条纹，则必须根据待测非球面的实际情况选择CGH图的类型，以调整检测波的强度，使干涉的两光波强度相匹配。待测非球面有两种情况，一是它由玻璃材料制成，反射率在 4%左右；二是它为反射镜，反射率几乎为 100%。对于第一种情况，则必须提高CGH图 1 级的衍射效率，所以只能选择位相型CGH图。对于第二种情况，则不需要那么高的衍射效率，可以选择振幅型的CGH图。

通过将二元光学元件刻制在补偿镜的曲面上（如图 6.50 所示），成功地降低了 CGH 图与补偿镜的制作要求，简化了装调过程。这种新的完全独立的检测系统不仅可以用来高精度检测大口径的凹非球面，还可以验证传统零补偿系统的检测结果，具有重要的使用价值。

图 6.50　刻在参考球面基底上的曲面 CGH 图

2) CGH 法检测大口径凸非球面

大口径凸非球面在现代光学系统的应用日渐广泛，尤其是在反射式大型望远镜系统中，它往往作为次镜。由于轻量化的要求，一般采用不透明的材料SiC来制作此类非球面镜面，此外在离轴系统中，不仅要用到凸非球面的边缘部分，同时还需要用到其中心部分。口径大、加工材料不透明且要全孔径检测，使得传统的检测方法已经无法实现对此类非球面的检测。随着CGH图制作工艺的不断完善和改进，尤其是在激光直写技术出现以后，在曲面上刻制CGH图成为可能。于是利用曲面CGH图形成折衍混合式的检测系统来检测凸非球面成为了一种新型、有效的检测方法。

利用曲面CGH图进行凸非球面检测的原理图如图6.51所示，激光经显微物镜和针孔后，形成点光源。其产生的标准球面波，经过照明物镜后入射到带有CGH图的检测镜上，由全息图的反射衍射1级光产生标准的待检非球面波前。设计时，使照明光经过照明物镜和检测镜后，垂直照射在待检非球面上，由非球面反射的波前与CGH图的反射衍射1级所产生的标准非球面波前经分束器反射后，再由成像物镜成像到CCD探测器上，并在反射光会聚处加光阑，滤掉其他级次杂散光。干涉图中所体现出的偏差就是待测面与理想参考面的偏差，当然实际上还包含一定的系统误差与装调误差。该系统检测大口径凸非球面有以下优点：无须加工高精度的凹非球面。对检测系统中辅助光学元件加工精度和调整精度的要求较低。检测系统中辅助光学元件的口径较小，稍大于待检非球面的口径即可。对非球面的制作材料和后表面的加工精度没有特殊要求。由于CGH图刻制曲面上，其最小特征尺寸大幅度提高，可降低其加工成本和制作周期。由于是共路干涉检测系统，抗干扰能力强。

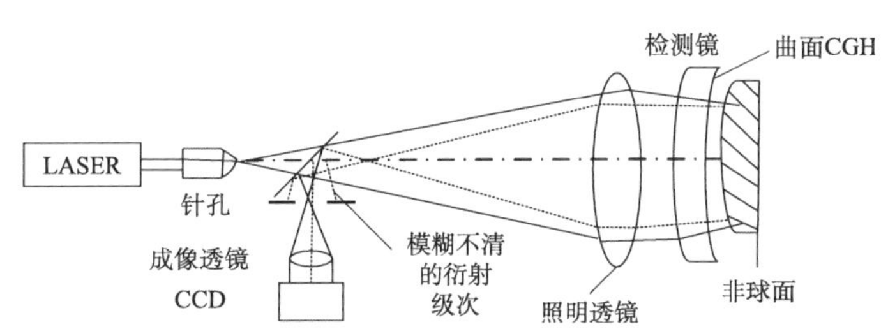

图 6.51　曲面 CGH 图进行凸非球面检测的原理图

当然该检测系统也有缺点：由于CGH图的图形是旋转对称式的，各衍射级次沿其对称轴会聚于不同位置，当在所需要的级次放置小孔光阑进行滤波时，其他不需要的级次的中心部分不可避免地要通过小孔，这些杂散光便在干涉图的中心部位形成亮斑，而使非球面相对应的中心部分无法检测。在调整待测非球面时，由于是根据干涉图的质量来调整的，当非球面本身存在慧差时会引进大量的调整误差，从而导致检测结果不精确。

经过对该检测系统的理论分析与计算（过程略）可得到该系统的四大特性：①CGH图的位相可由三个量来确定，即参考球面的位相、理想的待测非球面的位相和待测非球面与参考球面的轴上间距d。②标准球面入射波经过照明系统（包括照明镜和检测镜）后能够形成与理想待测非球面相匹配的波面。当然照明系统的质量不需要非常高。③滤波面上各衍射级次的滤波情况由两方面决定，一个是各衍射级次在光轴上会聚点的间距，另一个是小孔光阑的截止频率。而实际上CGH图的位相的陡度限制了各衍射级次会聚点的间距，照明系统的误差则限制了小孔光阑的截止频率。④成像透镜应无像差地将干涉图成像于CCD上。

3) CGH 法检测自由曲面

CGH是一种衍射光学元件，可通过衍射产生几乎任何形状的波前，这种技术很早就用来检测非球面。由于CGH在设计和制作上不限于旋转对称方式，所以很适合用来实现自由曲面这类无旋转对称性的光学表面的零位补偿检测。值得提到的是，离轴非球面倾斜后平移至轴上，可将其当成自由曲面进行检测，如图 6.52 所示，使用这种策略进行检测，能减小检测光路的相对孔径，并且CGH所需补偿的位相小于检测其同轴母镜所需补偿的位相，因而有效地降低了CGH的条纹密度。

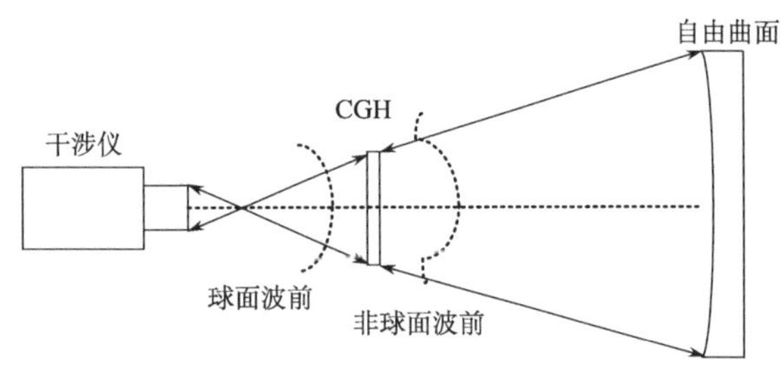

图 6.52　CGH 检测原理

CGH 检测自由曲面的基本原理如图 6.53 所示，检测光两次通过 CGH 被衍射，第一次通过时，CGH 在波前上附加相位函数 $\phi(x, y)$形成 1 级衍射波前，将球面波变换为与自由曲面吻合的理想波前；第二次通过时，CGH 在波前上附加相位函数$-\phi(x, y)$形成-1 级衍射波前，将波前变换为球面波。

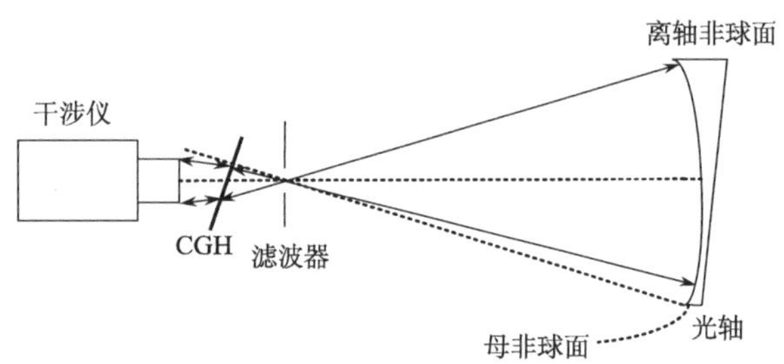

图 6.53　使用 CGH 检测离轴非球面光路图

CGH设计时，需要选择恰当的光学参数和CGH位置以避开自由曲面法线会聚的交点，还需要选择合适的干涉仪焦点位置，以在能分离衍射级次的前提下，尽可能降低CGH条纹密度以提高其制作精度。苏萍等介绍了设计CGH时如何选择参数使得条纹密度最低，然而该方法并未考虑为了分离CGH各衍射级次所必须引入的条纹密度。在实际设计CGH过程中，选取不同光学参数时，为了分离其衍射级次需要引入的最小载频也有所不同，通常情况下，引入载频所导致的条纹密度是CGH条纹密度的主要来源，因此对于CGH检测中载频方向和载频大小需要考虑。

4) 基于空间光调制器的 CGH 非球面检测方法

随着激光器的问世，光信息传输和处理技术渐渐发展起来。与其他作为信息载体的信号相比，光波作为信息载体具有传输速度快、信息流量大等特点。基于光信息技术的上述特点，具有二维调制功能的空间光调制器应运而生，因为现有的以串行输入/输出为基础的各种光调制器已经无法满足光互连、光信息的大容量和并行性的要求。

空间光调制器（Spatial Light Modulator，SLM）是指在信源信号的控制驱动下，将信源信号所荷载的信息写进空间光调制器中，通过入射光波的传入，实现空间光调制器对光波一些特性进行一维或二维的调制，如光波的相位、振幅或强度、频率、偏振态等。这里所涉及的信源信号分为两类:光学信号和电学信号两种。由此可见，空间光调制器的主要功能是实现对空间分布的光波信号进行二维调制。

鉴于空间光调制器可以具有振幅调制特性和位相调制特性，在非球面检测中可以用加载了空间光调制器的CGH对其进行检测。其配合斐索干涉仪的检测光路如图 6.54 所示。

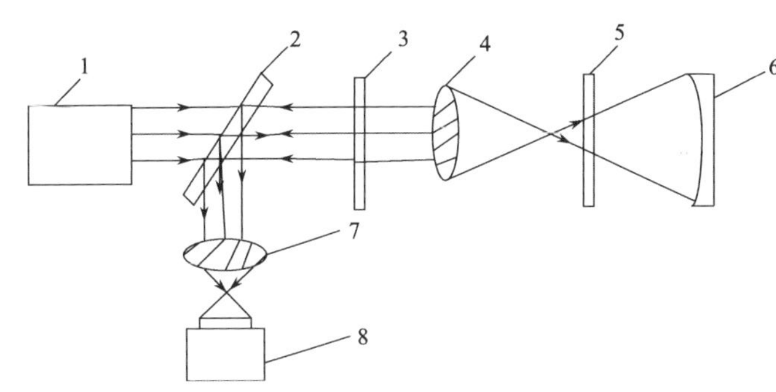

图 6.54　基于空间光调制器的斐索干涉非球面测试原理图

1. 激光器；2. 分束镜；3. 半透半反镜；4. 透镜；5. 空间光调制器；6. 非球面镜；7. 透镜；8. CCD

如图 6.54 所示，激光器出射的光波经分束镜、半透半反镜，把一束光分为一路参考光和一路测试光。参考光经过 3 的前表面返回，而测试光经过空间光调制器，空间光调制器上加载着匹配于被测非球面的CGH图，这样将入射的光波调制使其沿非球面法线方向入射，而后携带着非球面的面形偏差信息按原路返回，最终与测试光干涉，通过CCD就可接收干涉条纹。本章的补偿器用加载了CGH的空间光调制器来替代，具有很好的实时性。

在空间光调制器位相调制特性测试光路中，采用分束一合束棱镜进行分光和合束，并在不同灰度等级的驱动下，得到干涉条纹图；采用此方法不仅方便快捷、成本低，而且能够实现高精度的测量。斐索干涉仪与空间光调制器相结合，并以空间光调制器作为CGH图的记录介质，由此进行波面重建，这样针对浅度非球面，很好地解决了非球面检测中很难产生标准非球面波前与被测波前干涉的问题，并具有实时性。但目前对空间光调制器的调制深度最大只能达到 2π，有时候需要对相息图进行压缩，使得其可以用调制深度为 2π的空间光调制器对光波调制。

随着非球面光学元件的广泛应用，对其检测的要求也将越来越高。CGH克服了光学全息法需要参考非球面实体的困难，是非球面干涉检测方法的一个重大突破。空间光调制器与CGH的结合，真正意义上实现了非球面的实时检测，并且具有相当大的发展潜力和应用前景。

参 考 文 献

曹晓君. 2003. 光纤点衍射干涉仪数据处理与系统标定[D]. 长春: 中国科学院长春光学精密机械与物理研究所.

常军, 李凤有. 2003. 用计算全息法检测大口径凸非球面的研究[J]. 光学学报, 23(10): 1266-1268.

郭培基, 余景池, 孙侠菲. 2002. 一种大数值孔径非球面检测用补偿器设计[J]. 光学精密工程, 10(5): 519-521.

郝沛明, 付联效, 袁立银, 等. 2006. 反射镜补偿检验[J]. 光学学报, 26(6): 831-835.

侯立周, 强锡富, 孙晓明. 1999. 几种任意步距步进相移算法的误差分析与对比[J]. 光学技术, 5: 7-10.

惠梅, 王东生, 李庆祥, 等. 2003. 基于离散泊松方程解的相位展开方法[J]. 光学学报, 23(10): 1245-1249.

金国藩, 李景镇. 1998. 激光测量学[M]. 北京: 科学出版社.

金国藩、严瑛白、邬敏贤, 等. 1995. 二元光学[M]. 北京: 国防工业出版社.

李冬国, 韦春龙, 于瀛洁, 等. 2000. 圆形域干涉图中的相位解包裹[J]. 光学精密工程, 10: 473-477.

李凤有, 卢振武, 张殿文. 2001. 激光直接写入工艺研究[J]. 光电子激光, 12: 949-952.

梁铨廷. 2010. 物理光学[M]. 北京: 电子工业出版社.

刘国淦. 2001. 光纤点衍射干涉仪技术研究[D]. 长春: 中国科学院长春光学精密机械与物理研究所.

刘华, 卢振武, 李凤有, 等. 2004. 用于非球面检测的球面计算全息图特性分析[J]. 光电工程, 7: 38-41.

刘华, 卢振武, 李凤有. 2006. 大口径非球面检测系统[J]. 红外与激光工程, 35(2): 177-182.

刘华. 2006. 利用曲面计算全息图检测非球面[D]. 长春: 中国科学院长春光学精密机械与物理研究所.

刘欣. 2006. 压电陶瓷 PZT 特性的分析及实验测试[D]. 昆明: 昆明理工大学.

卢振武, 刘华, 李凤有. 2004. 利用曲面计算全息图进行非球面检测[J]. 光学精密工程, 12(6): 455-459.

罗婷. 2011. 白光干涉测量光学薄膜厚度[D]. 南京: 南京理工大学.

马明, 张东升. 2002. 最小二乘相位解包络方法[J]. 光学技术, 1: 94-96.

南京大学数学系计算数学专业. 1976. 光学系统自动设计中的数值方法[M]. 北京: 国防工业出版社.

潘伟. 2004. 反向工程中光栅投影测量系统关键技术的研究[D]. 上海: 上海交通大学.

史红民, 倪受庸, 付雷, 等. 1999. 剪切干涉技术新进展[J]. 激光杂志. 20(4): 6-7.

苏大图. 1996. 光学测试技术[M]. 北京: 北京理工大学.

王立无, 苏显渝, 周利兵. 2004. 位相测量轮廓术中随机相移误差的校正算法[J]. 光学学报, 24(5): 614-618.

吴栋. 2004. 移相器类进动现象对干涉测量的影响[J]. 中国激光, 31(7): 861-864.

伍凡, 陈强. 2004. F/1. 3 抛物面零检验补偿器设计[J]. 光电工程, 31(1): 13-15

伍凡. 1998. 非球面零检验的反射式 Offner 补偿器设计[J]. 应用光学, 19(05): 13-16.

谢敬辉, 赵达尊, 闫吉祥. 2005. 物理光学教程[M]. 北京: 北京理工大学出版社.

杨国光. 1997. 近代光学测试技术[M]. 杭州: 浙江大学出版社.

于晓洋, 吴海滨, 尹丽萍, 等. 2007. 格雷码与相移结合的结构光三维测量技术[J]. 仪器仪表学报. 28(12): 2152-2156.

周光亚. 1997. 激光直接写入的理论及关键技术研究[D]. 杭州: 浙江大学.

周利兵. 2003. PMP 中相移算法与误差分析研究[D]. 成都: 四川大学.

Ai C, Wyant J. 1987. Effect of piezoelectric transducer nonlinearity on phase shift interferometry[J]. Applied Optics, 26(6): 1112-1116.

Brock N, Hayes J, Kimbrough B, et al. 2005. Dynamic interferometry[J]. SPIE, 5875(58750): 1-10.

Bruning J. 1974. Digital wavefront measuring interferometer for testing optical surfaces and lenses[J]. Applied Optics, 13(11): 2693-2703.

Burch C R. 1936. On reflection compensators for testing paraboloids[J]. Mon Not R Astron Soc, 96: 438-461.

Burge J H. 1995. Applications of computer-generated holograms for interferometric measurement of large aspheric optics [J]. SPIE, 2576: 258-269.

Carre P. 1966. Installation et utilization du comparateur photoeclectrique interferentiedl[J]. Su Burear International Poids et Measures. 2: 13-23.

Chen J B, Zhu R H, Chen L. 1991. Two-dimensional Fourier transform algorithm analyzing the interferogram[J]. Proc SPIE, 1553: 616-625.

Chen X B, Xi J T, Jiang T, et al. 2007. Research and development of an accurate 3D shape measurement system based on fringe projection: model analysis and performanceevaluation[J]. Precision Engineering.

Danielson L, Boisrobort C Y. 1991. Absolute optical ranging using low coherence interferometry[J]. Applied Optics, 30: 2975-2979.

Ekberg M, Nikolajeff F. 1994. Proximity compensated blazed transmission grating manufacture with direct writing, electron-beam lithography [J]. Appl Opt, 33: 103-107.

Flynn T J. 1996. Cinsistent 2D phase unwrapping guided by a quality map[J]. IGARSS'96, Lincoln, NE. USA, 4: 2057-2059.

Georg W. 2000. High resolution measurement of phase-shift amplitude and numeric object phase calculation[J]. Proceedings of SPIE, 4117: 289-299.

Ghiglia D C, Pritt M D. 1998. Two-dimensional phase unwrapping-theory, algrithms and software[J]. New York: John Wiley and Sons, 31-176.

Hagopian J G, Patricia H, Crooke J, et al. 1996. Optomechanical alignment of the composite infrared spectrometer (CIRS) for the cassini mission to saturn [J]. SPIE, 2814: 46-58.

Han G S, Kim S W. 1994. Numerical correction of reference phases in phase-shifting interferometry by iterative least-squares fitting[J]. Appl Opt, 33: 7321-7325.

Hartig G F, Crocker J H, Ford H C. 1994. On-orbit alignment of the spectrograph channels of he corrective optics space telescope axial replacement (COSTAR) [J]. SPIE, 2198: 1181-1191.

Hartig G F, Crocker J H, Ford H C. 1994. On-orbit alignment of the spectrograph channels of COSTAR[J]. SPIE, 2198: 1192-1201

Hayes P, Lyons J, Hagopian J G. 1996. Alignment verification by wavefront testing of the composite infrared spectrometer[J]. SPIE, 2814: 59-65

Hlubina P. 2003. Dispersion of group and phase modal birefringence in elliptical-corefiber measured by white-light spectral interferometry[J]. Optical Express, 11(22): 2793-2798.

http: //wenku. baidu. com/view/dfb528edf8c75fbfc77db2a8. html.

http: //www. 4dtechnology. com/products/fizcam2000. php.

http: //www. 4dtechnology. com/products/fizcam3000. php.

http: //www. opturn. com/jishudetail. asp?ID=386.

http: //www. xmtkj. com/diedui/2012033060. html.

http: //zygo. com. cn/?/met/interferometers/gpi/flashphase/.

Huntley J M, Saldner H O. 1993. Temporal phase unwrapping algorithm for automated interferogram analysis[J]. Appl Opt, 32(17): 3047-3052.

Judge T R, Bryanston-Cross P J. 1994. A review of phase unwrapping techniques in fringe analysis[J].

Optics and Laser Engineering, 21: 199-239.

Kemao Q, Fangjun S. Wang X P. 2000. Determination of the best phase step of the Carre algorithm in phase shifting interferometry[J]. Measurement Science and Technology, 11(8): 1220-1230.

Kimbrough B T, Frey E, Millerd J, et al. 2006. Low-coherence vibration insensitive Fizeau interferometer[J]. SPIE, 6292: 1-11.

Kimbrough B T, Millerd J, et al. 2008. Instantaneous phase-shift Fizeau interferometer utilizing a synchronous frequency shift mechanism[J]. SPIE, 7063: 1-11.

Kimbrough B T. 2006. Pixelated mask spatial carrier phase shifting interferometry algorithms and associated errors[J]. Applied Optics, 45(19): 4554-4562.

Kip D, Neumann J. 1999. Formation of diffractive optics in photopolymers films by direct laser beam writing [J]. SPIE, 3778: 163-170.

Koliopoulos C L. 1981. Interferometric Optical Phase Measurement Techniques[D]. Arizona: Unirversity of Arizona.

Langlois P, Jerominek H, Leclerc L, et al. 1992. Diffractive optical elements fabricated by laser direct writing and other techniques [J]. SPIE, 1751: 2-12.

Lee B S, Strand T C. 1990. Profilometry with a coherence scanning microscope[J]. Applied Opties, 29: 3784-3788.

MacGovern A J, Wyant J C. 1971. Computer generated holograms for testing optical elements [J]. Appl Opt, 10(3): 619-624.

Malacara D. 2007. Optical Shop Testing[M]. United States of America: Wiley-Interscience.

McGuire Jr J P, Korechoff R P. 1993. Optical alignment and test of wide-field/planetary camera-II[J]. SPIE, 1996: 159-174.

Millerd J E, Brock N, Hayes J, et al. 2004. Pixelated phase-mask dynamic interferometer[J]. SPIE, 5531: 304-310.

Montagnino L A, Offner A. 1976. Design and testing with a reflective null system[J]. The Space Telescope, 135-138.

Montagnino L A. 1985. Test and evaluation of the hubble space telescope 2.4 meter primary mirror[J]. Large Optics Technology, 182-190.

Munteanu F. 2010. Self-calibrating lateral scanning white-light interferometry[J]. Appl Opt, 49(12): 2371-2375.

Murty M V R K. 1964. A compact radial shearing interferometer based on the law of refraction[J]. Applied Optics, 3: 853-857.

Offner A. 1963. A null corrector for paraboloidal mirrors[J]. Appl Opt2: 153-155.

Olszak A. 2000. Lateral scanning white-light interferometry[J]. Appl Opt, 39 (22): 3906-3913.

Oppenheim A V, Lim J S. 1981. The importance of phase in signals[J]. Proceedings of the IEEE,

69(5): 529-541.

Quiroga J A, Bernabeu E. 1994. Phase-unwrapping algorithm for noisy phase-map processing[J]. Appl Opt, 33(29): 6725-6732.

Reichelt S. 2004. Absolute test of aspheric surfaces [J]. SPIE, 5252: 252-263.

Reieh C, Ritter R. 2000. Thesing 3D shape measurement of complex objects by combining photogrammetry and fringe projection[J]. Optical Engineering, 39(1): 224.

Remes J, Moilanen H, Leppavuor S. 1994. The direct laser write-on exposure of thick film screens [J]. SPIE, 2045: 47-53.

Sadlo F, Weyrich T, Peikert R, et al. 2005. A practical structured light acquisition system forpoint-based geometry and texture[J]. SPBG'05 Proceedings of the Second Eurographics/IEEE VGTC Conference on Point-Based Graphics: 89-98.

Sansoni G, Carocci M, Rodella R. 1999. Three-dimensional vision based on a combination of gray-code and phase-shift light projection: analysis and compensation of the systematic errors[J]. Appl Opt, 38(31): 6565.

Schwider J. 1983. Digital wave-front measuring interferometry: some systematic error sources[J]. Appl Opt, 22(21): 3421-3432.

Schwider J. 1995. Twyman-Green interferometer for testing micro spheres [J]. Opt Eng, 34: 2972-2975.

Shafer D. 1992. Null lens design techniques[J]. App Opt, 31: 2184-2188.

Slusher R B, Kaplan M L, Satter M J, et al. 1996. COSTAP phase II alignment description[J]. SPIE, 227-236.

Srinivasan V, Liu H C, Halioua M. 1984. Automated phase-measuring profilometry of 3D diffuse objects[J]. Appl Opt 23(18): 3105-3108.

Steel W H, Wanzhi Z. 1984. A survey of thick-lens radial-shear interferometers[J]. Optica Acta, 31: 379-380.

Steel W H. 1975. A simple radial shear interferometer[J]. Opt Commun, 14: 108-109.

Stoilov G, Dragostinov T. 1998. Phase-stepping interferometry: five-frame algorithm with an arbitrary step[J]. Optics and Lasers in Engineering, 28(1): 61-70.

Stoltzmann D E, Ceravolo P. 1993. Ross null test for conic mirrors[J]. Applied Optics, 32(7): 1189-1199.

Surrel Y. 1993. Phase stepping: a new self-calibrating algorithm[J]. Applied Optics, 32(19): 3598-3600.

Tang S. 1996. Self-calibrating five-frame algorithm for phase shifting interferometry[J]. SPIE, 2860: 91-98.

Towers C, Reid D T, MacPherson W N. et al. 2005. Fibre interferometer for multi-wavelength interferometry with a femtosecond laser[J]. Journal of Optics-A- Pure and Applied Optics, 7(6): 415.

Wanzhi Z. 1984. Reflecting radial-shear interferometer[J]. Opt Commun, 49: 83-85.

Welgord W T. 1974. Aberrations of the Symmetrical Optical System[M]. London: Academic Press.

Windecker R, Tiziani H J. 1999. Optical roughness measurement using extended white-light interferometry[J]. Opt Eng, 38 (6): 1081-1987.

Wyant J C. 2013. Computerized interferometric surface measurements[J]. Appled Optics, 52(1): 1-8.

Xie Y J, Lu Z W, Li F Y, et al. 2002. The analysis of line profile in laser direct writing process [J]. SPIE, 4829: 667-668.

Xie Y J, Lu Z W, Li F Y. 2004. Lithographic fabrication of large curved hologram by laser writer [J]. Optics Express, 12: 1810-1814.

Xie Y, Lu Z, Li F, et al. 2002. Lithographic fabrication of large diffractive optical elements on a concave lens surface [J]. Optics Express, 10: 1043-1047.

Xie Y, Lu Z, Li F. 2003. Method for correcting the joint error of a laser writer [J]. Optics Express, 11: 975-979.

Young E W, Dente G C. 1985. The effects of rigid body motion in interferometric tests of large-aperture, off-axis, aspheric optics[J]. SPIE, 540: 59-68.